湛南海北 动横天下
——中国热带农业科学院湛江实验站改革与发展

欧阳欢　周汉林　胡永华　主编

中国农业科学技术出版社

图书在版编目（CIP）数据

湛南海北　动横天下：中国热带农业科学院湛江实验站改革与发展 / 欧阳欢，周汉林，胡永华主编. --北京：中国农业科学技术出版社，2023.12

ISBN 978-7-5116-6583-6

Ⅰ.①湛…　Ⅱ.①欧…　②周…　③胡…　Ⅲ.①热带作物—农业科学院—科技体制改革—研究—湛江　Ⅳ.①S-242.653

中国国家版本馆 CIP 数据核字（2023）第 241244 号

责任编辑	姚　欢
责任校对	王　彦
责任印制	姜义伟　王思文

出 版 者	中国农业科学技术出版社
	北京市中关村南大街 12 号　　邮编：100081
电　　话	（010）82106631（编辑室）　（010）82106624（发行部）
	（010）82109709（读者服务部）
网　　址	https://castp.caas.cn
经 销 者	各地新华书店
印 刷 者	北京建宏印刷有限公司
开　　本	185 mm × 260 mm　1/16
印　　张	14.25
字　　数	300 千字
版　　次	2023 年 12 月第 1 版　2023 年 12 月第 1 次印刷
定　　价	80.00 元

《湛南海北 动横天下
——中国热带农业科学院湛江实验站改革与发展》

编 委 会

主　　编：欧阳欢　周汉林　胡永华

副 主 编：马德勇　严晓丽　陈影霞　邱桂妹　张小燕

参编人员：王海勇　黄智敏　王嘉平　李裕展　彭　丽

　　　　　江　杨　邱勇辉　宋付平　王丽媛　孙剑舟

　　　　　赵春晓

内容摘要

　　本书基于深化科技体制机制改革、打造国家战略科技力量的大背景，通过回顾中国热带农业科学院湛江实验站的发展历程，总结机构改革现状和发展成果，针对当前机构科技体制改革与发展瓶颈，分析农业养殖产业和科技发展趋势，明确新时期机构改革方向和创新战略，提出组建热带动物科学研究所路径选择，以期更好地科学立足新发展阶段，深入贯彻新发展理念，加快构建新发展格局，促进高水平热带养殖动物科技自立自强，推动我国农业科研机构高质量发展。

前　言

党的十八大以来，党中央统筹中华民族伟大复兴战略全局和世界百年未有之大变局，创立了习近平新时代中国特色社会主义思想，明确坚持和发展中国特色社会主义的基本方略，提出并贯彻新发展理念，着力推进高质量发展格局，实施供给侧结构性改革，制定一系列具有全局性意义的区域重大战略，我国经济实力实现历史性跃升。党的二十大提出，发展是党执政兴国的第一要务，要坚持以推动高质量发展为主题，全面推进乡村振兴，深入实施区域协调发展战略，加快建设海南自由贸易港，推进粤港澳大湾区建设。党的二十大报告强调，必须坚持科技是第一生产力、人才是第一资源、创新是第一动力，深入实施科教兴国战略、人才强国战略、创新驱动发展战略，开辟发展新领域新赛道，不断塑造发展新动能新优势。中共中央、国务院先后出台了《国家创新驱动发展战略纲要》《深化科技体制改革实施方案》《科技体制改革三年攻坚方案（2021—2023 年）》等重要文件，形成了科技改革发展系统布局，科技领域基础性制度基本确立，加快建立保障高水平科技自立自强的制度体系。2021 年 12 月，农业农村部办公厅印发《关于深化农业科研机构创新与服务绩效评价改革的指导意见》，推动全国农业科研机构坚持"四个面向"，聚焦主责主业，加快高水平农业科技自立自强，为全面推进乡村振兴、加快农业农村现代化提供强有力支撑。2022 年 1 月，农业农村部党组印发《关于促进部属事业单位高质量发展的意见》，提出进一步深化体制机制改革，提升聚焦主责主业履职能力，促进部属事业单位高质量发展。2021 年 9 月，农业农村部等 13 个部门联合印发《国家热带农业科学中心建设规划（2021—2035 年）》，明确在海南系统布局建设"四大平台，三大基地"，为提升热带农业科学原始创新能力、支撑热带农业产业发展和乡村振兴提供高质量科技供给，力争早日把海南建成世界热带农业人才中心和创新高地。

畜牧业和渔业作为养殖农业的主体，是我国大农业的重要组成部分，是关系国计民生的重要产业，是农业农村经济的支柱产业，是保障食物安全和居民生活的战略产业，是农业现代化的标志性产业。2020 年全国畜牧业总产值 4.03 万亿元，渔业总产值

1.28万亿元，分别占农林牧渔业总产值13.78万亿元的30.91%、9.27%。分别列居第二、第三。国家十分重视畜牧业、渔业顶层设计，《国务院办公厅关于促进畜牧业高质量发展的意见》《"十四五"全国畜牧兽医行业发展规划》《"十四五"全国渔业发展规划》《林草产业发展规划（2021—2025年）》等，对全国养殖农业发展和科技创新作出系统安排。历年的中央一号文件都十分重视畜牧业和渔业发展，是仅次于粮食的国之大者。2022年中央一号文件提出要全力抓好粮食生产和重要农产品供给，强调要扩大畜牧生产，稳定水产养殖，保障"菜篮子"产品供给。2023年中央一号文件提出要树立大食物观，加快构建粮经饲统筹、农林牧渔结合、植物动物微生物并举的多元化食物供给体系。

近年来，养殖农业发展面临着资源环境约束趋紧、疫病防控形势严峻、环保压力持续加大等问题对畜牧业和渔业的发展造成了巨大影响，同时食品安全和生态环境保护对畜牧业和渔业的可持续发展提出了更高的要求。大力提升养殖农业科技创新能力是保障其核心竞争力的关键。农业农村部及热区各地都在加大养殖农业科研机构力量，强化科技创新对畜禽、特色水产等养殖农业的支撑，加大关键技术创新和绿色高效农业投入品研发力度，全面构建高效、安全、低碳、循环、智能的养殖农业绿色发展技术体系，科技赋能乡村振兴战略高质量实施。中国热带农业科学院（简称中国热科院）作为我国唯一从事热带农业科学研究的国家级综合科研机构，也是国家热带农业科学中心建设依托单位，高质量建设好国家热带农业科学中心是中国热带农业科学院当前和今后的重要使命。2023年中国热带农业科学院启动实施国家热带农业科学中心科技创新工程，明确了把热带草业与养殖动物产业、热带农业动物科学列入院重点研究十大对象和六大学科集群。

中国热带农业科学院湛江实验站前身为1979年创建的华南热带作物学院湛江办事处，2002年更为现名，2022年推进机构改革筹（组）建中国热带农业科学院动物科学研究所。组建中国热带农业科学院动物科学研究所，是落实我国乡村振兴战略任务的具体行动，创新驱动我国热区养殖农业发展的迫切需要，建设我国热带养殖动物人才队伍的重要举措，支撑国家热带农业科学中心建设的坚实基础，加快热带养殖农业走向世界热区的强力保证。按照农业农村部和中国热带农业科学院赋予湛江实验站重组动物科学研究所的主责主业和发展定位，聚焦院热带饲草与养殖动物产业体系和学科集群，重点开展热带饲料与养殖动物应用基础和共性关键技术研究及应用，着力解决热区多元化食物供给体系的方向性、全局性重大科技问题，持续促进热带草业与养殖动物科学全链条技术实验、集成创新、示范推广和科技服务，强化国家热带农业科学中心主力，引领区域热带养殖农业科技创新，服务区域科技成果有效转移转化，助力区域乡村饲养产业全面振兴，推动国际畜牧水产科技交流合作，为保障我国热区多元化食物和绿色健康养殖产品供给体系提供战略科技支撑。

　　本书基于深化科技体制机制改革、打造国家战略科技力量的大背景，通过回顾中国热带农业科学院湛江实验站自 1979 年建站以来的发展历程，总结机构改革现状和近 45 年发展成果，针对当前机构科技体制改革与发展瓶颈，分析农业养殖产业和科技发展趋势，明确新时期机构改革方向和创新战略，提出组建热带动物科学研究所路径选择，以期更好地科学立足新发展阶段，深入贯彻新发展理念，加快构建新发展格局，加快高水平热带养殖动物科技自立自强，推动我国农业科研机构高质量发展。

　　本书是在中国热带农业科学院中央级公益性科研院所基本科研业务费专项［"湛江实验站改革与发展战略研究"（1630102023005）、"提升现代院所治理效能研究"（1630012022001）、"热带特色休闲农业园区科普工作路径研究"（1630102023010）等］研究成果基础上完成的。通过对中国热带农业科学院湛江实验站组建热带动物科学研究所进行全面系统的总结和研究，丰富和发展我国特色热带养殖动物的科技内涵，从宏观层面为我国养殖动物科学发展提供理论支撑和智力支持，从微观层面为我国农业科研机构体制改革与发展战略提供思路借鉴和实践指导。

　　本书的选题、论证、资料收集过程参考了大量文献，院内外各级领导和专家提供了不少建设性意见和建议，并得到中国热带农业科学院湛江实验站全体职工和离退休人员的支持和帮助。在此，谨向上述专家、领导和同事及所有为本书提供资料的同仁表示衷心感谢！

　　本书在立史作传过程存在的疏漏和不足在所难免，恳请各位读者和同仁提出宝贵意见，待今后继续考证和修改补充。希望后人不断传承创新并发扬光大，以更好地推进中国热带农业科学院湛江实验站高质量发展。

　　本书不仅是中国热带农业科学院湛江实验站一部艰苦奋斗的创业史，还是一部改革发展的光荣史，更是一部面向未来的自信史。谨以此书向中国热带农业科学院湛江实验站成立 45 周年（1979—2024）致敬。

　　"湛南海北，动横天下，科无不克，创无不胜"，衷心祝愿单位事业蒸蒸日上，更上一层楼。

编委会
2023 年 12 月 31 日

目 录

第一章　发展简史

一、不负使命　应运而生（1979.05—1981.01）

（一）机构筹建背景

中华人民共和国成立后不久，1950 年朝鲜战争爆发，同年 10 月中国人民志愿军出兵参加抗美援朝。以美国为首的西方帝国主义阵营下令封锁我国港口，禁止别国把天然橡胶出口到我国。在这种严峻形势下，为粉碎帝国主义对我国的封锁，满足国家对橡胶这一战略物资的需要，在我国南方大地上，一场没有硝烟的战争也悄然拉开了序幕。

1951 年 8 月 31 日，党中央作出了《关于扩大培植橡胶树的决定》，对在华南种植橡胶作出了重要部署，要求从 1952 年起至 1957 年，以最快的速度在广东、广西、云南、福建、四川 5 个省（自治区）种植巴西橡胶及印度橡胶 770 万亩*（海南岛任务另定）；同时，中央决定，由政务院副总理兼中央财经委员会主任陈云同志主持建立橡胶生产基地工作，由叶剑英同志直接领导华南地区大面积植胶工作。1951 年 11 月，华南垦殖局在广州成立（次年迁至湛江市），下辖高雷、广西、海南三大垦区，时任广东省人民政府主席、广州市市长叶剑英同志兼任华南垦殖局局长。

1952 年 2 月，党中央决定组建天然橡胶科研机构。1954 年 3 月在广州市成立"华南热带林业科学研究所"，同年 12 月，中央决定把橡胶生产管理体制从林业部划归农业部（2018 年 3 月组建成立农业农村部）管理，华南热带林业科学研究所更名为"华南热带作物科学研究所"，1956 年更名为"华南亚热带作物科学研究所"，1958 年迁至海南儋州，1965 年底扩建为农垦部热带作物科学研究院，后更名为"华南热带作物科学研究院"，1994 年更名为"中国热带农业科学院"。1958 年创办"华南农学院海南分院"，1959 年 7 月改为"华南热带作物学院"（与华南热带作物科学研究院一起称为"热作两院"，简称"两院"），1996 年更名为"华南热带农业大学"，2007 年与海南大学合并组建新的海南大学（这是我国第一所热带作物高等院校）。

1979 年 3 月，国家农垦总局印发《关于华南热带作物科学研究院、华南热带作物

---

*　1 亩≈667 米^2，15 亩 =1 公顷，全书同。

· 1 ·

学院领导体制有关规定的通知》[国垦（科）字第37号]，明确"两院"的领导体制，实行以总局和广东省双重领导，以局为主的部属局级单位。"两院"的科研教学工作面向广东、云南、广西、福建4个省（自治区）。

1979年5月，根据广东省革命委员会《关于华南热带作物科学研究院、华南热带作物学院领导体制的通知》（粤革发〔1979〕37号、国家农垦局〔79〕国垦字37号），决定在湛江市创建"两院"驻湛江办事处（以下简称"湛江办事处"）。

20世纪80年代"两院"在湛江市创建的机构有湛江办事处、海北科研教学实习点、华南热带作物科学研究院/华南热带作物学院印刷厂、华南热作两院科技服务公司和湛江市车辆综合性能第一检测站。

（二）筹建院校驻湛江办事处

1979年5月15日，根据广东省革命委员会和国家农垦局《关于筹建两院驻湛江办事处有关事项的通知》，"两院"决定成立驻湛江办事处筹备办公室，迅速开展筹建工作。湛江办事处筹备办公室主任由华南热带作物科学研究院粤西试验站副站长郑立生同志兼任；湛江办事处筹建阶段所需工作人员，从"两院"加工所、农机所、粤西试验站临时抽调。

1979年5月21日，"两院"向湛江办事处下达了《关于湛江办事处申报基建用地的通知》（热研字〔79〕59号）筹建规划。同年9月，湛江市革命委员会下发《关于华南热带作物研究院湛江办事处征地的批复》（湛市革办发〔1979〕49号）、《关于华南热带作物学院湛江办事处征地的批复》（湛市革办发〔1979〕50号），湛江办事处选址在湛江市霞山区解放大道西段（现解放西路29号），位于火车南站附近，占地面积共27.4亩。

1979年8月22日，"两院"《关于加工所、热机所、粤西站、湛江办事处定员编制的通知》（院字〔79〕第21号），批准湛江办事处总编制27人，其中干部11人、工人16人。

1980年2月，从"两院"相关部门抽调一批工作人员约20人，随地过来的76名工人组成园林工程队，开展湛江办事处筹建工作。

1980年10月，"两院"按国家农垦总局和广东省革委会〔79〕37号联文规定，下达了关于驻湛江市各单位机构编制的通知（院字〔1980〕44号），湛江办事处为部的局、处属科级单位。机构编制人数为115人，其中湛江办事处及招待所编制人数14人，代管情报研究院印刷车间33人，代管院物资处驻勤调运人员3人，代管院测试中心征地吸收劳力临时组成的园林工程队65人。

1981年2月，"两院"任命院校行政办公室主任任惠臣同志兼任湛江办事处主任。湛江办事处内设机构有行政办公室、财务室、基建组、物资组。

经过两年多的筹建，湛江办事处大院建有招待所（办公室）、职工宿舍楼，以及湛江教学点图书室、教室、学生食堂、学生宿舍楼、运动场等基础设施，湛江办事处、湛江教学点已初具规模。

湛江办事处筹建工作完成后，随地过来的工人有30人分配到加工所附属工厂湛江医用乳胶制品厂，7人分配到教学点基建水电组，9人分配到湛江办事处食堂（学生食堂），4人分配到湛江办事处招待所，4人分配到印刷厂，其他人员留在湛江办事处和湛江教学点工作。

湛江办事处（图1-1）作为"两院"派驻湛江的综合办事机构，肩负着这个光荣的使命，在祖国大陆最南端落地生根，经过几代人数十年来艰苦创业、励精图治、勇于创新，在这片神奇的红土地上绽放出异彩。

图 1-1　筹建湛江办事处工作人员合影

（三）筹建院校海北教学点

改革开放之初，"文革"中受到破坏的中央农垦部已经恢复，成立了国家农垦总局，"两院"也回归到农垦部领导的体制内。这时，全国一些在农村的高等院校和科研单位，纷纷搬回城市，包括那些早期就在农村的研究机构也不例外。

1979年5月，遵照广东省革命委员会和国家农垦局关于"两院的科研和教学工作面向广东、云南、广西、福建四省（区）"的指示，"两院"向湛江办事处下达《关于申报教学科研试验实习建筑用地的通知》（热研字〔79〕62号、热院字〔79〕23号）筹建规划，决定在湛江建立海北科研教学实习点，要求湛江办事处开展筹建准备工作，抓紧设计，并向湛江有关部门申请土地。

1980年5月，"两院"成立了由湛江办事处、加工所人员共同组成的湛江教学点基建用地征购小组。1980年11月17日，得到湛江市革命委员会《关于华南热带作物产品加工设计研究所征地的批复》（湛市革办复〔1980〕53号），圆满完成征地任务。湛江教学点选址在霞山区解放大道西段（现解放西路 18 号）、玻璃纤维厂东北侧，距湛江办事处较近，占地面积共 197.2 亩，原称"大水塘"。

1982 年下半年，湛江教学点科研教学楼正式投入使用，教学点正式开班。

二、服务科教　稳步发展（1981.02—2002.09）

（一）湛江办事处发展历程

湛江办事处即今中国热带农业科学院湛江实验站（以下简称"湛江实验站"）的前身，在 2002 年转型改革科研机构前的主要职能：作为院校驻湛江的窗口，担负着为院校科教优势转化经济效益牵线搭桥的重任；为服务"两院"在海北科研教学实习点科研人员、师生员工提供后勤保障，做好来自全国各地院校学生、干部职工及其社会各界人士的接待服务工作，同时服务管理好"两院"安置在湛江干休所的离退休老同志，以及对检测站、印刷厂的代管工作和湛江办事处土地的开发利用工作。

湛江办事处最初建制为科级单位，1984 年升格为处级单位。湛江办事处挂牌"华南热带作物科学研究院湛江办事处""华南热带作物学院湛江办事处"，实行"一套人马、两块牌子"的办公模式。1984 年还设立了"两院"湛江招待所和"两院"湛江干休所。

1989 年 8 月 15 日，"两院"重新核定湛江办事处人员编制数为 70 人，其中干部 10 人、工人 60 人（包括招待所、老干部休养所、医务室、湛江教学点图书室、食堂等管理人员）。

1994 年 9 月 16 日，经国家科学技术委员会（国科函〔1994〕143 号）和农业部（农人发〔1994〕23 号）批准，"华南热带作物科学研究院"更名为"中国热带农业科学院"，"华南热带作物科学研究院湛江办事处"更名为"中国热带农业科学院湛江办事处"。

1996 年 6 月 10 日，经教育委员会批复，同意"华南热带作物学院"更名为"华南热带农业大学"。

至此，原"热作两院"（简称"两院"）这一合称改为"热农院校"（简称"院校"）。"华南热带作物学院湛江办事处"更名为"华南热带农业大学湛江办事处"。

湛江办事处是湛江实验站的起点，为筹建热带动物科学研究所奠定了基础。

（二）湛江科研教学服务工作

1982 年，"两院"新设的农业经济系、外语培训班、加工系和热机系的高年级学生在湛江教学点开班。为了保证教学工作顺利进行，按照院校安排，从湛江办事处抽调了一部分人员到农业经济系、加工系、湛江教学点图书室工作，主要为教学点师生员工提供后勤管理服务，接送来自全国各地的新生顺利转送到海口接待站，以及从事教学实验楼水电、环境卫生、活动场所、绿化管理等工作。

1983年7月，农牧渔业部《关于〈华南热作两院改革工作的初步设想〉的批复》，同意"两院"列入科教改革试点单位进行改革。试点的内容：一是面向广东、云南、广西、福建、四川、贵州6个省（自治区）各省垦区定向招生；二是多种形式办学，逐步增招研究生，增办若干个二年制的专科，开办专业干部短训和函授教育等。

1984年，湛江教学点加工系专科、本科在湛江开办，湛江教学点教学专业的招生规模不断扩大，人才培养能力不断增强，科教队伍和科教条件不断改善，在广东、云南、广西、福建、四川、贵州6个省（自治区）的影响力显著提高。

为贯彻落实农牧渔业部农垦局"一地办学"的指示，1985年6月6日，"两院"决定逐步把湛江教学点迁回海南院本部。1986年农业经济系全部迁回儋州院校总部。1991年9月，湛江教学点加工系本科、专科学生及实验设备也全部搬迁回院部；研究生暂留湛江进行教学至1992年。

1982—1991年，湛江教学点适应当时改革开放的形势，为农垦和地方培养了一批经济管理等方面的骨干，他们在各级领导和管理岗位上发挥着相当重要的作用。湛江教学点这十年为"两院"在广东、云南、广西、福建4个省（自治区）的科研教学、科技协作、学术交流和后勤服务积极发挥了桥梁和纽带作用。

（三）湛江离退休人员服务工作

20世纪80年代初期，为了落实好党对新中国成立前及50年代前期参加工作的老同志和退居二、三线并办理离退休手续的老干部和高级知识分子的政策，"两院"决定在湛江、海口建立离退休干部疗养所，其中，湛江离退休干部疗养所（以下简称"湛江干休所"）划归湛江办事处管理。

1. 湛江干休所

20世纪80年代中期，第一批离休干部26人从海南儋州"两院"本部迁至湛江（湛江办事处大院）居住，后面又陆续从院本部迁居湛江干休所的离退休老同志共计130多人。

1986年8月6日，根据院校《关于湛江干休所行政等工作由湛江办事处统一管理的通知》（院党字〔1986〕58号），决定湛江干休所的行政事务和日常生活工作由湛江办事处统一负责管理。服务管理好离退休老同志工作成为"两院"湛江办事处一项新的使命。

2. 医务室

20世纪80年代，国家实行公费医疗制度，为了更好地解决离退休老干部、老同志和湛江教学点师生员工看病就医问题，1986年8月"两院"设立了湛江办事处医务室，医务人员从"两院"职工医院借调，划归湛江办事处管理。

医疗保健是一项非常重要的工作，医务人员为离退休老干部开展多种医疗服务项目，热情周到地为离退休老同志提供保健服务，为院校和湛江办事处节约了医疗费开支。

（四）湛江院校办企业管理工作

1. 华南热带作物学院印刷厂（华南热带农业大学印刷厂）

为了适应热农院校《热带作物译丛》《热带作物学报》《热带作物科技情报》的出版要求，满足热作学院教材印刷的需要，1981年5月，由"两院"科技情报研究所组建正式成立了"华南热带作物学院印刷厂"，属全民所有制企业，机构编制为副科级。成立初期约10人，陈世信同志任厂长，主要任务是承担科技情报研究所、院校部分单位的印刷任务，解决院校安置在湛江的部分离退休老干部身边子女就业问题。

1993年5月11日，为理顺印刷厂关系，根据《关于调整印刷厂的领导体制的决定》[热研（人）字〔1993〕115号、热院（人）字〔1993〕116号]，印刷厂由科技情报研究所管理转为由湛江办事处管理，级别为正科级。1996年12月3日，印刷厂更名为"华南热带农业大学印刷厂"。

2. 华南热作两院科技服务公司（湛江市霞山金马大酒店）

1985年8月，"两院"为进一步发挥科技优势，使科研成果尽快转化为生产力，为湛江地区经济建设服务，决定在湛江创建科技服务公司。1988年5月24日，成立了"华南热作两院科技服务公司"（院校、加工所、南亚所、农机所共同入股），为综合性科技合作企业，以科技开发服务业务为主，兼营商贸、旅游业等。

但由于经营不善，后农机所退股，华南热作两院科技服务公司于1989年底倒闭解体，并于1994年5月4日在湛江市工商局办理注销登记。公司解体后，为实现效益的最大化，通过租赁方式，先后由湛江机械厂、加工所离职职工个人承包经营，并于1996年5月20日在工商部门更名注册为"湛江市霞山金马大酒店"。公司职工一部分回原单位工作、一部分离职、一部分继续留在金马酒店工作。根据院校领导的指示和批示，由湛江办事处接管科技服务公司。

3. 湛江市车辆综合性能第一检测站（湛江市嘉立有限公司）

1987年，院校为满足教学需要，同意院校机电系（热机系）与湛江市交通委员会（湛江市交通运输集团有限公司）组建"湛江市车辆综合性能第一检测站"，分期分批为院内科教人员举办各类仪器操作使用培训班，同时也为湛江市机动车辆开展性能检测业务。检测站由陈建豪同志任站长。

1994年2月，为保证机电系教学工作的正常开展和加强对汽车检测站的管理，"两院"成立了汽车检测站临时管理领导小组，组长由湛江办事处主要领导担任，机电系和农机所各派一名同志担任副组长。同年9月，汽车检测站被广东省交通厅定为全省汽车检测员培训点；10月，被省交通厅和省技监局认定为全广东省第一家汽车综合性能检测A级站。

2000年4月3日，"两院"新组建"海南华大曙光热带农业高新技术发展有限公司"，汽车检测站归入该机构管理。同年7月，为了扩展业务的需要，汽车检测站重组，更名为"湛江市嘉立有限公司"。

4. 湛江市中转物资运输部

华南热带作物科学研究院湛江市中转物资运输部为"两院"在1988年10月12日投资兴办的全资企业，占股100%，注册资本人民币58万元，法定代表人谭水生。

20世纪80年代初期，在湛江办事处筹建的同时，院校将湛江市中转物资运输部工作人员的行政管理和业务工作交由湛江办事处管理，物资组的主要职责是承担全院物资采购、运输、中转等各项工作。

1992年10月22日，湛江市中转物资运输部被吊销营业执照。

三、改革求索　开拓发展（2002.10—2021.12）

（一）机构转型改革

进入21世纪，我国科研机构的组织结构和运行机制发生重大变化。国家开始对国务院部门（单位）所属科研机构管理体制进行改革，2002年10月，根据科学技术部、财政部、中编办《关于农业部等九个部门所属科研机构改革方案的批复》（国科发政字〔2002〕356号）、《关于变更单位名称的通知》（热农院校办〔2002〕300号），"中国热带农业科学院湛江办事处"更名为"中国热带农业科学院湛江实验站"，定位为农业事业单位。保留"华南热带农业大学湛江办事处"牌子。

改革转型科研机构后的湛江实验站主要职责：开展种植业技术试验，促进热带农业发展；热带作物新品种及热带农业技术生产示范与推广应用，热带农业科技成果中间扩大试验，相关技术培训、科技开发与咨询服务等。

改革转型科研机构后的湛江实验站主要任务：一是开展科技咨询、培训服务；二是开展科技示范、推广工作；三是加强"两院"与四川攀枝花地区的科技服务、科技副职挂职的工作；四是代表院校对在湛江的资源进行整合开发利用；五是代表院校加强与地方政府部门的联系与沟通，发挥窗口服务作用；六是代表院校对安置在湛江的离退休人员进行管理；七是负责院校在湛江市三个科研机构的后勤服务工作。

改革转型科研机构后的湛江实验站，工作条件和生活环境得到进一步改善。湛江实验站成立以来一直在湛江市霞山区解放西路 29 号招待所一层办公，后搬迁到旁边的平房，在平房办公十多年，办公条件和工作环境比较艰苦。2002 年 4 月通过土地置换的解放西路 29 号综合楼竣工后，在院校的大力支持下，办公迁址到综合楼的五层，工作条件得到了较大改善。

改革转型科研机构前，湛江实验站科研基础比较薄弱。2003—2007 年，湛江实验站根据院工作部署，结合自身的特点、优势，对原办事处功能和发展方向进行战略调整。同时，也对人事制度和分配制度的改革进行了探索。

改革转型科研机构后，湛江实验站充分依托院校科研资源，坚持立足海南、广东、广西，面向热区，通过与广东农垦总局、茂名农垦、湛江农垦以及广西农垦联合开展科技示范、科技推广、科技下乡、合作办学及社会服务等工作。科技服务、咨询、示范推广，承担政府、企业和其他社会组织委托能力明显提高，科技服务能力明显增强，逐步建立起科研、开发、服务"三位一体"的发展模式，走上改革、创新、发展的良性轨道。

2005 年，为贯彻落实国家和院校有关科研机构管理体制改革的精神，湛江实验站精简了机构，内设机构调整为行政办公室（挂财务办公室）、开发办公室、干休所 3 个部门；科级以上领导干部采取公开招聘、公平竞争、择优聘用、竞争上岗，同时也探索和推进全员聘用制；在分配制度上，按照事业单位工资制度，初步建立起与社会主义市场经济相适应，符合湛江实验站特点的内部分配制度；在内部管理上，初步建立了适应农业事业单位的运转机制，根据地处湛江的实际情况，实行基本工资、岗位津贴、绩效津贴的"三元"工资制，鼓励多出成果，多做贡献，切实做到多劳多得，优劳优酬，向重点岗位倾斜。

（二）院校分离改革

2007 年，经农业部和教育部同意，中共海南省委和海南省人民政府决定，中国热带农业科学院与华南热带农业大学分离。中国热带农业科学院归属农业部管理，湛江实验站作为中国热带农业科学院院属科研机构，从此迎来了发展历史上的又一次改革。

2007 年 8 月 14 日，教育部下发《教育部关于同意海南大学与华南热带农业大学合并组建新的海南大学的通知》（教发函〔2007〕171 号），标志着华南热带农业大学与海南大学正式合并。湛江实验站撤销了"华南热带农业大学湛江办事处"的牌子，湛江实验站结束了"一套人马、两块牌子"的办公模式。

2007 年 10 月 30 日，根据《农业部关于中国热带农业科学院主要职责内设机构和人员编制的批复》（农人发〔2007〕10 号），湛江实验站主要职责：主要承担热带作物新品种及热带农业技术生产示范与推广应用；热带农业科技培训与服务等职责。核定处级领导职数 3 名。

2007年12月20日，根据中国热带农业科学院《关于公布院属单位人员编制的通知》(热科院人〔2007〕316号)，湛江实验站人员编制73名，其中财政补助编制45名。经费自理编制28名。

2008年1月，根据中国热带农业科学院《关于部分机构重组和人员调整安置的指导性意见》，为做好中国热带农业科学院与华南热带农业大学分离后部分机构重组和人员调整、安置及稳定工作，院决定成立机构重组及人员安置工作领导小组。湛江实验站负责做好原湛江办事处、金马大酒店(科技服务公司)、印刷厂现有人员(含原印刷厂从原华南热带农业大学调整到中国热带农业科学院人员)的接收、管理及安置工作。

2008年4月，根据《中国热带农业科学院关于机构变更与资产划转的通知》(热科院办〔2008〕78号)要求，湛江实验站完成了院校分离后单位法人证书、组织机构代码证书变更工作，核销"华南热带农业大学湛江办事处"名下银行账户，变更原登记在"华南热带农业大学湛江办事处"名下的国土证、房产证权属人名称，变更原登记在华南热带农业大学的湛江市嘉立有限公司(检测站)股份手续，变更"华南热带农业大学湛江招待所"工商登记、税务登记等相关工作。

按照《中国热带农业科学院关于公布院属单位内设机构方案的通知》(热科院人〔2008〕208号)，湛江实验站内设机构调整，取消原有的行政办公室(挂财务办公室)、开发办公室、干休所。成立了综合办公室(挂财务办公室)、科研办公室、湛江离退休人员工作办公室3个科室，科级干部职数5名，其中正科级职数3名，副科级职数2名。

(三) 科研转型探索

1. 科研转型历程

2008年改制后，根据中国热带农业科学院部署，随着发展形势的变化，湛江实验站研究定位、发展方向发生了变化。先后经历了以橡胶树为主要研究对象、以甘蔗花卉为主要研究对象和以旱作草畜为主要研究对象的科研转型历程。

2008年10月，湛江实验站承担国家天然橡胶产业技术体系湛江综合试验站，主要服务广东、广西热带地区，罗萍为综合试验站站长。

2009年8月，根据中国热带农业科学院《关于湛江实验站与广州实验站发展方向的通知》(热科院办〔2009〕251号)，明确湛江实验站发展方向：以在建的橡胶试验站为契机，争取其他农业产业技术体系试验站的建设任务，做强做大，形成品牌；同时，瞄准热带花卉和蔬菜两个重点，打好基础，迎接挑战。

2010年，结合湛江实验站发展方向及科研实际，科研机构组建了橡胶树抗寒高产课题组、甘蔗品种改良及病虫害课题组和花卉课题组，并组建了第一届学术委员会。

2010年7月，根据中国热带农业科学院《院属科研机构主要职责(试行)》(热科院发〔2010〕258号)，明确湛江实验站发展定位：以湛江实验站为依托，筹建中国热带农业科学院甘蔗研究所和热区旱作研究中心。

2011年，根据《中国热带农业科学院机关及院属单位内设管理机构》（热科院人〔2011〕168号），湛江实验站内设机构调整，分别设置综合办公室（党总支办公室）、科研办公室、财务办公室、基地与条件建设管理办公室。同年，成立了开发机构"湛江实验站科技服务中心"，下设科技开发中心、物业管理中心、招待所。

2012年2月，中国热带农业科学院再次对湛江实验站发展定位提出了科研转型要求，以刘实忠站长为班长的领导班子，明确了研究方向，筹建"热区旱作研究所"，基本实现科研转型。

2012年12月，湛江实验站办公搬迁到湛江市霞山区解放西路20号岭南综合楼（图1-2），结束了湛江实验站没有科研办公楼的历史，购置了一批科研实验室仪器设备，实现了湛江实验站土壤农化、生理生化与分子遗传育种、组织培养等室内化验分析设备等功能较为完善的现代实验室。并在办公大楼一层设立了国家重要热带作物工程中心湛江科技产品展销部。

图1-2　湛江实验站入驻岭南综合楼

2012年12月，"中国热带农业科学院热带旱作农业研究中心"挂牌成立，为实现湛江实验站科研转型、提升科研实力奠定了基础。中心下设3个研究室：热带旱作作物育种与栽培研究室、农业水资源高效利用研究室、热带农业科技推广中心。研究室下设5个课题组：种质资源评价与利用课题组、橡胶抗寒研究课题组、农艺节水技术研究课题组、生物节水课题组、设施农业课题组。通过研究室及课题组设置，湛江实验站逐步具备了科学研究所的结构和框架。基本形成"基础研究＋应用技术＋推广示范"的核心三角滚动模式。

2014年3月3日，根据《中国热带农业科学院机构设置及主要职责》（热科院人

〔2014〕73 号），湛江实验站主要职责：开展热区旱作农业科技创新研究，负责院热区旱作农业研究中心等科技平台建设，围绕科技创新体系和平台建设，加快人才队伍建设，按责任区划分做好服务"三农"工作，促进旱作节水技术推广应用，发挥湛江市内土地、房产等资源和区位优势，提高使用效益，增强经济实力。

2015 年，以谢江辉站长为班长的领导班子，紧紧围绕热区旱作节水农业发展需求，谋划了湛江实验站"十三五"科技发展规划，以建设"一个中心和两个基地（热带旱作农业研究中心、橡胶树抗寒研究基地、木薯及草畜一体化研发基地）"为目标，突出"旱作、节水"特色，强化热带旱作农业的基础和应用基础研究。这一时期的湛江实验站科技事业发展进入了快车道。

2015 年湛江实验站下设 1 个科技平台，中国热带农业科学院热带旱作农业研究中心；3 个研究室，热带旱作节水农业研究室、橡胶树抗寒研究室、木薯应用技术研究室。

2. 科研转型成效

转制后的湛江实验站在科研转型探索路上，不断取得新突破，科研实力和综合实力逐步增强，以橡胶树、甘蔗、花卉、旱作草畜等成果为标志，湛江实验站得到了较快的发展。

转制后，湛江实验站科研人员增加，2016 年在编在岗职工 46 人，其中博士 4 人，硕士 12 人，副高以上职称 6 人。以国家天然橡胶产业技术体系湛江综合试验站的兴起，以罗萍、窦美安、刘洋、韩建成等为代表的一批骨干的崛起。

2016 年首次获得广东省科技项目资助 2 项；首次获得国家 948 项目子项目 1 项，在国际合作项目中实现了突破；首次获得广东省中央财政农技推广项目 1 项。

2016 年加大综合试验基地基础设施投入力度，完成综合试验基地的整体规划布局，供电供水系统改造，"热带草畜一体化循环农业试验示范基地""稻－鳖－鱼－鸭复合共生高效生产示范基地"的建设等，全面提高了科研基地的科技内涵。现拥有 600 多平方米实验室、400 多万元仪器设备、2 500 平方米温室大棚和近 300 亩科研试验示范推广基地。

2016 年与中国热带农业科学院南亚热带作物研究所（以下简称"南亚所"）联合成功申报"广东省旱作节水农业工程技术研发中心"。与高校联合挂牌建立"岭南师范学院专业实习基地""广东海洋大学校外教学实训基地"，岭南师范学院、广东海洋大学、海南大学学生陆续到湛江实验站实习。

2017 年成功举办首届"中国热带农业科学院设施农业重点学科暨旱作节水农业研讨会"，联合举办"天然橡胶产业技术体系加工研究室 2017 年学术交流会"。启动院级"旱作节水科技创新团队"。

2017年启动农业部农业基础性长期性科技工作平台"国家农业科学实验站（作物种质资源和农业环境）"。获批广东省农业厅的广东省现代农业（耕地保育与节水农业）产业技术研发中心平台。促进热带农业科研大协作，提升科技自主创新能力。

2017年草畜一体化课题团队纳入院科技创新团队——热带饲料作物与畜牧产业技术团队，团队致力于解决热区主要饲料作物及畜牧产业发展技术瓶颈问题，为热区畜牧产业的发展提供技术支持。湛江实验站5名科技人员入选广东省省级农业科技特派员名单。

2017年首次获授权植物新品种权1件（橡胶树湛试327-13），获授权发明专利3件。申报发明专利2件、实用新型6件、橡胶树新品种权2件。发表论文23篇，其中SCI论文2篇，首次在EI上发表论文1篇。

2017年集成草畜一体化循环养殖技术模式以"书记项目"方式融入精准扶贫工作中，得到湛江市政府的大力支持与高度肯定。

改革发展时期，给湛江实验站的发展带来了新的发展机遇，同时，也给湛江实验站的发展带来新的挑战。

3. 解决历史遗留问题

（1）解决资产遗留问题

一直以来，湛江实验站领导班子对历史遗留问题非常重视，做好代管工作的同时，积极协助院校和湛江院区管委会依法、稳妥、有序逐步清理在湛江院区遗留问题。

1996年之前，"两院"在湛江征用的土地长期未拿到土地证。为了解决这个遗留问题，1997年湛江办事处抓住机遇办理了解放西路29号（湛江办事处原址）和解放西路18号（湛江干休所大院）的土地产权证，结束了该土地征地20多年来没有土地证的历史。

1997年，在湛江办事处水塘开发建房方面，用湛江办事处的自有资金，保住了两栋宿舍楼的建筑用地约3亩多。

1997年，湛江办事处顺利解决了海南户籍的同志在湛江购买住房的问题，圆满完成了两幢干休所的房改工作。

2003年，湛江实验站接手加工所办理印刷厂土地的确权手续。2004年2月，通过各种渠道，成功地为院校驻湛江办事处的最后两块土地12.6亩办理了土地证。

针对岭南综合楼建设历史遗留问题，2011年6月从岭南公司收回4163平方米的房产，并于2011年9月取得房产证。在科研培训学员集体宿舍楼改址建设、复工建设、土地置换、工程日常管理、现场施工管理等方面做了大量工作，为科研培训学员集体宿舍楼竣工工作奠定了基础。

（2）解决人事遗留问题

2005年10月，院校组织了由院人事处、产业办与湛江实验站协商研究解决科技服务公司下岗41名职工生活和养老历史遗留问题。湛江实验站成立了专项工作领导小组，提交了解决41名下岗职工最低生活费方案，并承担起代院管理41名下岗职工最低生活费及扣缴社保（个人部分）和做好下岗职工日常生活的管理工作，保障了41名下岗职工每人每月按时领到生活费。

2005年8月，湛江实验站接管湛江片区企业后，根据院校的指示精神，针对印刷厂、科技服务公司、检测站41名下岗职工的实际情况，积极走访湛江市社保局、劳动局等有关部门，按照湛江市有关事业单位社会保险相关政策测算需补缴社保的材料和保费。2007年8月，院属41名下岗职工的社会养老保险随湛江实验站职工一同纳入海南社保统筹，彻底解决了长达20年的历史遗留问题。

原院校办企业人员岗位安置是院解决历史遗留问题的重要工作。根据《关于原院校办企业人员工作安排的通知》（热科院人〔2014〕309号），湛江实验站制定岗位聘任工作实施方案，成立岗位评审工作领导小组，2014—2015年安置了原院校办企业6名下岗职工的工作，促进了原院校办企业职工队伍的稳定和发展。

（四）合署办公改革

1. 所站合署办公

2017年10月，为适应科技体制改革和事业单位分类改革，根据《中国热带农业科学院湛江院区"三所一站"管理改革工作方案》（热科院人〔2017〕315号）的总体要求，与南亚所融合发展。在中国热带农业科学院统筹安排下，2017年11月，湛江实验站与南亚所实行"两块牌子、一套人马"的办公模式，实现领导班子一体化，成立了改革工作小组，所站合署办公各项工作稳步推进。

2018年4月，湛江实验站办公整体搬迁到南亚所（湛江市麻章区湖秀路1号）实现合署办公、融合发展。湛江实验站科研团队、科技人员、行政人员并入南亚所各部门重新优化设置，科研团队重新组建。实现了领导班子一体化、管理机构一体化、工作部署一体化、科技研发一体化、资源配置一体化、管理制度一体化，所站融合发展成效明显。

2018年8月，为理顺南亚所、湛江实验站党组织关系，经中共湛江市直属机关工作委员会批复，撤销了湛江实验站党总支，党员转入南亚所党委管理。

2019年9月，根据中编办《关于农业农村部所属部分事业单位分类的批复》，湛江实验站分类改革为公益二类事业单位。

2. 科技工作进展

所站合署办公以来，在两个单位干部职工的共同努力下，科研工作进入新的融合摸索发展阶段。

一是科技平台。2018 年获批新建"中国热带农业科学院热带农业环境与作物高效用水试验基地建设项目"，总投资 2 604 万元。2020 年获批新建"广东省旱作节水工程技术研究中心"。2020 年第一批"国家农业绿色发展长期固定观测试验站"由南亚所 / 湛江实验站旱作种业与节水研究中心负责建设。这些平台获批，为科技自主创新能力提供了良好基础。

二是科技创新。2019 年军用特种天然橡胶核心样本区在湛江实验站挂牌；2019 年循环农业研究室创新采用水肥气热一体化玉米种植技术；创新采用基质覆盖式播种技术进行玉米免耕播种作业；开展羊粪和玉米秸秆混合物快速腐解试验、以腐解产物为基料的蚯蚓高密度养殖试验，突破了农业废弃物生物质转化的关键技术。2020 年获登记橡胶新品种 1 个，2021 年获登记橡胶新品种 4 个，标志着湛江实验站新品种选育进入了新的阶段。

三是科技服务。加大横向合作力度，以新品种推广为带动，支撑地方农业发展，开展科技帮扶和科技援助工作，2018 年草畜一体化循环农业示范基地被评选为院级科研示范基地；研制农业废弃物饲料化技术、建立热带饲料资源开发利用中试基地；进一步熟化农业废弃饲料化处理关键技术，建成热带饲料资源开发利用中试基地 1 个。

四是助力脱贫。湛江实验站科技帮扶的吴川市振文镇沙尾村提前脱贫，科技扶贫点成效显著，被吴川市评为科技扶贫先进集体；1 名同志获扶贫先进个人表彰。湛江实验站科技特派员队伍达到 4 支共 12 人，对接 4 个镇村开展帮扶工作；在广东（湛江、清远、河源、汕尾）、贵州（兴义）等地区推广建立了 10 余个黑山羊一体化循环养殖示范基地，覆盖区域达到 10 余个市县。2018 年草畜一体化循环养殖技术成为湛江市十大扶贫模式之首，为热区黑山羊一体化循环养殖发展起到引领示范作用。

（五）院办企业改革

20 世纪 80 年代，院校在湛江创办的几家企业，曾经发挥过积极的作用，但由于体制、机制和管理等原因，亏损严重，职工生活艰难，严重影响了院校的安全和稳定。为解决这些历史遗留问题，湛江实验站做了大量的院办企业清理和处置工作。

1. 华南热带作物学院印刷厂（华南热带农业大学印刷厂）

2000 年 6 月 13 日，院校成立海南华大曙光热带农业高新技术发展有限公司，印刷厂从湛江实验站转由该公司管理，为该公司下属企业。由于印刷市场发生了急剧变化，但印刷厂无论技术水平、生产设备、管理机制都已远远不能适应市场需求，生产经营日渐艰难，至 2005 年 4 月印刷厂被迫全面停产。

2005 年 7 月 19 日，院校决定将印刷厂的资产进行划拨和移交，由湛江实验站代管。8 月，将印刷厂的各项工作划归湛江实验站管理。2007 年华南热带农业大学与海南大学合并后，印刷厂的各项工作仍由湛江实验站管理。

2009 年 2 月，印刷厂停止营业。为彻底清理院校分离前的不良资产，加快院办企业的清理工作，由湛江实验站、中国热带农业科学院试验场和中国热带农业科学院资产处组成清查小组，于 2009 年 12 月完成了对印刷厂资产设备的清查工作。

2010 年 1 月 1 日，按照《关于原湛江金马大酒店、汽车检测中心等人员、资产交接工作方案》，原由湛江实验站代管的院办企业 41 名下岗职工（印刷厂、科技服务公司、检测站）和相关资产移交给中国热带农业科学院试验场管理。2012 年 4 月 13 日，根据第 24 期院长办公会议纪要精神批示，中国热带农业科学院试验场再次将原印刷厂、检测站专用设备移交湛江实验站管理。

2012 年 7 月 30 日，湛江实验站完成印刷厂资产设备清查工作，根据《中国热带农业科学院企业清理专项资产处置工作指导意见》（热科院办〔2012〕360 号），先期完成了印刷厂的资产处置工作。

2015 年 12 月，按照院企业清理工作会议精神，相继完成印刷厂国税、地税税务登记证、银行账户的注销工作。2016 年 2 月，完成了印刷厂企业法人注销登记工作。

2. 华南热作两院科技服务公司（湛江市霞山金马大酒店）

科技服务公司解体后，公司通过租赁方式由离职职工个人承包经营，并更名注册为"湛江市霞山金马大酒店"。

2021 年 3 月 10 日，根据院关于清理全民所有制企业工作部署，湛江实验站、南亚所所站务会会议研究制定了湛江市霞山金马大酒店处置的改革方案及相应措施。

2021 年 7 月 22 日，院长办公会议审议并原则通过湛江实验站提交的《关于湛江市霞山金马大酒店改制意见的请示》，要求湛江实验站根据法律法规及相关文件要求，依法依规、妥善、快速处理好企业注销。

2021 年 9 月 2 日，湛江实验站、南亚所、湛江市霞山金马大酒店、吴玉兰等四方签订《湛江市霞山金马大酒店改制协议》，对改制流程等事项进行明确。同年 9 月 18 日，所站召开党委会议，审议免除湛江市霞山区金马大酒店法人事宜，同意注销湛江市霞山金马大酒店。

2021 年 10 月 27 日，湛江实验站根据《中国热带农业科学院关于市场化处置湛江市霞山金马大酒店的批复》（热科院成果〔2021〕258 号），按程序进行了清算和工商注销。同年 12 月 21 日得到中国热带农业科学院《关于市场化处置湛江市霞山金马大酒店的备案》的批复（热科院成果〔2021〕375 号），如期完成了注销清算处置湛江市霞山金马大酒店工作。

3. 湛江市车辆综合性能第一检测站（湛江市嘉立有限公司）

2015 年 6 月，按照中国热带农业科学院资产管理有关要求，湛江实验站把代管的湛江市嘉立有限公司和相关资产移交给中国热带农业科学院管理。

2018 年 11 月，中国热带农业科学院依据农业农村部计划财务司关于加快推进部属事业单位所办企业清理规范工作的通知，组织开展嘉立公司股权公开交易转让；2019 年 9 月，院委托湛江公共资源交易中心进行股权公开交易转让院所持湛江市嘉立有限公司股份，2020 年 1 月院转让股份后退出。

4. 湛江市中转物资运输部

2005 年 12 月 31 日，院校决定重组湛江市中转物资运输部，将管理的土地（约 1.57 亩）及附属物划归农机所管理，同时物资组 4 名在职职工一并划归农机所；将物资组管理的地处湛江实验站大楼内的办公用房和铺面划归湛江实验站管理，同时物资组退休人员一并划归湛江实验站；物资组的债权债务由湛江实验站接管。从此，物资组彻底剥离湛江实验站。

2021 年 3 月 9 日，中国热带农业科学院同意成立企业清算组，按照国有资产管理有关规定和清算方案开展企业股权注销清算和注销工作。

四、再开新局 跨越发展（2022.01 至今）

（一）动科所筹建历程

中国热带农业科学院"十一五"发展规划把热带畜牧、天然橡胶、热带果树、热带生物能源一起列为今后重点发展四大研究领域。"十三五"发展规划把热带畜牧、热带经济作物、南繁育种、热区粮食作物、热带海洋资源、冬季瓜菜资源一起列为今后重点发展六大研究领域。2023 年，把天然橡胶、甘蔗、木薯、香（大）蕉、热带木本油料、热带果树、热带花卉与蔬菜、热带香料饮料、热带草业与养殖动物、特色热带经济作物列为中国热带农业科学院今后重点发展十大研究领域。

中国热带农业科学院 1994 年曾设立农牧研究所，开展热带牧草和热带畜牧的科研工作；2002 年国家科技体制改革，中国热带农业科学院农牧研究所和园艺所合并设立热带作物品种资源研究所。为了强化热带牧草和热带畜牧的科研工作，2009 年 6 月中国热带农业科学院决定筹建设立热带畜牧研究所，主要研究方向为热带畜禽资源与遗传育种、热带畜禽营养与饲料、热带畜禽健康养殖与疾病防控、热带草业科学。后因机构编制控制，暂停设立。

2020 年 1 月，中国热带农业科学院印发《中国热带农业科学院二级单位主要任务职责》（热科院发〔2020〕5 号），提出以湛江实验站现有机构筹建动物科学研究所。2020 年 2 月，中国热带农业科学院印发《中国热带农业科学院动物科学研究所筹建方案》（热科院发〔2020〕54 号），提出为进一步完善热带农业科研体系，优化热带农业科技创新布局，面向国家战略和产业需求，强化原创性基础研究与转化应用融通发展，致力于在热带优稀畜禽新品种创制与繁育、热带畜禽健康养殖关键机理和技术体系、热带畜禽与水产重要疾病发生规律和高效防控、热带优良牧草高效育种和健康饲料、南海渔业健康养殖关键资源深度利用等方面取得突破，建设世界一流热带动物科学创新中心。2020 年 3 月，中国热带农业科学院在海口院本部举行动物科学研究所（筹）揭牌仪式。2020 年 4 月，中国热带农业科学院成立动物科学研究所筹建领导小组：组长戴好富，统筹负责研究所筹建工作；副组长周汉林、胡永华，专职负责研究所筹建工作。

2021 年 11 月，中国热带农业科学院向农业农村部报送《中国热带农业科学院研究机构改革总体方案》（热科院党组发〔2021〕26 号），明确提出推进湛江实验站更名并重组动物科学研究所。

2022 年 1 月，按照院科研机构改革总体方案，印发《中国热带农业科学院关于调整湛江院区"三所一站"管理体制的通知》（热科院人〔2022〕23 号），明确湛江实验站不再与南亚所合署办公，恢复独立运行，从全院范围内整合热带饲草与养殖动物的创新资源，重组动物科学研究所。同时，成立了以欧阳欢为站长，周汉林、胡永华为副站长的新一届领导班子，正式启动动物科学研究所更名重组工作。

2022 年 2 月，中国热带农业科学院学术委员会在海口召开湛江实验站重组动物科学研究所总体方案和内设科研机构设置专家咨询会，明确了重组动物科学研究所发展定位、机构优化、研究领域、研究方向、重点任务和实现路径。

2022 年 3 月，《中国热带农业科学院办公室关于湛江实验站内设机构设置的批复》（热科院办人〔2022〕18 号），湛江实验站设置办公室（党务办公室）、科技办公室、财务办公室、产业发展部 4 个职能部门，以上机构为正科级，核定部门领导职数 8 名，其中正科级 4 名，副科级 4 名。设置热带畜禽资源利用研究室、热带动物营养与饲料研究室、热带动物疫病与防控研究室、热带草业与草食动物研究室、热带海洋生物资源研究室 5 个研究室。

2022 年 3 月，中国热带农业科学院党组任命欧阳欢同志为湛江实验站新一届党总支书记，同时成立了党总支筹备工作小组开展了相关工作。经中共湛江市直属机关工作委员会批复，2022 年 7 月 11 日，湛江实验站选举产生了新一届党总支委员会。

2022 年 4 月，湛江实验站科研办公搬迁到湛江市霞山区社坛路 5 号南亚热带作物科技创新中心（图1-3）农机所综合实验楼，构建专用实验室 3 个：草畜一体化实验室、健康饲料研发实验室、橡胶抗寒研究实验室，并在办公大楼一层建设了中国热带农业科学院湛江院区科技成果展馆。

2022 年 8 月，中国热带农业科学院召开全院战略发展研讨会，总结历史成绩，学习上级部署，确定发展思路，分析实现路径，取得了阶段性成果。2022 年 9 月，为进一步明晰中国热带农业科学院发展思路，又召开了第二次中国热带农业科学院下一阶段战略发展研讨会，形成了《中国热带农业科学院的创新体系布局》《中国热带农业科学院的区域发展布局》《中国热带农业科学院的人才引进培养》《中国热带农业科学院的科研生态构建》4项成果。进一步明确了湛江实验站重组动物科学研究所的发展思路和实现路径。

图1-3　湛江实验站入驻南亚热带作物科技创新中心

2023年7月，湛江实验站按照《国家热带农业科学中心建设规划（2021—2035年）》和院科研机构改革总体方案，入驻海南省三亚崖州湾科技城，建设热带养殖动物科技创新中心，为重组动物科学研究所迈出了坚实的一步。

（二）动科所筹建成效

2022年以来，湛江实验站新一届领导班子经过近两年来确定主责主业，优化组织机构，调整科研方向，稳定职工思想，分流科研人员等方面的措施，为实现湛江实验站向动物科学研究所科研转型取得良好开端。

1. 机构改革进展

湛江实验站新一届领导班子于2022年2月提出了《中国热带农业科学院重组动物科学研究所总体方案（草稿）》，实施"113发展战略工程"，按照"一个创新中心、一个转化平台、三个试验基地"进行动物科学研究所统筹布局、稳步推进，构建以三亚为引擎、湛江为保障、儋州与文昌为拓展的发展新格局。湛江实验站制定了《动物科学研究所"十四五"发展规划》《湛江实验站打好科研翻身仗三年行动方案（2022—2024年）》《湛江实验站科技攻关行动与面向2030重大任务清单》，重点围绕院十大产业体系—热带草学与养殖动物创新领域和院六大学科集群—热带草学与养殖动物学科建设，确定重点开展热带特色家禽保种选育及利用、热带特色家畜保种选育及利用、热带水生生物资源挖掘及利用、热带草畜一体化关键技术研究与示范、热带饲料作物新品种创制与配套生产技术、热带养殖动物疫病监测与防控六大科学选题。

2. 主要成果产出

近两年组建动物科学研究所以来，湛江实验站对科研力量进行了重新布局，科技创新、平台建设、成果转化、"三农"服务、学术交流等工作有序、高效推进。

（1）科技创新

2023 年新增科研立项项目数较 2021 年度增加 53%，项目经费较 2021 年度增加60.01%。2023 年获批 2 项国家地区联合自然科学基金。"橡胶树抗寒优异种质创制"获2002 年海南省科学技术奖技术发明奖二等奖，"雷州山羊舍饲化高效循环养殖关键技术集成与示范推广"获广东省 2021 年农业技术推广奖二等奖，"橡胶林下间作斑兰叶全产业链技术集成与应用"获第四届中国技术市场协会"三农"科技服务金桥奖二等奖，欧阳欢获 2023 年中国产学研合作促进会产学研合作创新奖；发表论文 19 篇，其中中国科学院一区论文 1 篇；出版著作 1 部；获专利授权 11 项，其中发明专利 8 项，实用新型专利 3 件；获授权软件著作权 5 项；获国家新品种保护权 5 项，其中首次授予砂仁新品种权 4 个。

（2）平台建设

2022 年，获批建设湛江市热带草畜一体化循环农业工程技术研究中心；2023 年，获批建设湛江市橡胶林下经济工程技术研究中心、湛江市中热科技成果转移转化中心。

2023 年，农业农村部"热带农业环境与作物高效用水试验基地建设项目"通过竣工验收。

（3）成果转化

2022 年 12 月，中国热带农业科学院湛江院区科技成果展馆落成，同时启动湛江市中热科技成果转移转化中心建设。2023 年，先后组织参加海南省热带农业科技成果发布与对接活动、湛江市成果转化助推"百县千镇万村高质量发展工程"工作对接会等活动 3 次。

2022 年，"黑山羊健康青贮饲料""雷州山羊舍饲化养殖关键技术集成与示范"获中国国际高新技术成果交易会优秀成品奖。

2022 年起，在湛江市麻章区湖秀新村开发建设 300 亩的"湛江动科热带特色农业博览园"，目前已初具雏形。

（4）"三农"服务

2022 年入选广东省农业主推技术 2 项、主推品种 1 项。2023 年入选海南省农业主推技术 1 项。

组建"科创中国"热带农业产业科技服务团 1 支，围绕海南、广东林下经济产业开展产业科技服务；组建草畜一体化循环养殖等湛江市科技特派员团队 4 支、广西科技特派员团队 2 支，助力地区乡村振兴发展。

（5）学术交流

承建中国热带作物学会科技成果转化工作委员会，2023 年 2 月在海南澄迈成功举办了全国热区科技成果转化学术研讨会，4 月在海口院区成功举办了第二届海南省海洋生物青年科技论坛，7 月在海南三亚成功举办了热带林下经济产业高质量发展研讨会，8 月在广西南宁 2023 年中国热带作物学术年会上成功举办 2023 年度优秀科技成果发布会。

（6）制度建设

全面推进湛江实验站制度建设年活动，建立单位章程，制（修）订综合、人事、财务、资产、科技、转化、条件、安全、党建、监督等 11 类管理制度共 70 项，有效提升单位综合治理能力。

第二章 发展成果

一、科学研究

（一）科研平台

1. 科研平台概况

截至 2023 年，湛江实验站共建有科研平台 7 个，其中省部级 2 个、市级 3 个、院级 2 个；联合共建省部级科研平台 2 个。湛江实验站历年科研平台数量和名称分别见表 2-1 和表 2-2。

表2-1　湛江实验站历年科研平台数量

级别	合计	时期				
		1979—1982 年	1983—2001 年	2002—2016 年	2017—2021 年	2022 年至今
省部级	4	0	0	0	4	0
市级	3	0	0	0	0	3
院级	2	0	0	1	0	1

表2-2　湛江实验站历年科研平台情况

序号	级别	名称	起始年份	备注
1	省部级	广东省旱作节水农业工程技术研究中心	2017	与南亚所联合共建
2		中国热带农业科学院湛江实验站国家农业科学实验站	2017	
3		广东省现代农业（耕地保育与节水农业）产业技术研发中心	2017	
4		国家农业绿色发展长期固定观测湛江试验站	2020	与南亚所联合共建
5	市级	湛江市热带草畜一体化循环农业工程技术研究中心	2022	
6	市级	湛江市橡胶林下经济工程技术研究中心	2023	
7	市级	湛江市中热科技成果转移转化中心	2023	

续表

序号	级别	名称	起始年份	备注
8	院级	中国热带农业科学院热带旱作农业研究中心	2012	
9	院级	中国热带农业科学院热带农业技术转移中心湛江分中心	2022	

2. 主要科研平台

（1）中国热带农业科学院湛江实验站国家农业科学实验站

2017年3月25日，中国热带农业科学院湛江实验站国家农业科学实验站（试运行）获得农业部批准建设（农业部科教司农科教发〔2017〕5号），平台的学科领域分布为作物种质资源和农业环境。该平台的任务主要为构建作物种质资源和农业环境2个学科领域的基础数据库，在作物种质资源方面重点开展种质资源收集、整理、分析以及精准鉴定，在农业环境方面重点监测种植结构、气候变化等对农业环境的影响，研究提出一系列的专业性、综合性分析报告，为科技创新、政策制定等提供服务和支撑。

（2）广东省现代农业（耕地保育与节水农业）产业技术研发中心

2017年4月7日，湛江实验站申请筹建广东省现代农业（耕地保育与节水农业）产业技术研发中心。2017年9月1日，中心获得广东省农业厅批准建设（广东省农业厅粤农〔2017〕168号）。该平台定位于广东及华南地区耕地保育和节水技术的应用基础和应用研究，遵循源头创新、技术引领的原则，以解决影响产业发展的关键问题为出发点，主要开展耕地保育栽培技术研究、土壤改良微生物菌剂研发、热带耐旱作物新品种选育与应用、水分生理与农艺节水技术研究、水肥一体化与智能灌溉技术研究、节水新材料与新产品研发和节水设施的集成示范等。致力于土壤改良和水分高效利用共性关键技术基础理论研究，解决制约产业发展的技术难题，创新耕地保育和节水新技术和新工艺，为广东农业发展提供理论支撑。

（3）广东省旱作节水农业工程技术研究中心

2016年3月21日，湛江实验站与南亚所联合共同申请筹建广东省旱作节水农业工程技术研究中心。2016年11月10日，中心获得广东省科学技术厅批准建设（粤科产学研字〔2016〕176号）。该平台以广东省季节性干旱造成的农业生产存在的关键技术难点为出发点，开展作物抗旱生理与生态、华南红壤土蓄水保墒特性与改良、秸秆资源化利用、抗旱节水产品的研究与开发。筛选集雨补灌、覆盖保墒等抗旱节水技术的应用、集成创新与示范推广，形成适宜广东省的旱作农业高效低耗节水生产技术体系。针对水肥特性，开展专用叶面肥、复合肥配方及高效灌溉设施的研发，创新水肥一体化灌溉技术，提高肥水利用率，建立热带作物节水减肥高效的养分管理技术体系。

（4）国家农业绿色发展长期固定观测湛江试验站

2020年4月9日，湛江实验站作为参与单位，由南亚所牵头，与国家土壤质量湛江观测实验站合作共建国家农业绿色发展长期固定观测湛江试验站。2020年11月5日，试验站获得农业农村部批准建设（农办规粤农〔2020〕34号）。该平台主要研究方向为南亚热作区旱地作物绿色生产及水土资源高效利用模式与机制创新，试验站以种业振兴、耕地质量提升、国家节水行动、绿色发展纲要、碳达峰与碳中和等国家重大战略布局为出发点，立足"粤西－桂南"区，针对季节性干旱、水土流失、红壤退化等问题，以区域内种植面积最大的战略性热带作物糖料蔗为主要研究对象，开展低耗水、高光效、绿色宜机甘蔗新品种选育，农机农艺融合技术模式研发，糖、油间作及甘蔗废弃物还田技术模式探索；同时开展热区果园与胶园覆盖等绿色模式研究。重点关注生产过程中资源投入产出与环境承载能力之间的最优平衡点。

（5）湛江市热带草畜一体化循环农业工程技术研究中心

2022年7月4日，湛江实验站申请筹建湛江市热带草畜一体化循环农业工程技术研究中心。2022年12月8日，中心获得湛江市科学技术局批准建设（湛科〔2022〕132号）。该平台主要针对热区草食动物（牛羊）新品种培育创新能力不足、品种退化严重、草食动物疫病难防难控、舍饲化养殖技术难、饲草料难以加工贮存及粪便无害化处理难等技术瓶颈；以雷州山羊和热带牧草为主要研究对象，开展热带草畜一体化循环养殖关键技术研究，建立热带草畜一体化循环农业技术工程研究中心。通过2～3年的运作，将湛江市热带草畜一体化循环农业工程技术研发中心建成具有华南区域性特色的热带草畜一体化循环农业理论和应用研究的科研平台，打造出具有省内先进水平的热带草畜一体化循环农业技术研究示范基地，成为广东省热带草畜一体化循环农业技术"孵化器"与生态循环养殖技术应用的"服务器"。

（6）湛江市橡胶林下经济工程技术研究中心

2023年2月6日，湛江实验站申请筹建湛江市橡胶林下经济工程技术研究中心。2023年7月17日，中心获得湛江市科学技术局批准建设（湛科〔2023〕84号）。该平台针对热区橡胶林下间种作物推广难、效益差，以及林下生态健康养殖成本高、技术欠缺等问题，开展橡胶林下间种斑兰叶、五指毛桃等，以及林下生态立体种养结合等新技术新模式的试验示范推广，建成热区橡胶林下经济工程技术研究中心。通过2～3年的运行，将湛江市橡胶林下经济工程技术研究中心打造成具有华南区域特色的橡胶林下经济理论与应用研究的科研平台，建成具有华南地区先进水平的橡胶林下经济研究示范基地，成为广东省林下经济产业的"领头羊"和林下生态种养的"标杆"。

（7）湛江市中热科技成果转移转化中心

2022年8月，湛江实验站申请筹建湛江市中热科技成果转移转化中心。2023年10月，中心获得湛江市科学技术局批准建设。该平台以推动科技成果与产业需求结合，促进科技成果加速转移转化为目的，组织开展线上与线下相结合的科技成果转化、技术转移活动，提供技术展示、技术交易、技术评价、技术咨询、技术培训、技术投融资等专业化服务，推进科技成果在湛江市转化为现实生产力，使之成为推进湛江市科技成果转移转化承载平台、对接粤港澳大湾区技术转移协作平台、联系"一带一路"技术转移信息平台。

（二）科研投入

建站以来，湛江实验站承担或联合承担科研项目共 200 项，其中，省部级以上科研项目 61 项。湛江实验站历年承担的科研项目清单详见表2-3。

表2-3　湛江实验站历年承担的科研项目

序号	项目来源	项目名称	起止年份	经费（万元）	负责人
1	中央级公益性科研院所基本科研业务费专项	橡胶抗寒高产新品种湛试327-13栽培技术研究及科技入户示范推广	2007—2009	5.00	邓旭
2	中央级公益性科研院所基本科研业务费专项	橡胶抗寒高产新品种适应性试种研究	2007—2009	8.00	张海林
3	现代农业产业技术体系	国家天然橡胶产业技术体系湛江综合试验站	2008	30.00	罗萍
4	中央级公益性科研院所基本科研业务费专项	重要热带作物新品种新技术示范与推广	2008—2010	54.00	罗萍
5	中央级公益性科研院所基本科研业务费专项	橡胶树抗寒高产无性系湛试327-13适应性试种	2008—2010	29.98	程儒雄、贺军军
6	中央级公益性科研院所基本科研业务费专项	甘蔗菠萝固体废弃物的高效发酵微生物筛选及条件优化研究	2008—2010	12.00	贺军军
7	中央级公益性科研院所基本科研业务费专项	热带盆栽观叶花卉（散尾葵、幌伞枫）标准化生产研究	2008—2010	10.00	黄小华
8	现代农业产业技术体系	国家天然橡胶产业技术体系湛江综合试验站	2009	30.00	罗萍
9	中央级公益性科研院所基本科研业务费专项	橡胶抗寒高产新品系适应性试种	2009—2010	13.00	周清、贺军军
10	现代农业产业技术体系	国家天然橡胶产业技术体系湛江综合试验站	2010	30.00	罗萍
11	中央级公益性科研院所基本科研业务费专项	甘蔗种质资源收集及其抗旱生理机制研究	2010—2011	30.00	刘洋

序号	项目来源	项目名称	起止年份	经费（万元）	负责人
12	中央级公益性科研院所基本科研业务费专项	热带盆栽观叶花卉（散尾葵、幌伞枫）产业化生产关键技术研究	2010	5.00	徐世松、戴小红
13	现代农业产业技术体系	国家天然橡胶产业技术体系湛江综合试验站	2011	50.00	罗萍
14	中央级公益性科研院所基本科研业务费专项	甘蔗脱毒健康种苗在广东地区的推广	2011—2012	20.00	刘洋
15	中央级公益性科研院所基本科研业务费专项	橡胶无性系湛试327-13苗期抗寒性研究	2011—2012	2.00	罗萍
16	中央级公益性科研院所基本科研业务费专项	我国热带地区旱作农业和科技发展调查研究	2011	5.00	范武波
17	中央级公益性科研院所基本科研业务费专项	甘蔗渣堆肥养分变化研究	2011—2012	4.00	范武波
18	中央级公益性科研院所基本科研业务费专项	甘蔗渣堆肥高效纤维素降解菌筛选	2011	5.00	戴小红
19	中央级公益性科研院所基本科研业务费专项	野牡丹属观赏植物种质收集与遗传多样性研究	2011—2012	0.00	戴小红
20	中央级公益性科研院所基本科研业务费专项	幼龄胶园行间覆盖技术研究	2011—2012	4.00	贺军军
21	中央级公益性科研院所基本科研业务费专项	柱花草覆盖幼龄胶园行间效益分析	2011—2012	5.00	贺军军
22	中央级公益性科研院所基本科研业务费专项	甘蔗脱毒健康种苗及配套技术在广东的示范与推广	2011	20.00	林希昊
23	现代农业产业技术体系	国家天然橡胶产业技术体系湛江综合试验站	2012	50.00	罗萍
24	海南省自然科学基金	干旱胁迫对甘蔗生理活动的影响及抗旱相关基因的克隆	2012—2013	0.00	刘洋
25	海南省自然科学基金	幼龄胶园行间间作效益分析	2012—2013	0.00	贺军军
26	中央级公益性科研院所基本科研业务费专项	盆栽散尾葵标准化生产有机代用基质研究	2012—2013	5.00	戴小红
27	中央级公益性科研院所基本科研业务费专项	橡胶树抗寒新品系抗病能力评价	2012—2013	3.00	马德勇
28	中央级公益性科研院所基本科研业务费专项	甘蔗抗氧化系统关键酶基因的克隆与表达分析	2012—2013	10.00	刘洋
29	中央级公益性科研院所基本科研业务费专项	中国热带和亚热带地区旱作农业区划研究	2012—2012	10.00	刘洋

续表

序号	项目来源	项目名称	起止年份	经费（万元）	负责人
30	横向项目	蒲公英橡胶草种质改良及综合应用技术的研究	2012—2015	50.00	刘实忠
31	横向项目	玉米田间种植管理与测试	2012—2014	22.19	刘实忠、高玉尧
32	现代农业产业技术体系	国家天然橡胶产业技术体系湛江综合试验站	2013	50.00	罗萍
33	农业部农垦局预算项目－南亚热作专项	热作标准化生产示范园管理及生产技术培训	2013	10.00	范武波
34	海南省自然科学基金	应用解磷微生物提高甘蔗根际土壤磷有效性的研究	2013—2014	2.00	林希昊
35	中央级公益性科研院所基本科研业务费专项	甘蔗脱毒种苗及配套栽培技术在粤西地区的示范推广	2013	7.00	刘洋
36	中央级公益性科研院所基本科研业务费专项	甘蔗抗氧化系统关键酶基因的克隆与表达分析	2013	5.00	刘洋
37	中央级公益性科研院所基本科研业务费专项	海南甘蔗属野生资源收集与评价	2013	7.00	姚艳丽
38	中央级公益性科研院所基本科研业务费专项	橡胶新品系湛试327-13区域性试种	2013—2014	5.00	贺军军
39	中国热带农业科学院湛江实验站科研启动专项资金	农林废弃物高效栽培基质的筛选与应用	2013—2015	6.00	戴小红
40	中国热带农业科学院湛江实验站科研启动专项资金	蜜蜂传粉对温室草莓的生态与经济影响	2013—2015	6.00	杨洁
41	中国热带农业科学院湛江实验站科研启动专项资金	水分胁迫下橡胶草抗旱解剖结构及其理化特性的研究	2013—2015	6.00	徐建欣
42	中国热带农业科学院湛江实验站科研启动专项资金	植物重要抗旱基因的收集与保存	2013—2015	6.00	邢淑莲
43	现代农业产业技术体系	国家天然橡胶产业技术体系湛江综合试验站	2014	50.00	罗萍
44	农业部农垦局预算项目－南亚热作专项	甘蔗高效滴灌节水技术集成与示范	2014	20.00	范武波
45	农业部农垦局预算项目－南亚热作专项	香蕉菠萝标准化生产技术培训	2014	10.00	范武波

序号	项目来源	项目名称	起止年份	经费（万元）	负责人
46	物种资源保护费	物种资源保护费	2014	30.00	刘洋
47	海南省自然科学基金	割手密 DREB 转录因子的克隆与功能鉴定	2014—2015	2.00	姚艳丽
48	中央级公益性科研院所基本科研业务费专项	甘蔗抗旱 miRNA 组学研究	2014	10.00	徐磊
49	中央级公益性科研院所基本科研业务费专项	生物所科研成果及产品传播推广	2014	7.00	范武波
50	中央级公益性科研院所基本科研业务费专项	橡胶树不同抗风品种木材特性比较研究	2014—2015	8.00	张华林
51	中央级公益性科研院所基本科研业务费专项	叶绿素荧光技术在甘蔗抗旱性研究中的应用	2014—2015	8.00	安东升
52	中央级公益性科研院所基本科研业务费专项	木薯对水分胁迫的生理响应及节水灌溉技术初探	2014—2015	8.00	杨洁
53	中央级公益性科研院所基本科研业务费专项	利用转录组测序技术挖掘甘蔗抗旱基因研究	2014—2015	5.00	刘洋
54	农业部重点实验室开放基金项目	陆稻种质资源抗旱性鉴定与品质评价	2014—2015	10.00	徐建欣
55	国家自然科学基金青年基金	中国热区抗旱优质陆稻种质资源筛选与遗传多样性分析	2015—2017	24.00	徐建欣
56	现代农业产业技术体系	国家天然橡胶产业技术体系湛江综合试验站	2015	50.00	罗萍
57	农业部农垦局预算项目－南亚热作专项	木薯芒果标准化生产技术培训	2015	10.00	范武波
58	海南省自然科学基金	海南陆稻籼粳分化与抗旱性鉴定综合评价	2015—2016	3.00	徐建欣
59	植物品种 HUS 测试指南研制项目（横向项目）	砂仁（*Amomum villosum*）新品种 DUS 测试指南研制	2015—2018	0.00	贺军军
60	公益性行业（农业）科研专项任务	高效菌株水解甘蔗渣制取乙醇技术工艺研究（作物秸秆能源化高效清洁利用技术研发集成与示范应用任务）	2015—2019	111.00	刘洋
61	广东省中央财政农技推广项目	辣木标准化高产栽培技术示范与推广	2015—2016	40.00	陈炫

续表

序号	项目来源	项目名称	起止年份	经费（万元）	负责人
62	中央级公益性科研院所基本科研业务费专项	生物所科研成果及产品传播推广	2015	7.00	范武波
63	中央级公益性科研院所基本科研业务费专项	利用转录组测序技术挖掘甘蔗抗旱基因研究	2015	5.00	刘洋
64	中央级公益性科研院所基本科研业务费专项	割手密干旱胁迫相关Ⅲ型过氧化物酶（Prxs）基因的筛选与遗传分析	2015—2016	10.00	胡小文
65	中央级公益性科研院所基本科研业务费专项	陆稻节水种植模式与生理基础响应	2015	10.00	徐建欣
66	中央级公益性科研院所基本科研业务费专项	我国金沙江干热河谷地区甘蔗细茎野生种资源收集与抗旱性鉴定	2015	9.00	刘洋
67	中国热带农业科学院湛江实验站科研启动专项资金	植物Ⅲ型过氧化物酶（Prxs）基因序列进化规律研究	2015	1.50	胡小文
68	中国热带农业科学院湛江实验站科研启动专项资金	割手密脯氨酸合成关键酶基因的克隆及抗旱机理分析	2015—2016	4.00	姚艳丽
69	中国热带农业科学院湛江实验站科研启动专项资金	干旱和复水对甘蔗根系和叶片内源激素的影响研究	2015—2016	5.00	陈炫
70	中国热带农业科学院湛江实验站科研启动专项资金	高粱全基因组WRKY转录因子的鉴定、表达分析及克隆	2015—2016	5.00	徐磊
71	中国热带农业科学院湛江实验站科研启动专项资金	几种农艺节水措施组合对甘蔗经济性状及土壤的影响研究	2015—2016	6.00	安东升
72	中国热带农业科学院湛江实验站科研启动专项资金	鲜食木薯保护性耕作周年生产技术推广	2015—2016	8.00	宋付平
73	中国热带农业科学院湛江实验站科研启动专项资金	抗氧化系统（ROS）关键基因遗传转化甘蔗及甘蔗抗旱新种质的培育	2015—2017	13.00	刘洋
74	横向项目	割手密REMO类基因克隆与功能鉴定	2015—2017	5.00	刘洋
75	横向项目	玉米栽培与试验供胚	2015	1.30	高玉尧

序号	项目来源	项目名称	起止年份	经费（万元）	负责人
76	现代农业产业技术体系	国家天然橡胶产业技术体系湛江综合试验站	2016	50.00	罗萍
77	948子项目（农业部"引进国际先进农业科学技术"项目）	中非洲、大洋洲（其他岛国）农业生物资源引进与农业技术需求和政策信息收集研究子项目	2016—2018	30.00	刘洋
78	广东省自然科学基金	普通玉米和甜质玉米 Ivr2 基因等位变异分析及其在籽粒糖分累积的功能研究	2016—2019	10.00	刘洋
79	广东省自然科学基金	橡胶树不同品种幼树抗风性比较与机理研究	2016—2019	10.00	张华林
80	海南省自然科学基金	覆盖柱花草对橡胶树根域微生物环境和营养根活力的影响	2016—2017	5.00	贺军军
81	中央级公益性科研院所基本科研业务费专项	抗旱优质陆稻新品种（组合）选育	2016	10.00	徐建欣
82	中央级公益性科研院所基本科研业务费专项	热带特色作物（玉米、香蕉）应对季节性干旱的节水技术研究与应用	2016—2017	40.00	高玉尧
83	中央级公益性科研院所基本科研业务费专项	草畜一体化循环农业试验示范基地	2016—2017	60.00	韩建成
84	中国热带农业科学院湛江实验站科研启动专项资金	特色黑山羊高效养殖技术研究与示范	2016	10.00	韩建成
85	中国热带农业科学院湛江实验站科研启动专项资金	稻鳖共生高效生态农业技术的研发	2016	15.00	徐建欣
86	横向项目	与湛江科贸农业有限公司技术服务合同	2016—2017	6.00	陈炫
87	横向项目	太子参适应性试种与栽培技术研发	2016	3.00	张华林
88	横向项目	中国野生蜜蜂遗传多样性与其高原适应性进化研究	2016	5.00	杨洁
89	现代农业产业技术体系	国家天然橡胶产业技术体系湛江综合试验站	2017	50.00	罗萍
90	广东省自然科学基金	甜玉米 BCH1 基因等位变异分析及其在干旱逆境中的功能研究	2017—2020	10.00	高玉尧

序号	项目来源	项目名称	起止年份	经费（万元）	负责人
91	海南省自然科学基金	干旱胁迫下 OsMYB 转录因子在海南山栏稻中的应答响应研究	2017—2018	5.00	杨洁
92	海南省自然科学基金	农业有机废弃物复配基质的保水保肥效应研究	2017—2018	5.00	戴小红
93	中央级公益性科研院所基本科研业务费专项	新型水稻绿色生产模式的开发与示范	2017	50.00	杨洁
94	中央级公益性科研院所基本科研业务费专项	旱作节水创新团队——耐热耐旱作物新品种选育与应用	2017	15.00	刘洋
95	中央级公益性科研院所基本科研业务费专项	旱作节水创新团队——水分生理和农艺节水技术	2017	10.00	安东升
96	中央级公益性科研院所基本科研业务费专项	旱作节水创新团队——节水新材料与新产品研发	2017	10.00	高玉尧
97	中央级公益性科研院所基本科研业务费专项	热带饲料作物与畜牧产业化技术集成创新团队——草畜一体化循环养殖技术集成示范	2017	10.00	韩建成
98	中央级公益性科研院所基本科研业务费专项	热带粮食作物种质资源收集、保存和创新利用团队——热带陆稻种质资源收集、鉴定与评价	2017	10.00	徐建欣
99	农业部旱作节水重点实验室	菠萝补充灌溉施肥机理与技术研究	2017—2020	4.00	刘洋
100	横向项目	红江橙保险技术研究项目合作协议	2017	3.00	贺军军
101	横向项目	香蕉、菠萝节水种植技术服务合同书	2017	3.50	安东升
102	横向项目	湛江市麻章粤兴种养专业合作社草畜一体循环养殖技术服务	2017	1.50	韩建成
103	横向项目	甘蔗茎种、鲜食玉米种植技术服务合同	2017	8.00	刘洋
104	横向项目	湛江市南三示范区巴东村勤致农民专业合作社草畜一体循环养殖技术服务	2017—2018	3.00	韩建成
105	横向项目	剑麻渣对黑山羊生长性能试验委托费	2017—2018	3.00	韩建成

序号	项目来源	项目名称	起止年份	经费（万元）	负责人
106	现代农业产业技术体系	国家天然橡胶产业技术体系湛江综合试验站	2018	50.00	罗萍
107	海南省自然科学基金	开割橡胶树不同品种抗风折机理研究	2018—2019	5.00	张华林
108	中央级公益性科研院所基本科研业务费专项	粤西草畜一体化循环养殖与旱作节水技术集成与示范	2018	20.00	蔺红玲
109	中央级公益性科研院所基本科研业务费专项	不同农艺措施对热区红壤保水改土效应研究	2018	20.00	陈炫
110	中央级公益性科研院所基本科研业务费专项	旱作节水科技创新团队——热带耐旱作物新品种选育与应用	2018	15.00	刘洋
111	中央级公益性科研院所基本科研业务费专项	旱作节水科技创新团队——水分生理和农艺节水技术	2018	10.00	安东升
112	中央级公益性科研院所基本科研业务费专项	旱作节水科技创新团队——节水新材料与新产品研发	2018	10.00	高玉尧
113	中央级公益性科研院所基本科研业务费专项	热带饲料作物与畜牧产业化技术集成创新团队——草畜一体化循环养殖技术集成示范	2018	10.00	韩建成
114	中央级公益性科研院所基本科研业务费专项	热带粮食作物种质资源收集、保存和创新利用团队——热带陆稻种质资源收集、鉴定与评价	2018	10.00	徐建欣
115	中央级公益性科研院所基本科研业务费专项	旱作节水科技创新团队——智能化灌溉设施与工程节水	2018	10.00	窦美安
116	华南农业大学重点实验室开放基金	稻田鱼鸭共生模式对华南稻区稻水象甲的生态调控机制	2018—2019	3.00	杨洁
117	横向项目	热带农业滴灌技术应用现状和效果调研和试验任务	2018	3.00	刘洋
118	横向项目	蔬菜种植技术	2018	4.00	陈炫
119	现代农业产业技术体系	国家天然橡胶产业技术体系湛江综合试验站	2019	50.00	罗萍
120	广东省自然科学基金	AcWRKY6转录因子在菠萝水心病中的作用机理研究	2019—2022	10.00	姚艳丽

续表

序号	项目来源	项目名称	起止年份	经费（万元）	负责人
121	广东省自然科学基金	液泡蔗糖转化酶 *VIN2* 基因等位变异分析及其在甜玉米抗旱反应中的功能研究	2019—2022	10.00	高玉尧
122	广东省自然科学基金	基于印度抗性花生种质ICG12625重组自交系的花生早斑病抗性相关QTL分析	2019—2021	10.00	徐志军
123	中央级公益性科研院所基本科研业务费专项	旱作节水科技创新团队——热带耐旱作物新品种选育与应用	2019	15.00	刘洋
124	中央级公益性科研院所基本科研业务费专项	旱作节水科技创新团队——水分生理和农艺节水技术	2019	12.00	安东升
125	中央级公益性科研院所基本科研业务费专项	旱作节水科技创新团队——节水新材料与新产品研发	2019	12.00	高玉尧
126	中央级公益性科研院所基本科研业务费专项	热带饲料作物与畜牧产业化技术集成创新团队——草畜一体化循环养殖技术集成示范	2019	12.00	韩建成
127	中央级公益性科研院所基本科研业务费专项	热带粮食作物种质资源收集、保存和创新利用团队——热带陆稻种质资源收集、鉴定与评价	2019	12.00	徐志军
128	中央级公益性科研院所基本科研业务费专项	旱作节水科技创新团队——智能化灌溉设施与工程节水	2019	12.00	窦美安
129	中央级公益性科研院所基本科研业务费专项	黑山羊一体化循环养殖技术集成与示范	2019	15.00	蔺红玲
130	中央级公益性科研院所基本科研业务费专项	我国春砂仁种质资源遗传多样性分析	2019	10.00	贺军军
131	中央级公益性科研院所基本科研业务费专项	林下健康种养技术研究与集成	2019	10.00	张华林
132	中央级公益性科研院所基本科研业务费专项	南亚热带学科体系建设规划研究	2019	20.00	马德勇
133	现代农业产业技术体系	国家天然橡胶产业技术体系湛江综合试验站	2020	31.25	罗萍
134	海南省自然科学基金	覆膜滴灌施肥对菠萝园土壤有机碳库的影响和过程模拟	2020—2023	5.00	严程明

序号	项目来源	项目名称	起止年份	经费（万元）	负责人
135	海南省自然科学基金	能量耗散在 C_4 甘蔗应对干旱胁迫中的作用机理	2020—2023	5.00	安东升
136	广东省重点领域研发计划课题	橡胶树高产抗寒新品种及日间割胶育种研究（橡胶树高产、耐寒种质早期评选技术集成研究课题）	2020—2023	50.00	张华林
137	中央级公益性科研院所基本科研业务费专项	旱作节水科技创新团队——热带耐旱作物新品种选育与应用	2020	10.20	刘洋
138	中央级公益性科研院所基本科研业务费专项	旱作节水科技创新团队——水分生理和农艺节水技术	2020	7.20	安东升
139	中央级公益性科研院所基本科研业务费专项	旱作节水科技创新团队——节水新材料与新产品研发	2020	7.20	高玉尧
140	中央级公益性科研院所基本科研业务费专项	热带饲料作物与畜牧产业化技术集成创新团队——草畜一体化循环养殖技术集成示范	2020	7.20	韩建成
141	中央级公益性科研院所基本科研业务费专项	热带粮食作物种质资源收集、保存和创新利用团队——热带陆稻种质资源收集、鉴定与评价	2020	7.20	徐志军
142	中央级公益性科研院所基本科研业务费专项	旱作节水科技创新团队——智能化灌溉设施与工程节水	2020	7.20	窦美安
143	中央级公益性科研院所基本科研业务费专项	特色畜禽一体化循环养殖技术集成与示范	2020	7.49	蔺红玲
144	中央级公益性科研院所基本科研业务费专项	耐旱相关 SNPs 分子标记筛选及菠萝 AcWRKY75 基因克隆	2020	10.40	胡小文
145	中央级公益性科研院所基本科研业务费专项	春砂仁优异种质资源筛选及菠萝根区微环境研究	2020	9.20	严程明
146	横向项目	益智、砂仁种质资源收集与良种选育子课题（广藿香等6种岭南中药材新品种培育研究项目）	2020—2024	32.00	贺军军
147	现代农业产业技术体系	国家天然橡胶产业技术体系湛江综合试验站	2021	42.00	罗萍
148	海南省自然科学基金	橡胶树抗寒性 QTL 定位及候选基因筛选	2021—2024	5.00	李文秀

续表

序号	项目来源	项目名称	起止年份	经费（万元）	负责人
149	海南省自然科学基金	甘蔗间作花生对农田地力及红壤有机碳库的影响研究	2021—2024	5.00	徐志军
150	海南省自然科学基金	桔小实蝇嗅觉受体基因Or82a克隆与时空表达研究	2020—2023	5.00	杨洁
151	湛江市农村科技特派员团队"一对一"服务帮扶镇全覆盖行动经费	草畜一体化循环养殖技术团队——湛江市第一批农村科技特派员团队对接服务帮扶镇项目	2021—2024	10.00	韩建成
152	中央级公益性科研院所基本科研业务费专项	旱作节水科技创新团队——热带耐旱作物新品种选育与应用	2021	12.00	刘洋
153	中央级公益性科研院所基本科研业务费专项	旱作节水科技创新团队——水分生理和农艺节水技术	2021	8.00	安东升
154	中央级公益性科研院所基本科研业务费专项	旱作节水科技创新团队——节水新材料与新产品研发	2021	8.00	高玉尧
155	中央级公益性科研院所基本科研业务费专项	热带饲料作物与畜牧产业化技术集成创新团队——草畜一体化循环养殖技术集成示范	2021	8.00	韩建成
156	中央级公益性科研院所基本科研业务费专项	热带粮食作物种质资源收集、保存和创新利用团队——热带陆稻种质资源收集、鉴定与评价	2021	8.00	徐志军
157	中央级公益性科研院所基本科研业务费专项	旱作节水科技创新团队——智能化灌溉设施与工程节水	2021	8.00	窦美安
158	中央级公益性科研院所基本科研业务费专项	植物源提取物对桔小实蝇在果实上产卵的趋避效应研究	2021	6.00	杨洁
159	中央级公益性科研院所基本科研业务费专项	甘蔗绿色生产间套种作物品种筛选	2021	6.00	严程明
160	现代农业产业技术体系	国家天然橡胶产业技术体系湛江综合试验站	2022	43.00	罗萍
161	政府购买服务	赣西山羊等6个品种性能测定技术指导和样品采集	2022	24.00	周汉林
162	政府购买服务	海南自贸区养殖动物主要禽病净化	2022	20.00	周汉林

续表

序号	项目来源	项目名称	起止年份	经费（万元）	负责人
163	政府购买服务	热带亚热带可利用饲料资源质量安全状况分析评价	2022	30.00	周汉林
164	2022年广东省实施标准化战略专项资金	NY/T 3725—2020 植物品种特异性（可区别性）、一致性和稳定性测试指南　砂仁	2022	5.00	贺军军
165	海南省自然科学基金	红皮龙眼 DlmybA1 转录因子参与果皮花色苷合成的转录调控模式解析	2022—2025	8.00	胡小文
166	海南省自然科学基金	干旱胁迫下能量代谢在菠萝防御光损伤中的作用机制	2022—2025	8.00	安东升
167	海南省自然科学基金	菠萝蒸腾耗水对环境因子的响应机理及模拟研究	2022—2025	6.00	赵宝山
168	海南省自然科学基金	玉米免耕播种基质覆盖下红壤水热盐运移机制及调控研究	2022—2025	6.00	严晓丽
169	湛江市科技计划项目	斑兰叶种苗繁育及林下栽培技术示范及应用	2022—2024	50.00	欧阳欢
170	湛江市科技计划项目	热带水产养殖微生态水质净化剂的研制	2022—2024	10.00	胡永华
171	2021年湛江市实施标准化战略专项资金	NY/T 3725—2020 植物品种特异性（可区别性）、一致性和稳定性测试指南　砂仁	2022—2023	14.60	贺军军
172	湛江市农村科技特派员团队"一对一"服务帮扶镇全覆盖行动经费	南药标准化种植技术和产品加工团队	2022—2024	10.00	张华林
173	湛江市农村科技特派员团队"一对一"服务帮扶镇全覆盖行动经费	抗旱节水绿色高产种植与土壤培肥	2022—2024	10.00	徐志军
174	湛江市农村科技特派员团队"一对一"服务帮扶镇全覆盖行动经费	岭南芒果病虫害绿色防控	2022—2024	10.00	胡永华、宋付平
175	中央级公益性科研院所基本科研业务费专项	基于 SNP 分子标记建立橡胶树抗寒评价体系	2022	5.00	李文秀
176	中央级公益性科研院所基本科研业务费专项	热区季节性干旱时空分布特征与演变规律	2022	5.00	赵宝山
177	中央级公益性科研院所基本科研业务费专项	雷州黑山羊疫病防控关键技术研究	2022	5.00	吴群

续表

序号	项目来源	项目名称	起止年份	经费（万元）	负责人
178	中央级公益性科研院所基本科研业务费专项	湛江实验站形象信息服务系统构建研究	2022	5.00	陈影霞
179	中央级公益性科研院所基本科研业务费专项	优质健康青贮草产品加工利用与成果转化	2022	20.00	韩建成
180	重点实验室开放课题项目	乙烯利刺激条件下湛试327-13品种排胶特性分析	2022	10.00	张华林
181	现代农业产业技术体系	国家天然橡胶产业技术体系湛江综合试验站	2023	43.00	罗萍
182	政府购买服务	热带亚热带可利用蛋白饲料资源质量安全状况分析评价	2023	30.00	周汉林
183	政府购买服务	海南自贸港主要禽病监测	2023	20.01	周汉林
184	广东自然科学基金	杀鱼爱德华氏菌抗毒素HigA调控溶血激活因子EthB及其作用与机制研究	2023—2025	10.00	胡永华
185	海南省自然科学基金	甘蔗ScWRKY46在干旱胁迫响应中的功能研究	2023—2026	7.00	徐磊
186	海南省自然科学基金	橡胶树冬季落叶差异种质响应低温的表型及生理机制解析	2023—2026	6.00	李文秀
187	海南省自然科学基金	老鼠簕活性成分分子印迹聚合物合成与提纯系统机制研究	2023—2026	6.00	蔺红玲
188	中央级公益性科研院所基本科研业务费专项	雷州山羊舍饲化养殖关键技术集成与示范	2023	20.00	韩建成
189	中央级公益性科研院所基本科研业务费专项	热带特色休闲农业园区科普工作路径研究	2023	20.00	欧阳欢
190	中央级公益性科研院所基本科研业务费专项	橡胶园林下种养模式示范推广	2023	15.00	张华林
191	中央级公益性科研院所基本科研业务费专项	石斑鱼环GMP-AMP合成酶的核定位信号在抗病毒免疫中的作用研究	2023	10.00	严晓丽
192	中央级公益性科研院所基本科研业务费专项	花生等豆科饲料作物种质资源收集、评价和功能基因挖掘	2023	13.00	张雪姣
193	中央级公益性科研院所基本科研业务费专项	特基拉芽孢杆菌复合生物炭对花生抗逆促生效果及其对根际微生物种群的影响	2023	8.00	李启彪

续表

序号	项目来源	项目名称	起止年份	经费（万元）	负责人
194	中央级公益性科研院所基本科研业务费专项	雷州山羊传染性胸膜肺炎致病机理研究	2023	8.00	吴群
195	中央级公益性科研院所基本科研业务费专项	五指毛桃 SNP 分子标记的开发及利用	2023	8.00	燕青
196	中央级公益性科研院所基本科研业务费专项	湛江实验站改革与发展战略研究	2023	8.00	马德勇
197	中央级公益性科研院所基本科研业务费专项	基于特基拉芽孢杆菌 Bt-CO 的新型饲料添加剂在大口黑鲈养殖中的应用研究	2023	5.00	黄剑强
198	中央级公益性科研院所基本科研业务费专项	复合微生物制剂对大口黑鲈养殖尾水净化效果研究	2023	5.00	许嘉芮
199	中央级公益性科研院所基本科研业务费专项	雷州山羊开食料对早期断奶羔羊瘤胃发育的影响研究	2023	5.00	杨远廷
200	中国热带农业科学院湛江实验站科研启动费	加州鲈鱼健康生态养殖技术研究	2023	30.00	宋付平

（三）科技成果

湛江实验站自 2017 年起获得科技成果奖励，2017—2023 年共获科技奖励 8 项，其中，省部级奖励 5 项，院级奖励 3 项。

1. 省部级奖励

（1）橡胶树抗寒高效育种体系的建立与应用

获奖时间：2017 年

获奖类别及级别：2016 年度海南省科学技术进步奖二等奖

主要完成单位：中国热科院湛江实验站、中国热学院南亚所、中国热科院橡胶所

主要完成人员：罗萍、窦美安、贺军军、黄华孙、庞廷祥、郭森元、王才发、戴小红

研究起止时间：1970 年 10 月 1 日—2015 年 12 月 31 日

成果简介：天然橡胶是我国四大战略物资之一，对保障国防安全和经济建设具有重要意义。我国是天然橡胶消费和进口大国，为避免发生类似 20 世纪 50 年代朝鲜战争时期国际社会对我国天然橡胶封锁禁运带来的危害，任何时候必须保持一定数量的植胶面积和产量，以保障基本的国防需求。我国植胶区处于热带北缘，低温寒害严重制约着橡胶产业发展，特别是近年来极端低温天气频发，对包括海南在内的植胶区造

成严重寒害。因此，开展橡胶树抗寒高产选育种研究具有重要的战略意义。

橡胶树是高大乔木、抗寒材料少、理论基础薄弱，育种周期长，抗寒高产品种严重缺乏，不能满足生产需求。本项目针对这些问题，经过近50年的研究，在抗寒高效育种体系建立和新品种培育方面取得了突破性的进展。主要内容如下：发明了橡胶树抗寒力早期鉴定方法。研发室内人工低温冷冻与抗寒前哨点系比相结合的抗寒力早期鉴定方法，实现了对抗寒材料在短期内大量、多批次的有效筛选，以空间换取时间，达到快速初选抗寒品系的目的。初步探明了橡胶树抗寒力是可遗传的数量性状。首次研发了橡胶树抗寒高产定向亲本选配技术。以橡胶树抗寒遗传特征为理论依据，构建了以亲本具有优良性状多、良好特殊配合力和抗寒性状互补等为原则的选配技术，为定向培育抗寒高产的优良品种提供了技术支持。创建了橡胶树抗寒高效育种技术体系。该技术体系加快了选育种进程，提高了抗寒优良品种的选出率和质量，成为橡胶树抗寒高产育种的主要方法。选育出的93-114和IAN873等优良品种在生产上获得广泛应用。获得农垦部科技成果奖1项；审定品种1个，评定小规模推广级品种2个、试种级品种12个；在国内外学术刊物上发表论文17篇。

（2）幼龄胶园覆盖绿肥技术集成与示范推广

获奖时间：2021年

获奖类别及级别：2020年度广东省农业技术推广奖三等奖

主要完成单位：中国热科院湛江实验站、广东省阳江农垦局、广东农垦新时代农场有限公司

主要完成人员：贺军军、罗萍、张华林、李文秀、谢斌

研究起止时间：2009年1月1日—2020年12月31日

成果简介：针对广东橡胶树连年种植导致的土壤肥力持续下降和水土流失问题，缺乏针对性的防治技术措施，直接影响着产业的健康持续发展，不符合"藏胶于地"和"绿色生态"发展理念。在国家天然橡胶产业技术体系湛江综合试验站、国家重点研发计划"橡胶化肥农药减施增效技术集成研究"和重点实验室开放课题"幼龄胶园行间覆盖技术研究"等项目资助下，在幼龄胶园行间覆盖绿肥模式、胶园土壤肥力和覆盖效应等方面开展了研究：系统解析了幼龄胶园覆盖绿肥效应，揭示了提升胶园土壤肥力的机制；创建了提升改善土壤肥力的技术模式；推广覆盖绿肥技术的大面积应用，实现了幼龄胶园土壤肥力有效提升，达到了节本增效、防止水土流失、绿色生产的目的。成果共授权发明专利1件，实用新型专利3件，发表论文3篇。

经过多年的实施，以"科研院所＋生产部门＋基地＋种植户""专家＋生产管理部门＋农技人员＋胶农"一体化推广模式，建立示范基地6个、示范面积1 200亩，举办科技培训班24期，培训农技人员1 880人次，发放资料2 000余份；专项技术服务60多次，指导科技骨干和技术员210人次；形成技术推广应用无间隙模式，在广东省

橡胶主产区累计推广应用面积 40 万亩以上。推广效果在"广东农垦信息网"多次报道，受到橡胶种植农场的广泛关注。

通过项目的实施，胶园累积绿肥活体和枯落物干重 9～14 吨/公顷，相等于分别施入氮素、五氧化二磷、氧化钾 251～406 千克/公顷、189～332 千克/公顷、61～130 千克/公顷；有效提高土壤有机质含量 17% 以上、促进橡胶树根系生长发育。从而减少橡胶树生物有机肥的施用和除草灭荒，每亩可节约农资和人工费用 170～180 元/亩，2018—2020 年在广东累积推广应用面积 30 万亩左右，每年可节约投入成本约 1 800 万元，累积节约成本 4.80 亿元，达到了节本增效目的。同时，在减少水土流失和绿色生产方面具有显著作用。

（3）雷州山羊舍饲化高效循环养殖关键技术集成与示范推广

获奖时间：2022 年

获奖类别及级别：2021 年度广东省农业技术推广奖二等奖

主要完成单位：中国热科院湛江实验站、广东海洋大学、广东交椅岭生态农业发展有限公司、湛江市畜牧技术推广站、湛江市麻章区农业技术推广中心、雷州市农业技术推广中心、广东煜阳生态农业发展有限公司、湛江市循环农业发展有限公司

主要完成人员：韩建成、周汉林、江汉青、贾汝敏、蔺红玲、吴群、江杨、丁月霞、叶美芳、赖伟中、罗峰、郑守洁、黄其敏、蔡海仁、杨瑞平、江银

研究起止时间：2015 年 1 月 1 日—2021 年 12 月 31 日

成果简介：针对雷州山羊舍饲化养殖过程中普遍存在的品种杂乱、生产性能不高、疫病难防难控、舍饲化养殖技术难、饲草料难以加工贮存及粪便随意排放造成的环境污染等问题；开展了雷州山羊舍饲化高效循环养殖技术关键技术集成与示范，突破了雷州山羊舍饲化养殖技术难题，获得了一批雷州山羊舍饲化高效循环养殖关键技术，构建了雷州山羊舍饲化循环养殖新模式，推动了雷州山羊养殖由传统的放牧方式向舍饲化、规模化发展。

该项目通过多年的实施，采取"科研单位＋农业技术推广部门＋基地＋农户""科研单位＋龙头企业＋基地＋农户""科研机构＋政府＋合作社＋贫困户"等多种推广模式，被列为湛江市十大产业扶贫模式，在广东湛江（徐闻、雷州、廉江）、茂名、清远、河源、汕尾等粤西北地区，以及海南、云南、贵州等热区推广建立了一批可复制、易推广、效益好的雷州山羊舍饲化高效循环养殖示范基地，覆盖区域达到 10 余个市县，示范区整体效益提高 30% 以上，畜禽粪便无害化处理达到 98% 以上，示范区累计推广育肥出栏黑山羊 13.18 万头，新增销售额 28 791 万元，新增利润 8 812 万元，累计推广加工处理农业废弃物秸秆饲料 3.8 万吨（甜玉米秸秆、甘蔗叶等），节约粮食饲料 1.13 万吨，节约成本 2 760 多万元；畜禽粪便无害化处理达到 98% 以上，生产羊粪有机肥 1.8 万吨，节约化肥 0.35 万吨，节约成本 1 440 万元以上，带动了企业和农民发展雷州山

羊舍饲化养殖的积极性，累计受益养殖户达 2 000 多户。通过项目的推广实施，促进了雷州山羊养殖方式从传统的放牧方式向舍饲化的转变，解决了雷州山羊舍饲化养殖技术难的问题，改善了热区农村生态环境保护，构建了资源节约型、环境友好型畜牧生产技术体系，为雷州山羊舍饲化循环养殖发展起到引领示范作用。

（4）橡胶树抗寒优异种质创制

获奖时间：2023 年

获奖类别及级别：2022 年度海南省技术发明奖二等奖

主要完成单位：中国热科院湛江实验站、中国热科院南亚所、中国热科院橡胶所

主要完成人员：罗萍、贺军军、李言、张华林、李文秀、田维敏

研究起止时间：1980 年 1 月 1 日—2020 年 8 月 31 日

成果简介：橡胶树是我国热区重要的经济作物，是海南省"三棵树（橡胶树、椰子、槟榔）"之一，对于老少边穷地区的精准脱贫、乡村振兴和支撑"一带一路"倡议具有深远意义。我国植胶区地处北纬 17° 以北的非传统植胶区，经常遭受极端低温（≤5℃）和霜冻灾害，对植胶区造成严重灾害。培育抗寒高产优良品种是保障我国橡胶种植面积和产量的基础。然而，橡胶树育种周期长（橡胶树品种平均选育周期为 25 年）、抗寒种源缺乏、优异种质选出率低等技术难题，制约了抗寒高产优良品种的选出。该项目针对上述问题，在国家科技攻关计划等项目的资助下，在前期抗寒品种选育（93-114、IAN873 和天任 31-45 等）的基础上，经过四十多年的联合攻关，在橡胶树抗寒新种质创制和低温胁迫机理方面取得重大进展，强有力地支持了抗寒新品种培育和我国天然橡胶产业发展。

通过对"高抗 × 高抗""高抗 × 中抗""高抗 × 低抗"等 6 种类型的 339 个组合后代的抗寒性定向评价，优选出 93-114×PR107 等 12 个配合力强的亲本组合，提高优异种质选出率 10 倍以上；从 10 286 株选育出抗寒优异新种质 35 个，在保持或增强抗寒力的同时，产量提高 14.0%～32.6%，有力推进橡胶树抗寒种质创制进程。以橡胶树抗寒优异种质的种子、花粉为材料进行辐射诱变，通过花药组织培养，创制表型变化丰富的和不同染色体数目的新种质，应用于抗寒高产优良品种选育，选育抗寒新种质 158 个、高产新种质 34 个，开辟了种质创制新途径，为抗寒高产优良品种选育提供材料与技术支持。创建了规模化高效鉴定橡胶树种质抗寒性的技术体系，揭示了自主选育抗寒品种 93-114 和湛试 32713 等低温胁迫抗性形成的生理和分子基础，鉴定了 9 个关键调控节点基因，为定向改良橡胶树品种的抗寒性和有效解决品种的"抗寒不高产"或"高产不抗寒"问题提供了理论依据和候选靶基因。以创制的橡胶树优异种质为材料，培育出国审抗寒优良新品种 4 个，优良品系 12 个；培育品种聚合了亲本的抗寒和产量性状，显著提高抗寒品种的产量 6.46%～64.75%；并在我国寒害重的植胶区推广应用 6.53 万亩，产量平均提高 18.42%，新增销售额 3 346 万元，新增产值 642 万元，

支撑了我国寒害重的植胶区天然橡胶产业的可持续发展。

该成果培育出国审抗寒优良品种 4 个，获橡胶树新品种保护权 3 件；创制抗寒优异新种质 227 份，选育出抗寒优良品系 12 个，挖掘抗寒关键基因 9 个；授权发明专利 1 件，发表论文 20 篇，其中 8 篇 SCI 论文他引次数 47 次。"橡胶树抗寒优异种质创制"于 2022 年通过中国热带作物学会成果鉴定，达到国际先进水平，其中规模化高效鉴定橡胶树抗寒性技术体系构建达到国际领先水平。

（5）橡胶林下间作斑兰叶全产业链技术集成与应用

获奖时间：2023 年

获奖类别及级别：第四届中国技术市场协会"三农"科技服务金桥奖二等奖

主要完成单位：中国热科院湛江实验站、海南热作高科技研究院有限公司

主要完成人员：欧阳欢、廖子荣、秦晓威、张小燕、罗萍、徐志军、张华林、蔡海滨、邓福明、曾玖玲

研究起止时间：2020 年 1 月 1 日—2023 年 8 月 31 日

成果简介：天然橡胶是我国重要的战略资源，也是唯一的可再生资源。我国建有海南、云南、广东三大天然橡胶生产基地，种植面积超过 120 万公顷。但是天然橡胶价格低迷和胶农收入下降，影响胶农积极性和产业可持续发展，成为多年来困扰我国植胶业发展的难题。发展橡胶林下经济产业是行之有效的破解之道。寻找高效益、易种植的橡胶林下间种的特色作物，通过全产业链技术集成创新和模式示范带动，是解决我国植胶业发展难题的关键。斑兰叶（香露兜、斑斓叶）就是其中热带林下复合栽培的优势作物。斑兰叶具有好育苗、好种植、好管理、好采收、好加工、好前景"六好"特点，一次种植多年受益。

针对橡胶树林下间作斑兰叶等特色作物全产业链技术瓶颈，率先开展林下间作斑兰叶全产业链技术体系建设，组建"国家天然橡胶产业技术体系湛江综合试验站"和"海南省斑兰产业科技创新中心"，构建"政产学研用"斑兰叶全产业链运行平台。创新研发斑兰叶组培快繁方法，参与制定发布农业行业标准《香露兜 种苗》，海南地方标准《斑兰叶（香露兜）种苗》《斑兰叶（香露兜）种苗繁育技术规程》。创新研发斑兰叶林下栽培技术，优化集成林下间作斑兰叶标准高效技术和立体生态模式，参与制定发布海南地方标准《林下间作斑兰叶（香露兜）技术规程》。创新研发不同覆盖作物对幼龄胶园的影响的测定技术，优化集成幼龄胶园覆盖绿肥技术模式，研发和使用环保高效的液体复合微生物肥料，增强林下土壤肥力。合作研发出绿色健康斑兰叶浆、完整保全斑兰叶营养物质加工工艺，参与制定发布地方标准《香露兜叶（粉）》。合作研发推广先进适用的橡胶林病虫害飞防飞控无人机和电动胶刀等农机装备，提高工作效率。牵头成立了专业高效的"科创中国热带农业产业科技服务团"等热带林下产业科技转移服务平台，国内首次组织召开了斑兰叶产业发展研讨会，合作建立线上热作

高科云商城和线下首家斑兰文化体验馆，打造海南特色高效农业品牌。

该成果获国家发明专利 4 件、实用新型专利 5 件、软件著作权 7 件，制定并发布行业标准 2 项、地方标准 4 项，获肥料登记证 1 个。构建了橡胶林下间作斑兰叶全产业链科技创新体系，实现了科技与产业零距离接触，"国家天然橡胶产业技术体系湛江综合试验站"连续年度考核优秀，促进了胶园林下经济可持续性发展，为我国热区林下经济提供了典型的科技支撑和示范引领。建成种苗组培中心 2 个，优良种苗繁育基地 20 亩，近两年辐射带动推广种苗 160 多万株。建立立体生态的橡胶等林下间作斑兰叶技术模式 3 套、示范基地 500 亩，胶园产值增幅达 469%，辐射带动了海南、广东种植面积超过 3 万亩，显著提高了林地劳动生产率、土地产出率和资源利用率，入选中国热带农业科学院"十三五"十大转化技术。建立幼龄胶园覆盖绿肥技术模式示范基地 1 200 亩，提高土壤有机质含量 17% 以上，在广东垦区辐射带动推广面积 40 多万亩，有效降低幼龄胶园的管理成本，提高土壤地力和节本增效，入选广东省农业主推技术。在广东、海南等热区推广应用先进适用的橡胶林病虫害无人机飞防飞控、电动割胶刀等新装备，解决胶工短缺的产业困境，减少化学农药使用、节约防控成本、提高防治效率。推介的电动割胶刀获 2019 年海南省创新创业大赛二等奖。建立了"海南热作高科农业中试研究基地"，开发绿色健康的斑兰叶浆中试生产线 1 条，辐射带动海南建设斑兰叶粉加工厂 3 个，年合作推广斑兰叶粉达 100 吨。组织成果推介会等全产业链服务活动 10 多次，培训农技人员 1 000 多人，为产业的高质量发展提供了有效支持。经过 4 年对技术模式集成与应用，推动了斑兰叶产业从无到有，成为海南热带特色高效农业品牌，海南特色致富产业和农业转型升级的朝阳产业。

通过实施橡胶林下间作斑兰叶全产业链技术集成与应用，胶园每年可新增产值 74 250 元／公顷，增幅达 469%；折每年新增纯收入 32 760 元／公顷，增幅达 689%；年辐射带动农户增加收益约 1.5 亿元。2021—2022 年，申报单位通过技术转化获直接经济效益 440.83 万元。实现橡胶和斑兰叶两个产业互补、资源共享，形成了海南新兴农业产业品牌，并实现高质量发展，既满足社会高质量产品生活要求，又解决剩余劳动力，助力区域乡村振兴。减少橡胶林下土地的水土流失，降低橡胶树的发病率，改善胶园生态环境，增加固碳释氧、涵养水源等生态效应，达到种植业的生态化循环。

2. 院级奖励

（1）黑山羊一体化循环养殖技术集成与示范

获奖时间：2021 年

获奖类别及级别：2020 年度中国热带农业科学院科技服务奖一等奖

主要完成单位：中国热科院湛江实验站、广东海洋大学

主要完成人员：韩建成、江汉青、蔺红玲、贾汝敏、江杨、陈永辉、马兴斌、吴群

（2）南亚所党建工作模式创新与实践

获奖时间：2021 年

获奖类别及级别：2020 年度中国热带农业科学院管理创新奖三等奖

主要完成单位：中国热科院南亚所、中国热科院湛江实验站

主要完成人员：陈佳瑛、唐远红、黄炳钰、袁晓丽、曾文可、马德勇、邢姗姗、邱桂妹

（3）橡胶树抗寒优良新品种湛试 32713 选育与应用

获奖时间：2021 年

获奖类别及级别：2021 年度中国热带农业科学院科学技术奖科技创新奖二等奖

主要完成单位：中国热科院湛江实验站、中国热科院南亚所、中国热科院橡胶所

主要完成人员：罗萍、贺军军、张华林、李文秀、姚艳丽、戴小红、李维国、高新生、张晓飞、程儒雄、庞廷祥、张健珍、郭森元

（四）主要品种

湛江实验站自 2020 年起获得相关品种成果，2020—2023 年共获品种登记 6 项、植物新品种权 7 项。

1. 品种登记

（1）湛试 327-13 橡胶树

登记部门及时间：农业农村部，2020 年

申请者：中国热科院南亚所、中国热科院湛江实验站

育种者：罗萍、贺军军、庞廷祥、张健珍、李土荣、程儒雄、戴小红

品种简介：湛试 327-13 橡胶树于 1973 年以 93-114 为母本、PR107 为父本人工杂交授粉，收获授粉果实和种子，将种子播种，进行有性系筛选，1974 年建立该组合的杂交 F_1 有性系初比区，1978 年选出抗寒高产单株，建立的其中一个优良株系的无性系。其中，母本 93-114 是于 1965 年南亚所在海南以天任 31-54 为母本、合口 3-11 为父本杂交授粉，所得种子在广西东方农场育苗，筛选出的抗寒植株繁育的无性系；父本 PR107 是印度尼西亚于 1923 年 L.C.B510 母树建立的初生代无性系中选出，我国于 1955 年引种选出的速生早熟高产抗风品种。湛试 327-13 于 1979—1982 年分别在广东云浮、广西东方农场参加抗寒前哨系比试验，1980 年参加初级系比，1983 年参加高级系比，1984—1990 年在广西前卫农场，广东东升农场、和平农场及新时代农场参加生产性系比。结果发现，湛试 327-13 是抗寒性强、产量高的优良无性系。

湛试 327-13 茎干圆滑直立，分枝匀称。叶蓬半球形，大叶柄脱落后所留痕迹的形状为菱角形、托叶痕上仰、鳞片痕与托叶痕连成"一"字形、芽眼平、芽眼与叶痕距

离较近，大叶柄直、中等长度，叶枕伸展上仰、有沟、顺直膨大；小叶柄上仰、中等长度、有小叶柄沟和先端沟，小叶枕膨胀显著、长度较长；蜜腺突起、腺点分离、Ⅱ字形排列、具有边缘、腺点面下陷；叶形为倒卵状椭圆形，叶基渐尖、小叶基外斜、叶端芒尖、叶缘中波，叶片横切面为舟形、叶面平滑、有中等光泽、黄绿色，三小叶分离。适宜在广东、广西垦区中风中寒、中风重寒（北坡除外）区种植。

（2）徐育 3 橡胶树

登记部门及时间：农业农村部，2021 年

申请者：广东省湛江农垦科学研究所、中国热科院湛江实验站

育种者：广东省湛江农垦科学研究所、中国热科院湛江实验站

品种简介：徐育 3 橡胶树是 1963 年由 PB5/51 和 RRIM600 杂交，1965 年种植，1969 年试割选出的无性系；1970 年建立品种比较试验区；1972 年在红星和火炬农场建立区域系比区。结果发现：徐育 3 为产量较高、抗风中等的优良品种。在品种主要农艺性状方面，徐育 3 属中熟品种，树冠扁圆形。叶蓬弧形，叶痕菱角形。叶片倒卵形，顶/端部芒尖。基部楔形，叶色中等。三小叶分离。胶乳颜色白。植后 8 年达到开割标准，开割后茎围年平均增粗 2 厘米。抗风性：试验区 1970—1983 年，累积风害断倒率为 27.7%，比南华 1 低 4.4%，抗风力属中等。抗寒性：较寒力较差，对长期低温阴雨的平流型寒潮的抵抗力差。适宜在广东雷州、徐闻地区春秋种植。

（3）徐育 1412 橡胶树

登记部门及时间：农业农村部，2021 年

申请者：广东省湛江农垦科学研究所、中国热科院湛江实验站

育种者：广东省湛江农垦科学研究所、中国热科院湛江实验站

品种简介：徐育 1412 橡胶树于 1975 年以海垦 1 为母本、PR107 为父本人工杂交授粉，收获授粉果实和种子，将种子播种；1976 年建立该组合的有性系比区，1977 年初选出优良单株，进行无性繁殖；1978 年建立无性系初级系比区，进行无性系评比试验；1982 年在徐闻建立高级系比区，进行无性系扩大评比试验。结果发现，徐育 1412 橡胶树是抗风性强、产量高的优良品种。在品种主要农艺性状方面，徐育 1412 橡胶树属中熟品种，树冠扁圆形。叶蓬半球形，叶痕半圆形。叶片倒卵形，顶/端部钝尖。基部渐尖，叶色中。三小叶分离。胶乳颜色白。植后 8 年达到开割标准，开割后茎围年平均增粗 6.5 厘米。抗风力强，经过 4 次 12 级以上强台风袭击。1983/1984 年度冬春低温寒害，徐育 1412 橡胶树品种 4 ～ 5 级受害率为 30%，对照为 13.3%，抗寒力比海垦 1 差。该品种主要优点为抗风性强，适宜在中风和重风区种植，主要缺点为抗寒性较差，适宜在轻寒重寒区种植。

（4）湛试 4961 橡胶树

登记部门及时间：农业农村部，2021 年

申请者：中国热科院湛江实验站、中国热科院南亚所

育种者：贺军军、李文秀、罗萍、张华林、姚艳丽、程儒雄

品种简介：湛试 4961 橡胶树属早熟品种，树冠扁圆形。叶蓬弧形，叶痕心脏形。叶片倒卵形，顶/端部芒尖。基部渐尖，叶色深。三小叶显著分离。胶乳颜色白。植后 8 年达到开割标准，开割后茎围年平均增粗 2 厘米。干胶产量：正常割胶第一年平均干胶含 27.23%。干胶产量：正常割胶第一年平均亩产量 30.88 千克，第二年平均亩产 45.65 千克。湛试 4961 橡胶树寒害级和 4 级受害率比 93-114 分别高 0.20～0.97 级和 0.49%～27.27%，抗寒性中等偏上。抗风性：湛试 4961 橡胶树风害级别和断倒率比 93-114 分别高 0.02～0.38 级和 0.49%～7.82%，抗风性中等。主要优点：产量高。主要缺点：抗寒性较差，易爆皮流胶，只可选择寒害较轻区种植。适宜在广东湛江、茂名和阳江地区的中风中寒区春秋季种植。

（5）湛试 8673 橡胶树

登记部门及时间：农业农村部，2021 年

申请者：中国热科院南亚所、中国热科院湛江实验站

育种者：张华林、罗萍、庞廷祥、戴小红、李荣、姚艳丽

品种简介：湛试 8673 橡胶树叶蓬半球形，叶痕心脏形。叶片椭圆形，顶/端部芒尖。基部渐尖，叶色中等。三小叶显著分离。胶乳颜色白。植后 8 年达到开割标准，开割后茎围年平均增粗 2 厘米。干胶含量：正常割胶平均干胶含 26.30%。干胶产量：正常割胶第一年平均亩产量 17.23 千克，第二年平均亩产 21.58 千克。抗寒性强，相等于 93-114；抗风性较强。主要缺点：易感白粉病，应加强防控。适宜在广东湛江、茂名、阳江揭阳和汕尾地区的中风中寒区春秋季种植。

（6）湛试 873 橡胶树

登记部门及时间：农业农村部，2022 年

申请者：中国热科院南亚所、中国热科院湛江实验站

育种者：罗萍、戴小红、贺军军、庞廷祥、张华林、李土荣、姚艳丽

品种简介：湛试 873 橡胶树植后 8 年达到开割标准，开割后茎围年平均增粗 2 厘米。湛试 873 橡胶树产量比 93-114 高 50% 以上，抗风性和 93-114 相等，抗寒性比 93-114 差、比南华 1 号强。栽培技术要点：种植规格按照 3m×7m 或 4m×6m，每亩保苗 35 株；按照生产技术规程抚管；适宜温度 22～28℃。适宜种植区域：适宜在广东湛江、茂名和阳江中风中寒区春秋种植。

2. 植物新品种权

（1）湛试 32713 橡胶树

发证部门及时间：农业农村部，2017 年

品种权人：中国热科院南亚所、中国热科院湛江实验站

培育人：罗萍、贺军军、庞廷祥、张健珍、李土荣、程儒雄、戴小红

品种简介：湛试 32713 幼树期平均年增粗 5.81 厘米，割胶后平均年增粗 2.96 厘米。干胶含量：正常割胶第一年平均干胶含 27.42%，第二年平均干胶含 29.93%。干胶产量：正常割胶第一年平均亩产量 17.31 千克，第二年平均亩产 22.96 千克。抗逆性：2013/2014 年冬春低温，广西农垦国有火光农场和广东省卅岭农场湛试 32713 寒害级别分别为 0.22 级、0.67 级，比 93-114 分别轻 0.09 级、0.27 级。"启德""天兔""尤特"台风中，湛试 32713 平均风害级别分别为 2.36 级、1.98 级、1.20 级。主要优点：抗寒性强，适宜在中寒和重寒阳坡种植。主要缺点：抗风性中等，在轻风和中风区种植为宜。适宜在中 / 重寒轻 / 中风生态区，即广东化州、高州、廉江地区，以及广西东兴和防城港地区春秋季种植。

（2）湛试 8673 橡胶树

发证部门及时间：农业农村部，2019 年

品种权人：中国热科院南亚所、中国热科院湛江实验站

培育人：贺军军、张华林、罗萍、庞廷祥、戴小红、李土荣、姚艳丽

品种简介：湛试 8673 叶蓬半球形，叶痕心脏形。叶片椭圆形，顶 / 端部芒尖。基部渐尖，叶色中等。三小叶显著分离。胶乳颜色白。植后 8 年达到开割标准，开割后茎围年平均增粗 2 厘米。干胶含量：正常割胶平均干胶含 26.30%。干胶产量：正常割胶第一年平均亩产量 17.23 千克，第二年平均亩产 21.58 千克。抗寒性强，与 93-114 相等；抗风性较强。主要缺点：易感白粉病，加强防控。适宜在广东湛江、茂名、阳江揭阳和汕尾地区的中风中寒区春秋季种植。

（3）湛试 873 橡胶树

发证部门及时间：农业农村部，2019 年

品种权人：中国热科院南亚所、中国热科院湛江实验站

培育人：张华林、罗萍、戴小红、贺军军、庞廷祥、张华林、李土荣、姚艳丽

品种简介：湛试 873 植后 8 年达到开割标准，开割后茎围年平均增粗 2 厘米。湛试 873 产量比 93-114 高 50% 以上，抗风性和 93-114 相等，抗寒性比 93-114 差、比南华 1 号强。种植规格按照 3m×7m 或 4m×6m，每亩保苗 35 株；按照生产技术规程抚管；适应温度 22～28℃。适宜在广东湛江、茂名和阳江中风中寒区春秋种植。

（4）湛砂 6 砂仁

发证部门及时间：农业农村部，2023 年

品种权人：中国热科院湛江实验站

培育人：姚艳丽、贺军军、罗萍

品种简介：2010 年，从广东广西等砂仁资源分布区收集野生、半野生和栽培种砂仁资源 30 份，建立种质圃进行保存。2010—2012 年，在广东湛江试验基地对保存的资源采用分株方式进行扩繁。分别于 2012 年和 2014 年，在广东湛江试验基地扩大评比试验面积，对植株形态特征、生势和产量等性状进行评价。2014—2018 年对试验区跟踪调查发现：采自阳春市春城街道蟠龙村崩坑田山林的野生型春砂仁资源 A6，在代际之间可稳定遗传，植物学性状、产量和品质年际间一致，具有较好的稳定性和一致性；是具有良好应用潜力的资源，命名为湛砂 6。适于热带南亚热带温湿气候，具有长流水的溪沟谷林下，怕干旱，忌水涝；适宜在年平均气温 22 ～ 28℃，降水量丰富（1 000 毫米以上），空气相对湿度在 90% 以上；散射光条件，遮阳度 60% 左右；土层深厚、疏松、保水保肥力强的砂壤上栽培。

（5）湛砂 7 砂仁

发证部门及时间：农业农村部，2023 年

品种权人：中国热科院湛江实验站

培育人：贺军军、姚艳丽、罗萍、张华林、李文秀

品种简介：2010 年，从广东、广西等砂仁资源分布区收集野生、半野生和栽培种砂仁资源 30 份，建立种质圃进行保存；2010—2012 年，在广东湛江试验基地通过对保存的资源鉴定，采用分株方式进行扩繁。分别于 2012 年和 2014 年，在广东湛江试验基地扩大评比试验面积，对植株形态特征、生势和产量等性状进行评价。2014—2018 年对试验区跟踪调查发现：采自阳春市春城街道蟠龙村山沟林的野生型春砂仁资源 A7，在代际之间可稳定遗传，植物学性状、产量和品质年际间一致，具有较好的稳定性和一致性；是具有良好应用潜力的资源，命名为湛砂 7。适于热带南亚热带温湿气候，具有长流水的溪沟谷林下，怕干旱，忌水涝；适宜在年平均气温 22 ～ 28℃，降水量丰富（1 000 毫米以上），空气相对湿度在 90% 以上；散射光条件，遮阳度 60% 左右；土层深厚、疏松、保水保肥力强的壤土和砂壤上栽培。

（6）湛砂 11 砂仁

发证部门及时间：农业农村部，2023 年

品种权人：中国热科院湛江实验站

培育人：贺军军、姚艳丽、罗萍、张华林、李文秀

品种简介：2010 年，从广东广西等砂仁资源分布区收集野生、半野生和栽培种砂仁资源 30 份，建立种质圃进行保存；2010—2012 年，在广东湛江试验基地通过对保存的资源鉴定，采用分株方式进行扩繁。分别于 2012 年和 2014 年，在广东湛江试验基地扩大评比试验面积，对植株形态特征、生势和产量等性状进行评价。2014—2018 年对试验区跟踪调查发现：采自阳春市春城街道蟠龙村崩坑田山林的野生型春砂仁资源

A11，在代际之间可稳定遗传，植物学性状、产量和品质年际间一致，具有较好的稳定性和一致性；是具有良好应用潜力的资源，命名为湛砂 11。适于热带南亚热带温湿气候，具有长流水的溪沟谷林下，怕干旱，忌水涝；适宜在年平均气温 22 ～ 28℃，降水量丰富（1 000 毫米以上），空气相对湿度在 90% 以上；散射光条件，遮阳度 60% 左右；土层深厚、疏松、保水保肥力强的壤土和砂壤上栽培。

（7）湛砂 12 砂仁

发证部门及时间：农业农村部，2023 年

品种权人：中国热科院湛江实验站、广东省中药研究所

培育人：贺军军、曾庆钱、姚艳丽、黄勇、罗萍、张华林、李文秀、范会云、黄涵签、陈卫明

品种简介：2010 年从广东、广西等砂仁资源分布区收集野生、半野生和栽培种砂仁资源 30 份，建立种质圃进行保存；2010—2012 年，在广东湛江试验基地通过对保存的资源鉴定，采用分株方式进行扩繁。分别于 2012 年和 2015 年，在试验基地进行初选试验和扩大评比试验，对植株形态特征、生势和产量等性状进行评价。2015—2019 年对试验区跟踪调查发现：采自阳春市春城街道蟠龙村山林的半野生型春砂仁资源 A12，在代际之间可稳定遗传，植物学性状、产量和品质年际间一致，具有较好的稳定性和一致性；是具有良好应用潜力的资源，命名为湛砂 12。适于热带南亚热带温湿气候，具有长流水的溪沟谷林下，怕干旱，忌水涝；适宜在年平均气温 22 ～ 28℃，降水量丰富（1 000 毫米以上），空气相对湿度在 90% 以上；散射光条件，遮阳度 60% 左右；土层深厚、疏松、保水保肥力强的壤土和砂壤上栽培。

（五）授权专利

湛江实验站自 2012 年起获得专利授权，2012—2023 年共获授权专利 107 件，其中，发明专利 21 件，实用新型专利 82 件，外观设计专利 3 件，国外专利 1 件。湛江实验站历年获授权专利清单详见表 2-4。

表2-4　湛江实验站历年授权专利

序号	名称	发明人	专利权人	授权公告日期	专利号
发明专利					
1	一种可完全生物降解农用除草地膜	刘洋；林希昊；严志亮；张海林	中国热科院湛江实验站	2015.05.06	ZL 2012 1 0525950.7
2	一种适于盆栽散尾葵生产的农林废弃物混合基质	戴小红；罗萍；樊权；尹俊梅；黄小华；贺军军；马德勇	中国热科院湛江实验站	2015.07.08	ZL 2013 1 0277295.2

续表

序号	名称	发明人	专利权人	授权公告日期	专利号
3	一种从蒲公英橡胶草中连续高效循环提取蒲公英橡胶和菊糖的方法	张立群；张继川；孙树泉；王锋；刘实忠	北京化工大学；山东玲珑轮胎股份有限公司；中国热科院湛江实验站	2015.12.02	ZL 2013 1 0311989.3
4	一种提高橡胶草花青素含量的方法	仇键；王锋；张立群；刘实忠；罗世巧；校现周	中国热科院橡胶所；山东玲珑轮胎股份有限公司；北京化工大学；中国热科院湛江实验站	2016.01.20	ZL 2013 1 0303320.X
5	不同覆盖作物对幼龄胶园的影响的测定方法	贺军军；罗萍；姚艳丽；马德勇；戴小红；张华林；程儒雄	中国热科院湛江实验站	2016.04.13	ZL 2014 1 0182789.7
6	一种利用橡胶草叶片再生植株的方法	覃碧；王锋；张立群；刘实忠；杨玉双；甘霖；高玉尧；徐建欣	中国热科院橡胶所；北京化工大学；山东玲珑轮胎股份有限公司；中国热科院湛江实验站	2017.05.17	ZL 2015 1 0488896.7
7	一种适于橡胶树育苗的无土有机废弃物基质	罗萍；戴小红；孙伟生；贺军军；黄小华；张华林；马德勇	中国热科院湛江实验站	2017.07.14	ZL 2015 1 0355766.6
8	一种利用橡胶草须根诱导不定芽的方法	覃碧；张立群；王锋；刘实忠；高玉尧；杨玉双；甘霖；徐建欣	中国热科院橡胶所；北京化工大学；山东玲珑轮胎股份有限公司；中国热科院湛江实验站	2018.01.05	ZL 2015 1 0141691.1
9	一种太子参清洗烘干一体机	张华林	中国热科院湛江实验站	2019.08.20	ZL 2017 1 0807698.1
10	一种可快速倾倒的甘蔗渣转运装置	刘洋；高玉尧；胡小文；徐磊；徐志军；洪亚楠	中国热科院湛江实验站	2021.03.02	ZL 2020 1 0196496.X
11	一种应用于甘蔗渣回收的自动除杂保存装置	刘洋；高玉尧；胡小文；徐磊；徐志军；洪亚楠	中国热科院湛江实验站	2021.04.02	ZL 2020 1 0197242.X
12	一种适用于小型西瓜设施栽培的有机废弃物复配基质	戴小红	中国热科院湛江实验站	2021.08.13	ZL 2019 1 0181602.4
13	一种甘蔗渣降解菌株培养基智能筛选装置	刘洋；高玉尧；胡小文；徐磊；徐志军；洪亚楠	中国热科院湛江实验站	2021.08.13	ZL 2020 1 0196497.4

续表

序号	名称	发明人	专利权人	授权公告日期	专利号
14	一种基于土壤检测的土壤样品传送系统	高玉尧；许文天；付琼；张秀梅；刘洋；姚艳丽	中国热科院湛江实验站；中国热科院南亚所	2021.11.12	ZL 2021 1 1026674.5
15	一种南方黑山羊纯羊粪有机肥及其制备方法	韩建成	中国热科院湛江实验站	2022.02.01	ZL 2019 1 1094510.9
16	一种甘蔗渣纤维素和木素离心分离同步处理筛选设备	刘洋；高玉尧；胡小文；徐磊；徐志军；洪亚楠	中国热科院湛江实验站	2022.02.22	ZL 2020 1 0197243.4
17	一种甘蔗干旱胁迫的田间快速诊断方法	安东升；严程明；徐磊；孔冉；苏俊波；窦美安；徐志军	中国热科院湛江实验站	2022.11.08	ZL 2021 1 0145055.1
18	高耐候性的生物降解地膜结构	高玉尧；许文天；付琼；张秀梅；刘洋；姚艳丽	中国热科院湛江实验站；中国热科院南亚所	2022.12.16	ZL 2021 1 1086745.0
19	一种基于物联网的畜牧养殖用温湿度控制系统及方法	江杨	中国热科院湛江实验站	2022.12.30	ZL 2021 1 1127037.7
20	一种可控淀粉基生物降解农用地膜	刘洋；高玉尧；安东升；徐磊；胡小文；窦美安；陈炫；徐志军；苏俊波；孔冉	中国热科院湛江实验站	2023.01.10	ZL 2018 1 0993983.1
21	一种温室小型西瓜打破休眠的节本增效水肥调控方法	安东升；严程明；戴小红；徐志军；苏俊波；窦美安	中国热科院湛江实验站	2023.02.03	ZL 2021 1 0799674.2
实用新型专利					
22	一种取土器	薛忠；贺军军；罗萍；程儒雄；刘洋；姚艳丽；黄小华；戴小红	中国热科院农机所；中国热科院湛江实验站	2012.09.12	ZL 2012 2 0032749.0
23	一种电动取土器	贺军军；罗萍；刘洋；薛忠；姚艳丽；黄小华；戴小红；马德勇	中国热科院湛江实验站；中国热科院农机所	2012.09.19	ZL 2012 2 0032746.7
24	枝叶采样工具	华元刚；贺军军；贝美容；林清火；张培松；茶正早	中国热科院橡胶所；中国热科院湛江实验站	2012.11.21	ZL 2012 2 0175726.5

序号	名称	发明人	专利权人	授权公告日期	专利号
25	橡胶树施肥器	华元刚；贺军军；林钊沐；罗萍；姚艳丽；戴小红；茶正早；马德勇	中国热科院橡胶所；中国热科院湛江实验站	2012.11.28	ZL 2012 2 0136959.4
26	甘蔗剥叶装置	薛忠；刘洋；贺军军；黄小华；姚艳丽	中国热科院农机所；中国热科院湛江实验站	2013.01.23	ZL 2012 2 0294750.0
27	一种甘蔗施肥机	刘洋；林希昊；姚艳丽；洪亚楠	中国热科院湛江实验站	2013.01.23	ZL 2012 2 0336135.1
28	甘蔗苗移栽装置	刘洋；薛忠；贺军军；黄小华；姚艳丽	中国热科院湛江实验站；中国热科院农机所	2013.03.13	ZL 2012 2 0294746.4
29	全方位调控植物生长条件的植物培育装置	刘洋；姚艳丽；邢淑莲；徐磊	中国热科院湛江实验站	2014.03.12	ZL 2013 2 0308391.4
30	一种用于幼根长度测量的装置	徐建欣；杨洁；刘实忠；范武波	中国热科院湛江实验站	2014.10.08	ZL 2014 2 0257579.5
31	一种播穴打孔装置	徐建欣；杨洁；刘实忠	中国热科院湛江实验站	2014.10.15	ZL 2014 2 0160237.1
32	一种基于单向阀的负压式橡胶树喷药机	贺军军；罗萍；马德勇；戴小红；黄小华；张华林	中国热科院湛江实验站	2014.12.10	ZL 2014 2 0360582.X
33	一种便于植物根系培养观察的装置	徐建欣；杨洁；刘实忠；范武波	中国热科院湛江实验站	2015.01.07	ZL 2014 2 0554813.0
34	一种带有避光装置的比色皿盒	徐建欣；杨洁；刘实忠；范武波	中国热科院湛江实验站	2015.01.07	ZL 2014 2 0554817.9
35	一种背负式橡胶草种子采收器	高玉尧；许文天；王锋；张立群；刘实忠；徐麟	中国热科院湛江实验站	2015.11.18	ZL 2015 2 0508149.0
36	一种橡胶草根挖掘装置	高玉尧；许文天；王锋；张立群；刘实忠；徐麟	中国热科院湛江实验站	2015.11.18	ZL 2015 2 0508147.1
37	一种弹式树皮样品采集器	姚艳丽；贺军军；刘洋；胡小文；邢淑莲；徐磊	中国热科院湛江实验站	2015.11.18	ZL 2015 2 0525415.0
38	一种橡胶草种子分离装置	高玉尧；许文天；王锋；张立群；刘实忠；徐麟	中国热科院湛江实验站	2015.12.09	ZL 2015 2 0508146.7

续表

序号	名称	发明人	专利权人	授权公告日期	专利号
39	一种自动节水喷灌设备	张华林；罗萍；贺军军；马德勇；戴小红	中国热科院湛江实验站	2016.05.04	ZL 2015 2 1018104.1
40	一种多功能培养箱	张华林；罗萍；贺军军；马德勇；戴小红	中国热科院湛江实验站	2016.05.18	ZL 2015 2 1019251.0
41	一种可烘干的太子参清洗装置	张华林；张嘉强	中国热科院湛江实验站	2018.04.06	ZL 2017 2 1150211.9
42	一种水资源重复利用的太子参清洗烘干装置	张华林；张嘉强	中国热科院湛江实验站	2018.04.06	ZL 2017 2 1149121.8
43	一种太子参滚筒式清洗烘干一体机	张华林；张嘉强	中国热科院湛江实验站	2018.04.06	ZL 2017 2 1149120.3
44	一种太子参清洗烘干一体机	张华林；张嘉强	中国热科院湛江实验站	2018.04.06	ZL 2017 2 1149118.6
45	一种太子参清洗烘干装置	张华林；张嘉强	中国热科院湛江实验站	2018.04.06	ZL 2017 2 1149721.4
46	一种太子参用清洗烘干装置	张华林；张嘉强	中国热科院湛江实验站	2018.04.06	ZL 2017 2 1150180.7
47	一种便于比例配额的喷雾器	刘洋；姚艳丽；安东升；徐磊；窦美安；高玉尧；胡小文	中国热科院湛江实验站	2018.04.06	ZL 2017 2 1240079.0
48	一种农业大棚喷洒装置	刘洋；徐磊；姚艳丽；安东升；窦美安；高玉尧；胡小文	中国热科院湛江实验站	2018.04.06	ZL 2017 2 1240112.X
49	一种农业灌溉装置	刘洋；高玉尧；徐磊；姚艳丽；安东升；窦美安；胡小文	中国热科院湛江实验站	2018.04.06	ZL 2017 2 1241346.6
50	一种便携式大棚用灌溉装置	刘洋；安东升；姚艳丽；窦美安；徐磊；高玉尧；胡小文	中国热科院湛江实验站	2018.04.17	ZL 2017 2 1240603.4
51	一种农业用可播种灌溉铁锹	刘洋；胡小文；徐磊；姚艳丽；安东升；窦美安；高玉尧	中国热科院湛江实验站	2018.04.17	ZL 2017 2 1241347.0
52	一种便于在地表深处取样的土壤取样设备	张华林；张嘉强	中国热科院湛江实验站	2018.06.26	ZL 2017 2 1771147.6
53	一种具有搅拌效果强的混凝土搅拌机	张华林；张嘉强	中国热科院湛江实验站	2018.07.17	ZL 2017 2 1769628.3

序号	名称	发明人	专利权人	授权公告日期	专利号
54	一种室内环境调节用通风窗	张华林；张嘉强	中国热科院湛江实验站	2018.07.17	ZL 2017 2 1772203.8
55	一种便于使用的环境监测装置	张华林；张嘉强	中国热科院湛江实验站	2018.07.17	ZL 2017 2 1840116.1
56	一种水库环境监测用水质取样装置	张华林；张嘉强	中国热科院湛江实验站	2018.07.17	ZL 2017 2 1840037.0
57	一种环境监测用水质采样器	张华林；张嘉强	中国热科院湛江实验站	2018.07.17	ZL 2017 2 1852620.3
58	一种便于取料的芽菜培育箱	张华林；张嘉强	中国热科院湛江实验站	2018.07.27	ZL 2017 2 1840559.0
59	一种海水淡化管道用外保护装置	张华林；张嘉强	中国热科院湛江实验站	2018.07.27	ZL 2017 2 1852612.9
60	一种高效工业污水处理一体化装置	张华林；张嘉强	中国热科院湛江实验站	2018.10.02	ZL 2017 2 1772200.4
61	一种具有防堵塞功能的玻璃钢化粪池筒体	张华林；张嘉强	中国热科院湛江实验站	2018.10.02	ZL 2017 2 1772202.3
62	一种生活污水和工业污水处理一体化设备	张华林；张嘉强	中国热科院湛江实验站	2018.10.02	ZL 2017 2 1771148.0
63	一种便携式海水淡化应急装置	张华林；张嘉强	中国热科院湛江实验站	2018.10.02	ZL 2017 2 1840557.1
64	一种冰糖制作用加热搅拌装置	张华林；张嘉强	中国热科院湛江实验站	2018.10.02	ZL 2017 2 1840117.6
65	一种反渗透膜法海水淡化设备	张华林；张嘉强	中国热科院湛江实验站	2018.10.02	ZL 2017 2 1840515.8
66	一种方便对细胞培养上清中的外泌体进行分离的提取装置	张华林；张嘉强	中国热科院湛江实验站	2018.10.02	ZL 2017 2 1839919.5
67	一种食品检测用搅拌装置	张华林；张嘉强	中国热科院湛江实验站	2018.10.02	ZL 2017 2 1839916.1
68	一种海水淡化用pH值调节装置	张华林；张嘉强	中国热科院湛江实验站	2018.10.02	ZL 2017 2 1852652.3
69	一种海水淡化用藻类处理装置	张华林；张嘉强	中国热科院湛江实验站	2018.10.02	ZL 2017 2 1852657.6

序号	名称	发明人	专利权人	授权公告日期	专利号
70	一种具有环境监测功能的节能型隧道空气净化装置	张华林；张嘉强	中国热科院湛江实验站	2018.10.02	ZL 2017 2 1852631.1
71	一种食品安全检测箱	张华林；张嘉强	中国热科院湛江实验站	2018.10.02	ZL 2017 2 1852614.8
72	一种食品检测用多功能操作台	张华林；张嘉强	中国热科院湛江实验站	2018.10.02	ZL 2017 2 1852629.4
73	一种食品检验采样箱	张华林；张嘉强	中国热科院湛江实验站	2018.10.02	ZL 2017 2 1852613.3
74	一种黑山羊羊舍全自动化刮粪装置	江杨；韩建成；江汉青；贾汝敏；陈永辉	中国热科院湛江实验站	2018.12.07	ZL 2017 2 1018012.2
75	一种用于幼成龄橡胶树的防台风设施	张华林；罗萍；贺军军	中国热科院湛江实验站	2019.05.07	ZL 2018 2 1550519.7
76	一种新型甘蔗除虫器	苏俊波；孔冉；刘洋；窦美安	中国热科院湛江实验站	2020.01.10	ZL 2019 2 0331786.3
77	一种新型甘蔗转运车	苏俊波；孔冉；刘洋；窦美安	中国热科院湛江实验站	2020.01.10	ZL 2019 2 0331774.0
78	一种便捷式甜玉米种植大棚用灌溉装置	高玉尧；刘洋；胡小文；安东升；窦美安；徐磊；徐志军	中国热科院湛江实验站	2020.02.07	ZL 2019 2 0513960.6
79	一种甜玉米雌穗多功能袋	高玉尧；刘洋；胡小文；安东升；徐磊；窦美安；徐志军	中国热科院湛江实验站	2020.02.07	ZL 2019 2 0513969.7
80	一种甜玉米育苗培养支架	高玉尧；刘洋；胡小文；徐志军；安东升；窦美安；徐磊	中国热科院湛江实验站	2020.02.07	ZL 2019 2 0514979.2
81	一种甜玉米智能育苗装置	高玉尧；刘洋；安东升；窦美安；徐磊；胡小文；徐志军	中国热科院湛江实验站	2020.02.07	ZL 2019 2 0513971.4
82	一种用于甜玉米干旱胁迫的装置	高玉尧；刘洋；胡小文；安东升；徐磊；窦美安；徐志军	中国热科院湛江实验站	2020.02.07	ZL 2019 2 0513968.2
83	一种自动节水喷灌设备	高玉尧；刘洋；胡小文；窦美安；安东升；徐磊；徐志军	中国热科院湛江实验站	2020.02.07	ZL 2019 2 0514974.X

续表

序号	名称	发明人	专利权人	授权公告日期	专利号
84	一种组合式甜玉米培养装置	高玉尧；刘洋；安东升；胡小文；窦美安；徐磊；徐志军	中国热科院湛江实验站	2020.02.07	ZL 2019 2 0514973.5
85	一种用于热带稻虾共养的水上生态遮阳降温装置	徐志军；徐磊；安东升；刘洋；张明	中国热科院湛江实验站	2020.02.11	ZL 2019 2 0902177.9
86	一种用于水稻种子无人机直播的播种装置	徐志军；徐磊；安东升；刘洋；张明	中国热科院湛江实验站	2020.02.11	ZL 2019 2 0902120.9
87	一种农业灌溉装置	高玉尧；刘洋；胡小文；徐磊；安东升；窦美安；徐志军	中国热科院湛江实验站	2020.03.27	ZL 2019 2 0513977.1
88	一种甜玉米种子筛选除杂装置	高玉尧；刘洋；安东升；窦美安；胡小文；徐磊；徐志军	中国热科院湛江实验站	2020.03.27	ZL 2019 2 0513939.6
89	一种便于甜玉米幼胚观察及剥离装置	高玉尧；刘洋；安东升；窦美安；徐磊；徐志军；胡小文	中国热科院湛江实验站	2020.05.01	ZL 2019 2 0513972.9
90	一种农用施肥机搅拌装置	陈沛民；吴思浩；贺军军；张园；邓怡国；王业勤；燕波	中国热科院农机所；中国热科院橡胶所；中国热科院湛江实验站	2020.07.03	ZL 2019 2 1640129.3
91	一种适合南方黑山羊养殖的标准化生态羊舍	韩建成	中国热科院湛江实验站	2020.10.16	ZL 2019 2 2020371.7
92	一种砂仁塔式烘焙装置	贺军军；罗萍；张华林；李文秀；姚艳丽	中国热科院湛江实验站	2020.12.22	ZL 2020 2 0332991.4
93	菠萝水心病诱导装置	姚艳丽；张秀梅；刘胜辉；张红娜；吴青松；林文秋；朱祝英	中国热科院南亚所；中国热科院湛江实验站	2021.02.05	ZL 2020 2 0524600.9
94	一种关于菠萝采摘具有可调节结构的采摘装置	姚艳丽；张秀梅；刘胜辉；张红娜；吴青松；林文秋；朱祝英；高玉尧；孙伟生	中国热科院南亚所；中国热科院湛江实验站	2021.03.23	ZL 2020 2 1031119.2
95	一种可防玉米粒损坏的甜玉米加工用脱粒装置	刘洋；洪亚楠；徐磊；胡小文；徐志军	中国热科院南亚所；中国热科院加工所	2021.05.28	ZL 2020 2 2156495.0

续表

序号	名称	发明人	专利权人	授权公告日期	专利号
96	一种用于甘蔗花生间作的花生可调节式播种器	徐志军；安东升；严程明；苏俊波；徐磊；孔冉；窦美安	中国热科院湛江实验站	2021.11.09	ZL 2021 2 2156495.1
97	一种用于橡胶园除草机的轴承防堵装置	王业勤；燕波；杨林洪；邓怡国；张华林；陈沛民	中国热科院农机所；中国热科院湛江实验站	2021.12.14	ZL 2021 2 0411139.0
98	一种畜牧饮水用补给放水装置	江杨	中国热科院湛江实验站	2022.03.15	ZL 2021 2 2006047.7
99	一种饲料加工混合熟成装置	江杨	中国热科院湛江实验站	2022.03.15	ZL 2021 2 2006164.3
100	一种羊舍自动恒温升降窗户	韩建成；吴群；邓森荣	中国热科院湛江实验站	2023.03.28	ZL 2022 2 2175748.8
101	一种用于甘蔗间作花生的甘蔗、花生联合播种机	徐志军；张雪姣；李启彪；徐磊；黄剑强；许嘉芮	中国热科院湛江实验站	2023.05.09	ZL 2023 2 0269109.X
102	一种橡胶树用取胶设备	李文秀；罗萍；张华林；贺军军；燕青	中国热科院湛江实验站	2023.07.28	ZL 2023 2 0655610.X
103	一种橡胶树育种器	罗萍；李文秀；张华林；贺军军；燕青	中国热科院湛江实验站	2023.10.27	ZL 2023 2 0655630.7
外观设计专利					
104	包装盒（童参）	张华林；罗萍；马德勇；贺军军；戴小红	中国热科院湛江实验站	2015.10.22	ZL 2015 3 0358327.1
105	标贴（道米）	杨洁；徐建欣	中国热科院湛江实验站	2016.12.21	ZL 2016 3 0400729.8
106	纯羊粪有机肥专用袋	韩建成	中国热科院湛江实验站	2020.05.12	ZL 2019 3 0618159.3
国外专利					
107	Intelligent Screening Device for Bagasse Degradation Strains	Liu Yang; Gao Yuyao; Hu Xiaowen; Xu Lei; Xu Zhijun; Hong Yanan	Zhanjiang Experimental Station; Chinese Academy of Tropical Agricultural Sciences	2021.03.17	2021101386

（六）软件著作权

湛江实验站自 2019 年起开始登记软件著作权，2019—2023 年共登记软件著作权 33 项。湛江实验站历年登记软件著作权清单详见表 2-5。

表2-5　湛江实验站历年登记软件著作权

序号	名称	著作权人	开发完成日期	登记号
1	自动清除鹅粪便控制系统 V1.0	中国热科院湛江实验站；韩建成	2019.08.09	2019SR1227760
2	自动清除羊粪便控制系统 V1.0	中国热科院湛江实验站；韩建成	2019.08.09	2019SR1227764
3	玉米节水灌溉远程信息管理系统 V1.0	中国热科院湛江实验站；高玉尧；刘洋	2019.12.25	2020SR0326760
4	甜玉米高效节水灌溉信息化实时监控系统 V1.0	中国热科院湛江实验站；高玉尧；刘洋	2019.12.29	2020SR0326046
5	土壤水分、温度测试软件系统 V1.0	中国热科院湛江实验站；刘洋；高玉尧	2020.01.07	2020SR0326038
6	土壤水分数据批量自动分析程序软件 V1.0	中国热科院湛江实验站；刘洋；高玉尧	2020.01.07	2020SR0326756
7	甜玉米自动化节水灌溉控制系统 V1.0	中国热科院湛江实验站；高玉尧；刘洋	2020.01.29	2020SR0326043
8	甘蔗土壤水分特征数据分析系统 V1.0	中国热科院湛江实验站；刘洋；高玉尧	2020.01.30	2020SR0325932
9	土壤水分自动观测站监控软件 V1.0	中国热科院湛江实验站；刘洋；高玉尧	2020.02.03	2020SR0326906
10	自流灌区灌溉区域节水评估管理信息系统 V1.0	中国热科院湛江实验站；高玉尧；刘洋	2020.02.03	2020SR0326131
11	山羊自动饮水控制系统 V1.0	中国热科院湛江实验站；韩建成	2020.03.15	2020SR1229658
12	旱地肉鹅自动淋雨控制系统 V1.0	中国热科院湛江实验站；韩建成	2020.04.10	2020SR1229794
13	林下产业经济大数据统计管理系统 V1.0	中国热科院湛江实验站	2020.04.15	2020SR0965779
14	橡胶树种植基地物联网环境调控系统 V1.0	中国热科院湛江实验站	2020.04.15	2020SR0966693
15	肉牛自动饮水控制系统 V1.0	中国热科院湛江实验站；韩建成	2020.05.20	2020SR1229796
16	鹅饮水自动加水管理系统 V1.0	中国热科院湛江实验站；蔺红玲；韩建成	2020.08.05	2020SR1571379
17	羔羊饮水自动加水管理系统 V1.0	中国热科院湛江实验站；蔺红玲；韩建成	2020.08.19	2020SR1571380
18	基于电导率法快速施肥控制系统 V1.0	中国热科院南亚所；严程明；安东升；窦美安	2020.09.23	2020SR1439131
19	甘蔗根际土壤检测软件 V1.0	中国热科院湛江实验站	2020.12.06	2020SR0325936

续表

序号	名称	著作权人	开发完成日期	登记号
20	甘蔗根际土壤水分监控软件 V1.0	中国热科院湛江实验站；刘洋；高玉尧	2020.12.06	2020SR0325936
21	节水灌溉实时预报专家系统 V1.0	中国热科院湛江实验站；高玉尧；刘洋	2020.12.06	2020SR0325928
22	基于土壤水分变化测量服务系统 V1.0	中国热科院南亚所；严程明；安东升；窦美安	2020.12.28	2021SR1439130
23	火龙果寒害评定和防治系统 V1.0	中国热科院南亚所；戴小红	2021.01.01	2021SR0437375
24	菠萝突变体筛选和突变体库建立系统 V1.0	中国热科院南亚所；戴小红	2021.01.11	2021SR0437374
25	田间降雨入渗率控制软件 V1.0	中国热科院南亚所；严程明；安东升；窦美安	2021.04.06	2021SR1439129
26	一种黑山羊母羊发情智能检测系统 V1.0	中国热科院湛江实验站	2021.05.18	2021SR1089162
27	一种黑山羊羊舍自动化刮粪装置操控系统 V1.0	中国热科院湛江实验站	2021.05.18	2021SR1089074
28	一种黑山羊智能耳标生产性状数据检测系统 V1.0	中国热科院湛江实验站	2021.05.18	2021SR1089209
29	一种适合南方黑山羊养殖的标准化生态羊舍综合效益测评系统 V1.0	中国热科院湛江实验站	2021.05.18	2021SR1089073
30	南药栽培灌溉智能控制系统 V1.0	中国热科院湛江实验站；张华林；燕青；李文秀	2022.09.14	2023SR0195313
31	基于物联网的南药烘干设备智能控制系统 V1.0	中国热科院湛江实验站；张华林；燕青；李文秀	2022.09.22	2023SR0195314
32	斑兰叶优良种苗繁育管理系统 V1.0	中国热科院湛江实验站	2023.05.11	2023SR0908294
33	斑兰叶标准化栽培管理系统 V1.0	中国热科院湛江实验站	2023.05.11	2023SR1180900

（七）出版著作

湛江实验站自 2016 年起开展著作编写，2016—2023 年共出版著作 15 部，其中，主编 8 部，副主编 2 部，参编 5 部。

1.《海南休闲农业发展研究》

出版社：经济科学出版社，出版日期：2016 年 2 月

主编：柯佑鹏、范武波（湛江实验站）、过建春、张佳、解明明

2.《农业系统应用写作》

出版社：经济科学出版社，出版日期：2016 年 8 月

主编：范武波（湛江实验站）

副主编：陈刚、符惠珍

3.《30 年耕地质量演变规律》

出版社：中国农业出版社，出版日期：2019 年 5 月

主编：马常宝、徐明岗（湛江实验站）、薛彦东、卢昌艾

副主编：王绪奎、石孝均、代天飞、慕兰、张淑香、张文菊、孙楠、段英华、董艳红、宋丹、王秋彬、王瑞、曾招兵、贾蕊鸿、王胜涛

4.《南亚丰歌：中国热带农业科学院南亚热带作物研究所媒体报道汇编（1954—2019）》

出版社：中国农业科学技术出版社，出版日期：2019 年 11 月

主编：陈佳瑛、黄炳钰

副主编：冯文星

5.《南亚迹忆：中国热带农业科学院南亚热带作物研究所画册（1954—2019）》

出版社：中国农业科学技术出版社，出版日期：2019 年 11 月

主编：陈佳瑛、马德勇（湛江实验站）

副主编：黄炳钰、冯文星

6.《南亚硕果：中国热带农业科学院南亚热带作物研究所科技成果集（1954—2019）》

出版社：中国农业科学技术出版社，出版日期：2019 年 11 月

主编：李端奇（湛江实验站）、宋喜梅

副主编：刘思汝、欧雄常

7.《南亚印记：中国热带农业科学院南亚热带作物研究所大事记（1954—2019）》

出版社：中国农业科学技术出版社，出版日期：2019 年 11 月

主编：江汉青（湛江实验站）、黄智敏（湛江实验站）

副主编：江杨（湛江实验站）、邱桂妹（湛江实验站）

8.《澳洲坚果初加工技术》

出版社：中国农业科学技术出版社，出版日期：2020年7月

主编：杜丽清（湛江实验站）

副主编：帅希祥、涂行浩

9.《雷州山羊高效养殖技术》

出版社：中国农业出版社，出版日期：2023年1月

主编：韩建成（湛江实验站）、周汉林（湛江实验站）

副主编：吴群（湛江实验站）、董荣书、王飞、丁月霞

10.《现代种养业》

出版社：中国农业出版社，出版日期：2021年11月

主编：李积华、林丽静、王忠强

副主编：范武波、韩建成（湛江实验站）、胡会刚、李绍戊

11. 其他参编著作

（1）《现代农业产业技术体系建设理论与实践：天然橡胶体系分册》

出版社：中国农业出版社

出版日期：2020年6月

（2）《南亚勋业：中国热带农业科学院南亚热带作物研究所志（1954—2019）》

出版社：中国农业科学技术出版社

出版日期：2021年6月

（3）《中国天然橡胶产业发展和技术展望》

出版社：中国农业出版社

出版日期：2021年6月

（4）《中国天然橡胶主要品种及系谱》

出版社：中国农业出版社

出版日期：2021年10月

（5）《热带农业与国家战略》

出版社：科学出版社

出版日期：2022年12月

（八）发表论文

湛江实验站自2004年起发表和参与发表论文，2004—2023年共发表和参与发表论文383篇，其中，SCI期刊论文62篇。湛江实验站历年发表论文和参与发表论文清单详见表2-6。

表2-6 湛江实验站历年发表论文和参与发表论文情况

序号	作者、题目、刊名及年/卷/期/页码	论文分类
1	李土荣，张健珍，程儒雄，庞廷祥.广东垦区橡胶发展的现状与对策[C]//中国热带作物学会.中国热带作物学会第七次全国会员代表大会暨学术讨论会论文集，2004: 210-214.	国内会议论文（论文集正式出版）
2	苏俊波，杨荣仲，桂意云，李杨瑞，雷新涛，张海林.甘蔗体内具有固氮酶活性细菌的分离、鉴定及其相关特性研究[J].西南农业学报，2007(5): 1055-1059.	国内一般期刊
3	苏俊波，姚全胜，冯文星，张海林，雷新涛，莫亿伟.甘蔗主要害虫的综合防治效果初报[J].热带农业科学，2007(6): 17-19.	国内一般期刊
4	罗文扬，罗萍，吴浩，武丽琼，邓旭.果用和造林两宜果树——油梨[J].中国热带农业，2008(6): 37-39.	国内一般期刊
5	李土荣，张健珍，程儒雄，王一承，邓旭，张浩，吴青松.抗寒高产橡胶树新品系湛试327-13的选育[J].热带作物学报，2008，29(5): 577-582.	国内一般期刊
6	罗萍，罗文扬，雷新涛，邓旭.生物能源植物——麻疯树[J].中国种业，2008(S1): 139-141.	国内一般期刊
7	罗萍，罗文扬，蔡聪，雷新涛，邓旭.檀香研究生产现状及栽培应用[J].中国种业，2008(S1): 134-137.	国内一般期刊
8	贺军军，林钊沐，华元刚，罗微，林清火.不同施磷水平对橡胶树根系活力的影响[J].中国土壤与肥料，2009(1): 16-19, 30.	中文核心（北京大学）
9	贺军军，胡吟胜，林钊沐，罗微，林清火.不同施磷水平对橡胶幼苗营养根碳氮代谢的影响[J].土壤通报，2009，40(5): 1123-1126.	中文核心（北京大学）
10	林希昊，王真辉，陈秋波，罗萍，陈雄庭.不同树龄橡胶林土壤养分变化特征及对细根的影响[J].热带作物学报，2009，30(8): 1094-1098.	CSCD
11	罗文扬，卢山，罗萍.从城市生态绿地系统建设探讨园林苗木生产[J].热带农业科学，2009，29(4): 60-64.	国内一般期刊
12	贺军军，程儒雄，李维国，罗萍，陈永辉.广东广西垦区天然橡胶种植概况[J].广东农业科学，2009(8): 62-65.	中文核心（北京大学）
13	陈河龙，易克贤，马蔚红，孙德权，吕玲玲，罗萍.果园生草研究进展及展望[J].草原与草坪，2009(1): 94-97.	国内一般期刊
14	罗文扬，罗萍，李土荣，武丽琼，邓旭.鸡蛋花及其繁殖栽培技术[J].中国园艺文摘，2009，25(11): 148-149.	国内一般期刊
15	罗文扬，罗萍，武丽琼，邓旭.降香黄檀及其可持续发展对策探讨[J].热带农业科学，2009，29(1): 44-46.	国内一般期刊
16	科技服务搭平台——湛江实验站发展历程[J].热带农业科学，2009，29(11): 74-76.	国内一般期刊
17	罗萍，罗文扬，赵伟强，雷新涛，邓旭.麻疯树的研究、利用现状及面临问题[J].中国园艺文摘，2009，25(10): 172-174, 135.	国内一般期刊

序号	作者、题目、刊名及年/卷/期/页码	论文分类
18	黄小华，罗萍，陈永辉.浅析农业科研院所岗位设置管理 [J].农业科研经济管理，2009(3): 26-28.	国内一般期刊
19	罗文扬，罗萍，武丽琼，邓旭，李土荣，戴小红.热带与南亚热带植物生态类型多样性的应用 [J].现代农业科技，2009(12): 67-70.	国内一般期刊
20	罗萍，樊权，陈永辉，林希昊，尹俊梅.散尾葵盆栽标准化栽培技术 [J].现代农业科技，2009(17): 194, 196.	国内一般期刊
21	罗文扬，尹俊梅，黄小华，罗萍.散尾葵盆栽快速成型栽培技术 [J].热带农业科学，2009, 29(9): 21-23.	国内一般期刊
22	罗萍，罗文扬，蔡聪，邓旭.檀香及其栽培技术 [J].中国园艺文摘，2009, 25(9): 140-143.	国内一般期刊
23	罗文扬，罗萍，武丽琼，邓旭.香蕉的盆栽技术 [J].热带农业科学，2009, 29(9): 19-20.	国内一般期刊
24	戴小红，武丽琼.小东江污染段滨岸植物与生态恢复 [J].中国农学通报，2009, 25(23): 427-432.	中文核心（北京大学）
25	罗文扬，罗萍.澳洲坚果的盆栽技术 [J].农业科技通讯，2010(12): 215-216.	国内一般期刊
26	贺军军，罗萍，陈永辉，易润华，李勤奋.菠萝渣淀粉功能降解菌筛选及s2b7-4 的鉴定 [J].微生物学杂志，2010, 30(6): 60-64.	CSCD
27	郑学文，蔡泽祺，陈叶海，陈永辉，曾志强.广东农垦甘蔗产业发展现状 [J].热带农业工程，2010, 34(1): 69-72.	国内一般期刊
28	罗萍，樊权，陈永辉，林希昊，尹俊梅.幌伞枫盆栽快速成型栽培技术 [J].热带农业科学，2010, 30(4): 39-42.	国内一般期刊
29	戴小红，邓旭，武丽琼，罗文扬，李土荣.基于乡村旅游的生态小游园设计——以广东吴川蛤岭村生态园为例 [J].福建林业科技，2010, 37(1): 160-162, 166.	国内一般期刊
30	林希昊，陈秀龙，杨礼富，李传军，陈秋波，王真辉.假臭草浸提液对玉米根系活力的影响 [J].热带作物学报，2010, 31(5): 867-871.	CSCD
31	罗萍，戴小红，林希昊，樊权，尹俊梅.盆栽散尾葵标准化生产中肥料与基质的应用研究 [J].热带作物学报，2010, 31(12): 2111-2117.	CSCD
32	周娟.浅议我国无形资产及其会计核算的管理 [J].中国证券期货，2010(9): 94-95.	国内一般期刊
33	罗文扬，罗萍，刘贻均.热带南亚热带地区优良珍贵阔叶树种选择与发展 [J].热带农业科学，2010, 30(1): 15-21.	国内一般期刊
34	罗文扬，罗萍，武丽琼，邓旭，李土荣.扇叶树头榈的移栽技术 [J].热带农业科学，2010, 30(4): 37-38, 42.	国内一般期刊

续表

序号	作者、题目、刊名及年/卷/期/页码	论文分类
35	姚艳丽，孙光明，刘忠华，苏倚，张秀梅.DA-6 和 DCPTA 对菠萝果实品质发育的影响 [J]. 热带作物学报，2011, 32(7): 1218-1222.	CSCD
36	Shufeng Zhou, Zhiming Zhang, Qilin Tang, Hai Lan, Yinxin Li, Ping Luo. Enhanced V-ATPase activity contributes to the improved salt tolerance of transgenic tobacco plants overexpressing vacuolar Na$^+$/H$^+$ antiporter AtNHX1[J]. Biotechnology letters, 2011, 33: 375-380.	SCI
37	刘洋，苏俊波，黄丽芳，冯文星，李桂英.北京、湛江地区甜高粱引种品种比较试验 [J]. 广东农业科学，2011, 38(5): 30-34.	中文核心（北京大学）
38	窦美安，张惠云，孙伟生，罗心平，曹娟，吴青松.菠萝无刺卡因和巴厘杂交 F$_1$ 的苗期表型分析 [J]. 热带作物学报，2011, 32(8): 1431-1433.	CSCD
39	罗萍，陈永辉，贺军军，李勤奋，刘洋，易润华.菠萝渣纤维素降解菌的筛选及鉴定 [J]. 微生物学杂志，2011, 31(2): 59-63.	CSCD
40	戴小红，樊权，林希昊，徐世松，罗萍.不同基质处理对盆栽散尾葵生长的影响 [J]. 西北农业学报，2011, 20(12): 121-125.	中文核心（北京大学）
41	林希昊，陈秋波，华元刚，杨礼富，王真辉.不同树龄橡胶林土壤水分和细根生物量 [J]. 应用生态学报，2011, 22(2): 331-336.	中文核心（北京大学）
42	林希昊，苏俊波，刘洋，张海林，刘子凡.甘蔗脱毒健康种苗田间繁育关键技术 [J]. 热带农业科学，2011, 31(8): 17-19.	国内一般期刊
43	贺军军，罗萍，李勤奋，易润华，陈永辉，戴小红.甘蔗渣淀粉功能降解菌筛选及 s2g5-1 和 s3g4-8 的鉴定 [J]. 安徽农业科学，2011, 39(13): 7711-7714.	中文核心（北京大学）
44	贺军军，罗萍，陈永辉，易润华，李勤奋，戴小红.甘蔗渣纤维素降解菌的筛选及鉴定 [J]. 微生物学杂志，2011, 31(1): 39-42.	CSCD
45	邓旭，李土荣，武丽琼，罗文扬，戴小红，张广明.观光农业中生态园的规划初探 [J]. 热带农业科学，2011, 31(4): 70-77.	国内一般期刊
46	程儒雄，罗萍，李维国，李土荣，贺军军.广东广西垦区新一代胶园现状及问题分析 [J]. 热带农业科学，2011, 31(9): 94-97.	国内一般期刊
47	罗萍，贺军军，戴小红，程儒雄.广东垦区天然橡胶产业发展现状及存在问题探讨 [J]. 广东农业科学，2011, 38(21): 25-27.	中文核心（北京大学）
48	李蒙，周娟.基于博弈模型的民营企业进入民航业的经济效应分析 [J]. 企业导报，2011(7): 15.	国内一般期刊
49	曹莹锋，周其良，范武波.借鉴台湾经验实现海南休闲农业跨越式发展 [J]. 中国热带农业，2011(5): 12-14.	国内一般期刊
50	刘实忠.科研单位"去行政化"若干问题探析 [J]. 热带农业工程，2011, 35(6): 59-62.	国内一般期刊

续表

序号	作者、题目、刊名及年 / 卷 / 期 / 页码	论文分类
51	黄丽芳，闫林，范睿，姚全胜，刘洋，雷新涛.芒果实生资源遗传多样性的 SSR 分析 [J].热带作物学报，2011，32(10): 1828-1832.	CSCD
52	窦美安，罗萍，张广明.浅谈中央级科学事业单位修缮购置专项执行管理 [J].农业科研经济管理，2011(1): 15-18.	国内一般期刊
53	黄小华，邱桂妹.强化"六种意识"开创农业科研单位办公室工作新局面 [J].农业科技管理，2011，30(3): 36-37.	国内一般期刊
54	刘洋，罗萍，范武波，窦美安.热带地区旱作农业发展现状及对策分析 [J].世界热带农业信息，2011(10): 8-12.	国内一般期刊
55	刘洋，顿宝庆，张保明，路明，李桂英.甜高粱蔗糖磷酸合成酶基因 (*SPS3-1*) 的克隆与序列分析 [J].分子植物育种，2011，9(3): 357-363.	CSCD
56	刘洋，罗萍，林希昊，窦美安，苏俊波.甜高粱主要农艺性状相关性及遗传多样性初析 [J].热带作物学报，2011，32(6): 1004-1008.	CSCD
57	马德勇，张爱联，高建明，陈河龙，张世清，葛畅，易克贤.稀硫酸预处理王草的研究 [J].草业学报，2011，20(5): 288-293.	中文核心（北京大学）
58	姚艳丽，谢江辉，朱祝英，杨玉梅，胡玉林，孙德权，张秀梅.香蕉果实生长发育过程主要营养物质变化规律 [J].热带作物学报，2011，32(11): 2012-2015.	CSCD
59	黄小华，马德勇，万年青.新形势下农业科研人员绩效考核工作探讨 [J].农业科技管理，2011，30(6): 94-96.	国内一般期刊
60	林希昊，苏俊波，刘洋，刘子凡.盐胁迫对甘蔗苗期生理的影响 [J].西南农业学报，2011，24(3): 911-914.	中文核心（北京大学）
61	王春燕，林希昊，李光明，陈秋波，杨礼富，王真辉.种植年限对胶园土壤剖面有机碳分布特征的影响 [J].热带作物学报，2011，32(8): 1399-1403.	CSCD
62	Jianming Gao, Ping Luo, Chaoming Guo, Jinzhi Li, Qiaolian Liu, Helong Chen, Shiqing Zhang, Jinlong Zheng, Chenji Jiang, Zhenzhen Dai, Kexian Yi. AFLP analysis and zebra disease resistance identification of 40 sisal genotypes in China [J]. Molecular biology reports, 2012, 39(5): 6379-6385.	SCI
63	姚艳丽，谢江辉，朱祝英，杨玉梅，胡玉林，孙德权，张秀梅.不同品种香蕉外观品质和内在品质的比较研究 [J].中国农学通报，2012，28(13): 210-214.	CSCD
64	姚艳丽，贺军军，程儒雄，罗萍，李勤奋，范武波.不同填充料对甘蔗渣堆肥腐熟进程的影响 [J].中国土壤与肥料，2012(5): 81-84.	中文核心（北京大学）
65	吴育强，范武波，陈炫，魏玉云.城市湿地景观恢复与营造规划设计方法研究 [J].生态经济，2012(9): 188-191.	中文核心（北京大学）

序号	作者、题目、刊名及年 / 卷 / 期 / 页码	论文分类
66	刘洋，姚艳丽，林希昊，张海林，苏俊波.干旱胁迫对甘蔗近缘材料抗氧化系统酶活性的影响 [J].西南农业学报，2012，25(3): 852-855.	中文核心（北京大学）
67	刘洋，林希昊，姚艳丽，苏俊波.高等植物蔗糖代谢研究进展 [J].中国农学通报，2012，28(6): 145-152.	CSCD
68	彭艳，范武波，孙娟.关于橡胶籽综合利用情况的研究报告 [J].中国热带农业，2012(4): 6-7.	国内一般期刊
69	吴育强，范武波，陈炫，魏玉云.海南热带景观与游憩资源评价方法研究 [J].生态经济（学术版），2012(2): 165-169, 172.	国内一般期刊
70	罗文扬，戴小红，罗萍，尹俊梅，樊权，林希昊.幌伞枫幼苗盆栽中肥料与基质的应用初探 [J].西南农业学报，2012，25(5): 1756-1760.	中文核心（北京大学）
71	戴小红，樊权，尹俊梅，林希昊，罗萍.混配基质在盆栽散尾葵标准化生产中的应用研究 [J].中国土壤与肥料，2012(6): 77-82.	中文核心（北京大学）
72	万年青，黄小华.拟转制改企科研机构对外投资管理问题探讨 [J].内蒙古科技与经济，2012(1): 41-42.	国内一般期刊
73	吴育强，范武平，范武波，陈炫，魏玉云.上海近现代公园的海派特征分析及展望 [J].生态经济，2012(10): 192-195.	中文核心（北京大学）
74	陈炫，范武波，林希昊，刘洋.不同品种甘蔗组织培养研究 [J].中国农业信息，2013(13): 106.	国内一般期刊
75	范武波，符惠珍，陈炫.大力推进标准化生产全面提升热作生产水平 [J].热带农业科学，2013，33(10): 90-94.	国内一般期刊
76	贺军军，姚艳丽，李土荣，戴小红，程儒雄，罗萍.低温胁迫对橡胶湛试327-13幼苗叶片生理特性的影响 [J].热带农业科学，2013，33(1): 1-4.	国内一般期刊
77	陈炫，陶忠良，吴志祥，周兆德，王令霞.多效唑 + 乙烯利对妃子笑荔枝内源激素及碳氮营养的影响 [J].江西农业大学学报，2012，34(1): 27-33.	中文核心（北京大学）
78	范武波，符惠珍，陆小平.发展休闲旅游升华新农村建设——广西隆安县那桐镇定典屯调研报告 [J].农业环境与发展，2013，30(3): 46-49.	国内一般期刊
79	洪亚楠，庞观胜，李国.番石榴生物学特性及栽培技术要点 [J].中国热带农业，2013(4): 65-66.	国内一般期刊
80	戴小红，樊权，尹俊梅，贺军军，罗萍.甘蔗渣与不同材料混合堆制后作为盆栽基质对散尾葵生长的影响 [J].热带作物学报，2013，34(8): 1430-1434.	中文核心（北京大学）
81	姚艳丽，刘洋，苏俊波，林希昊.干旱胁迫对甘蔗品种及野生近缘材料光合特性及水分利用率的影响 [J].甘蔗糖业，2013(1): 14-18.	国内一般期刊
82	范武波，林建明，陈明文.关于做好福建热区农业综合开发工作的建议 [J].中国热带农业，2013(3): 32-34.	国内一般期刊

续表

序号	作者、题目、刊名及年 / 卷 / 期 / 页码	论文分类
83	刘洋，刘新龙，苏火生，刘洪博，姚艳丽，苏俊波 . 海南甘蔗野生资源种的收集与遗传多样性初析 [J]. 中国农学通报，2013，29(1): 199-208.	CSCD
84	王真辉，李光明，袁坤，陈秋波，林希昊 . 假臭草丛枝病植原体昆虫媒介的传毒特性研究 [J]. 西南农业学报，2013，26(6): 2356-2360.	中文核心（北京大学）
85	陈水雄，范武波 . 论海南国际旅游岛旅游安全保障体系的构建 [J]. 中国热带农业，2013(4): 15-18.	国内一般期刊
86	李克辛 . 论政府采购监管工作面临问题及解决策略 [J]. 中国管理信息化，2013，16(23): 91-92.	国内一般期刊
87	刘洋，姚全胜，苏俊波，洪亚楠，雷新涛 . 芒果 NBS 类抗病基因同源序列克隆与分析 [J]. 植物遗传资源学报，2013，14(3): 571-576.	中文核心（北京大学）
88	黄小华 . 农业科研单位创新文化建设途径探析 [J]. 农业科研经济管理，2013(4): 37-39.	国内一般期刊
89	李克辛，黄小华 . 农业科研院所文书档案管理工作存在的问题及建议 [J]. 安徽农学通报，2013，19(18): 132，136.	国内一般期刊
90	李克辛 . 新时期做好科研单位固定资产管理途径探讨 [J]. 管理学家，2013，(18): 13.	国内一般期刊
91	洪亚楠 . 科研院所强化职能管理的对策分析 [J]. 中国科技纵览，2013，(170): 226.	国内一般期刊
92	张立群，张继川，王锋，刘实忠 . 全球天然橡胶发展趋势及我国多元化发展之路（上）[J]. 中国橡胶，2013，29(21): 18-20.	国内一般期刊
93	张立群，张继川，王锋，刘实忠 . 全球天然橡胶发展趋势及我国多元化发展之路（下）[J]. 中国橡胶，2013，29(22): 18-20.	国内一般期刊
94	范武波，符惠珍，孙娟，刘洋 . 热带南亚热带作物生产贸易情况分析 [J]. 热带农业科学，2013，33(1): 67-72.	国内一般期刊
95	孙树泉，张继川，张立群，刘实忠，王润国，康海澜，王朝 . 生物橡胶的研究进展 [J]. 高分子通报，2013(4): 42-50.	中文核心（北京大学）
96	姚艳丽，邢淑莲，徐磊，胡小文，刘洋 . 水分胁迫对甘蔗、割手密和斑茅抗氧化酶活性的影响 [J]. 甘蔗糖业，2013(6): 1-4.	国内一般期刊
97	赵瀛华，范乃平，徐桂银，陈炫，吴育强，范武波 . 水体在观光农业园中的应用研究 [J]. 生态经济，2013(7): 133-137.	中文核心（北京大学）
98	李桂英，岳美琪，叶凯，聂元冬，顿宝庆，刘洋，赵伟华 . 甜高粱茎秆汁液锤度与可发酵糖含量的关系 [J]. 核农学报，2013，27(7): 968-974.	中文核心（北京大学）
99	陈炫，范武波，范乃平，吴育强 . 现代高效节水农业技术研究进展 [J]. 现代农业科技，2013(16): 199.	国内一般期刊
100	赵瀛华，范乃平，范武波 . 橡胶籽的全成分开发与利用 [J]. 热带农业工程，2013，37(2): 46-49.	国内一般期刊

序号	作者、题目、刊名及年 / 卷 / 期 / 页码	论文分类
101	陈水雄，陈炫，范武波.休闲农业及其旅游安全特性研究——兼谈海南休闲农业旅游安全保障体系的构建 [J].生态经济，2013(12): 158-161.	中文核心（北京大学）
102	罗萍，姚艳丽，贺军军，程儒雄，马德勇，黄海杰，华元刚.幼龄胶园间作对土壤肥力的影响 [J].中国农学通报，2013，29(1): 7-12.	CSCD
103	范武波，范武平，符惠珍.做好农业综合开发推动热作产业发展 [J].中国农垦，2013(12): 31-33.	国内一般期刊
104	范武波，符惠珍，陆小平.发展休闲旅游升华新村建设：广西壮族自治区隆安县那桐镇定典屯调研报告 [J].农业环境与发展，2013，30(3): 46-49.	国内一般期刊
105	黄小华.加强院所党的建设促进农业科技创新 [J].海南党建，2013，229(3): 46-47.	国内一般期刊
106	杜丽清，姚艳丽，孙光明，张秀梅.不同浓度 IAA 色氨酸处理对菠萝果实品质发育的影响 [J].热带作物学报，2014，35(3): 433-437.	中文核心（北京大学）
107	高玉尧，许文天，徐建欣，张立群，王锋，张继川，聂秋海，王祖键，刘实忠.不同温度处理对橡胶草种子发芽特性的影响 [J].中国农学通报，2014，30(25): 189-193.	CSCD
108	Yang Liu, Yuandong Nie, Fenxia Han, Xiangna Zhao, Baoqing Dun, Ming Lu, Guiying Li. Allelic variation of a soluble acid invertase gene (*SAI-1*) and development of a functional marker in sweet sorghum [*Sorghum bicolor* L. Moench][J]. Molecular Breeding, 2014, 33(3): 721-730.	SCI
109	Yang Liu, Baoqing Dun, Xiangna Zhao, Meiqi Yue, Ming Lu, Guiying Li. Correlation analysis between the key enzymes activities and sugar content in sweet sorghum (*Sorghum bicolor* L. Moench) stems at physiological maturity stage[J]. Australian Journal of Crop Science, 2013, 7(1): 84-92.	国外其他期刊
110	黄川.加强和改进事业单位绩效考核管理工作的思路和对策 [J].中国电子商务，2014，15: 85.	国内一般期刊
111	王嘉平.行政事业单位财务管理中的问题及对策 [J].财会月刊，2014(4): 34-36.	国内一般期刊
112	周娟.谈农业科研事业单位财务管理状况 [J].中国农业会计，2014(6): 18-20.	国内一般期刊
113	周娟.事业单位负债表之我见 [J].新智慧财经，2014(6): 71-72.	国内一般期刊
114	贺军军，罗萍，程儒雄，张华林，李土荣，李维国.不同橡胶树优良品种区域试种调查研究 [J].热带作物学报，2014，35(7): 1255-1261.	中文核心（北京大学）
115	高玉尧，许文天，徐建欣，张立群，王锋，张继川，聂秋海，刘实忠.不同种植密度对橡胶草主要农艺性状及生物量的影响 [J].广东农业科学，2014，41(20): 46-49.	中文核心（北京大学）
116	甘霖，覃碧，徐麟，范高俊，刘实忠.从优良种苗生产出发提升天然橡胶产业的发展 [J].热带农业科学，2014，34(5): 77-80.	国内一般期刊

续表

序号	作者、题目、刊名及年 / 卷 / 期 / 页码	论文分类
117	罗萍，贺军军，姚艳丽，莫亿伟.低温对不同耐寒性橡胶树叶片抗氧化能力的影响 [J].西北植物学报，2014，34(2): 311-317.	中文核心（北京大学）
118	黄小华.对中层领导工作的思考 [J].人力资源管理，2014(7): 162-163.	国内一般期刊
119	徐建欣，杨洁，刘实忠，王云月.干旱胁迫对云南陆稻幼苗生理特性的影响 [J].中国农学通报，2014，30(27): 145-152.	CSCD
120	刘洋，姚艳丽，胡小文，徐磊，邢淑莲，张树珍.割手密过氧化氢酶基因 (SsCAT-1) 的克隆与比较分析 [J].分子植物育种，2014，12(6): 1251-1258.	中文核心（北京大学）
121	范武波，陈明文，符惠珍.关于加强黑龙江农垦农业综合开发工作的思考 [J].改革与战略，2014，30(1): 72-74.	国内一般期刊
122	宋付平，黎明，覃新导.广东省发展机械化收获木薯的难度及策略 [J].南方农业，2014，8(33): 164-166.	国内一般期刊
123	陈炫，王文壮，范武波，苏智伟，文尚华，黄国成，董志国.广东主要热带作物产业发展关键问题调研报告 [J].中国热带农业，2014(3): 11-14.	国内一般期刊
124	范武波，陈明文.国家天然橡胶良种补贴政策执行情况调研报告 [J].科技创新导报，2014，11(4): 251-252.	国内一般期刊
125	甘霖，覃碧，范高俊，刘实忠.海南天然橡胶优良种苗生产面临的问题及对策 [J].热带农业工程，2014，38(3): 36-40.	国内一般期刊
126	范武波，符惠珍，陈炫.海南休闲农业发展研究（英文）[J].Agricultural Science & Technology，2014，15(11): 1977-1980.	国外其他期刊
127	邢淑莲，姚艳丽，徐磊，胡小文，刘洋.禾本科主要作物抗旱相关基因及转基因研究进展 [J].中国农学通报，2014，30(18): 251-258.	CSCD
128	黄小华，罗萍，贺军军，马德勇.基于 SWOT 分析的广东垦区天然橡胶产业发展战略 [J].现代农业科技，2014(15): 321-322.	国内一般期刊
129	高玉尧.冷、热预处理提高橡胶草种子发芽特性 [J].农家顾问，2014(12): 31.	国内一般期刊
130	程儒雄，张华林，贺军军，马德勇，罗萍，李维国.两广植胶区橡胶树寒害情况分析及抗寒对策 [J].农业研究与应用，2014(1): 74-77.	国内一般期刊
131	张华林，彭彦，谢耀坚，罗萍.两种氮肥施用法对尾巨桉轻基质容器苗生长的影响 [J].南京林业大学学报（自然科学版），2014，38(1): 53-58.	中文核心（北京大学）
132	邱桂妹，邱勇辉.密切联系群众始终保持党同人民群众的血肉联系 [J].中国职工教育，2014(18): 4-5.	国内一般期刊
133	周娟.农业科研事业单位财务管理现状及对策分析 [J].热带农业工程，2014，38(1): 32-35.	国内一般期刊

序号	作者、题目、刊名及年 / 卷 / 期 / 页码	论文分类
134	黄川 . 浅谈离退休干部分级分类管理的创新思路 [J]. 管理观察，2014(25): 36-37，39.	国内一般期刊
135	曹娟，刘江平，黄小华 . 事业单位绩效管理研究综述 [J]. 中国管理信息化，2014，17(16): 80-81.	国内一般期刊
136	高玉尧，许文天，黄皓，陈长明，曹必好，陈国菊，刘实忠，雷建军 . 双价表达载体转化辣椒的体系优化 [J]. 广东农业科学，2014，41(13): 132-135.	中文核心（北京大学）
137	徐建欣，杨洁，李树忠，王云月 . 水分胁迫对云南陆稻主要农艺性状的影响 [J]. 中国农学通报，2014，30(30): 111-116.	CSCD
138	周娟 . 谈农业科研事业单位财务管理现状 [J]. 中国农业会计，2014(6): 18-20.	国内一般期刊
139	黄小华，邱桂妹，马德勇 . 提升农业科研院所管理工作执行力的探讨 [J]. 农业科技管理，2014，33(3): 25-26，60.	国内一般期刊
140	聂元冬，刘洋，顿宝庆，王智，钟海丽，李桂英 . 甜高粱可溶性酸性转化酶基因 (SAI-1)cDNA 全长克隆及表达分析 [J]. 分子植物育种，2014，12(2): 262-269.	中文核心（北京大学）
141	戴小红，孙伟生，贺军军，罗萍 . 我国野牡丹属植物的表型多样性研究 [J]. 热带作物学报，2014，35(10): 2036-2042.	中文核心（北京大学）
142	陈水雄，孙春燕，范武波 . 西沙旅游安全特征及其防范探析 [J]. 生态经济，2014，30(1): 137-140.	中文核心（北京大学）
143	贺军军，姚艳丽，戴小红，程儒雄，罗萍，李维国 . 橡胶无性系湛试 327-13 苗期生长及抗寒生理研究 [J]. 热带作物学报，2014，35(2): 211-216.	中文核心（北京大学）
144	陈世勇，贺军军，利祥伟，农卫东，张华林，罗萍，王军 . 橡胶湛试 327-13 籽苗芽接苗冰雹灾害调查 [J]. 农业研究与应用，2014(1): 46-49.	国内一般期刊
145	Jian Qiu, Shuquan Sun, Shiqiao Luo, Jichuan Zhang, Xianzhou Xiao, Liqun Zhang, Feng Wang, Shizhong Liu. Arabidopsis AtPAP1 transcription factor induces anthocyanin production in transgenic *Taraxacum brevicorniculatum* [J]. Plant cell reports, 2014, 33(4): 669-680.	SCI
146	Xintao Lei, Quansheng Yao, Xuerong Xu, Yang Liu. Isolation and characterization of NBS-LRR resistance gene analogues from mango [J]. Biotechnology, biotechnological equipment, 2014，28(3): 417-424.	SCI
147	孙春燕，陈水雄，范武波 . 景区安全标识系统的构建与设置：海南国际旅游岛旅游安全保障体系构建研究 [J]. 中国农垦，2014(7): 38-41.	国内一般期刊
148	Wubo Fan, Huizhen Fu, Xuan Chen. Development of leisure agriculture in Hainan[J]. Agricultural Science & Technology, 2014, 15(11): 1977.	国外其他期刊

续表

序号	作者、题目、刊名及年/卷/期/页码	论文分类
149	洪亚楠.新时期强化基层工会建设的策略分析 [J].企业改革与管理，2014(14): 45-46.	国内一般期刊
150	韩广勇，邓卫武，范武波，陈炫，王文壮，文尚华.粤西地区甘蔗、香蕉产业发展现状调研分析 [J].热带农业工程，2014，38(3): 41-44.	国内一般期刊
151	宋付平，黎明.粤西旱地"木薯 // 花生 × 玉米"高效栽培技术研究 [J].南方农业，2014，8(27): 25-26.	国内一般期刊
152	徐建欣，杨洁，祥伟，苏子涵，刘实忠，王云月.云南陆稻品种抗瘟性鉴定及其与抗旱性的相关分析 [J].热带作物学报，2014，35(5): 933-939.	中文核心（北京大学）
153	戴小红，孙伟生，罗萍.展毛野牡丹种子特性及花粉活力的初步研究 [J].热带农业科学，2014，34(1): 9-12.	国内一般期刊
154	邢淑莲，姚艳丽，徐磊，刘洋.中国南方地区旱作农业发展概况与对策分析 [J].中国农学通报，2014，30(17): 175-179.	CSCD
155	王祥军，张源源，张华林，李维国，黄华孙.巴西橡胶树抗风研究进展 [J].热带农业科学，2015，35(3): 88-93.	国内一般期刊
156	Yang Liu, Yanli Yao, Xiaowen Hu, Shulian Xing, Lei Xu. Cloning and allelic variation of two novel catalase genes (*SoCAT-1* and *SsCAT-1*) in *Saccharum officinarum* L. and *Saccharum spontaneum* L.[J]. Biotechnology & Biotechnological Equipment, 2015, 29 (3): 431-440.	SCI
157	刘洋，姚艳丽，胡小文，徐磊，邢淑莲，张树珍.斑茅过氧化氢酶基因 (*EaCAT-1a*) 克隆与序列分析 [J].西南农业学报，2015，28(4): 1535-1541.	中文核心（北京大学）
158	姚艳丽，邢淑莲，胡小文，徐磊，刘洋.斑茅铜锌超氧化物歧化酶基因 (*SaSOD-1*) 的克隆与序列分析 [J].分子植物育种，2015，13(10): 2362-2368.	中文核心（北京大学）
159	张华林，罗萍，贺军军，谢耀坚.不同氮素施肥方法对尾巨桉苗期生长和光合生理特性的影响 [J].桉树科技，2015，32(3): 45-50.	国内一般期刊
160	陈影霞，李银娣，蔡小玲.丹红注射液联合克林澳配合针刺治疗急性脑梗死疗效观察 [J].中国现代药物应用，2015，9(9): 120-121.	国内一般期刊
161	胡小文，姚艳丽，邢淑莲，徐磊，刘洋.甘蔗、斑茅及割手密Ⅲ型过氧化物酶基因克隆及比较分析 [J].分子植物育种，2015，13(10): 2340-2347.	中文核心（北京大学）
162	徐磊，姚艳丽，胡小文，邢淑莲，刘洋.甘蔗谷胱甘肽硫转移酶基因 *SoGST-1a* 的克隆与表达分析 [J].中国农学通报，2015，31(26): 71-77.	国内一般期刊
163	胡小文，姚艳丽，邢淑莲，徐磊，刘洋.甘蔗和斑茅Ⅲ型过氧化物酶基因 (*SoPOD-1* 和 *SaPOD-1*)cDNA 克隆与分析 [J].中国农学通报，2015，31(36): 139-144.	国内一般期刊

序号	作者、题目、刊名及年 / 卷 / 期 / 页码	论文分类
164	安东升，魏长斌，曹娟，窦美安.甘蔗苗期不同叶位叶绿素荧光特性研究 [J].热带作物学报，2015，36(11): 2019-2027.	中文核心（北京大学）
165	徐磊，邢淑莲，姚艳丽，胡小文，刘洋.高粱 SSR 和 EST-SSR 标记在割手密中的通用性分析 [J].中国农学通报，2015，31(27): 164-171.	国内一般期刊
166	徐磊，胡小文，姚艳丽，邢淑莲，刘洋.割手密谷胱甘肽硫转移酶基因 *SsGST* 的克隆与生物信息学分析 [J].广东农业科学，2015，42(18): 14-19.	国内一般期刊
167	胡小文，姚艳丽，邢淑莲，徐磊，刘洋.割手密过氧化物酶基因 (*SsPOD-1*)cDNA 克隆与功能分析 [J].热带作物学报，2015，36(7): 1290-1296.	中文核心（北京大学）
168	姚艳丽，胡小文，邢淑莲，徐磊，张树珍，刘洋.割手密铜锌超氧化物歧化酶基因 (*SsSOD-1a*) 的克隆与分析 [J].西南农业学报，2015，28(2): 503-508.	中文核心（北京大学）
169	安东升，窦美安.华南季节性干旱区节水农业技术研究进展与趋势 [J].广东农业科学，2015，42(16): 130-135.	国内一般期刊
170	安东升，曹娟，黄小华，周娟，窦美安.基于 Lake 模型的叶绿素荧光参数在甘蔗苗期抗旱性研究中的应用 [J].植物生态学报，2015，39(4): 398-406.	中文核心（北京大学）
171	徐建欣，杨洁，吴景，刘实忠.聚乙二醇模拟干旱对新疆橡胶草种子萌发与幼苗生长的影响 [J].干旱地区农业研究，2015，33(5): 96-100.	中文核心（北京大学）
172	邢淑莲，姚艳丽，徐磊，胡小文，刘洋.陆稻过氧化氢酶基因 (*OsCATB-lh*) 的克隆及生物信息学分析 [J].广东农业科学，2015，42(19): 106-110.	国内一般期刊
173	徐建欣，杨洁，胡祥伟，苏子涵，王云月.陆稻苗期抗旱性鉴定指标筛选与评价 [J].中国农学通报，2015，31(3): 29-34.	国内一般期刊
174	罗文扬，罗萍.猫须草的观赏药用价值及盆栽技术 [J].现代农业科技，2015(2): 179，187.	国内一般期刊
175	罗文扬，罗萍.猫须草的盆栽技术 [J].农村百事通，2015(7): 38-39.	国内一般期刊
176	侯宪文，陈炫，李勤奋，李光义.木薯渣堆肥过程中氮素转化及堆肥周期研究 [J].中国农学通报，2015，31(26): 145-149.	国内一般期刊
177	邱桂妹，何光明.浅谈新形势下严守党的纪律 [J].东方企业文化，2015(23): 313-314.	国内一般期刊
178	黎明，宋付平.琼中县什运乡村发展策略初探 [J].热带农业工程，2015，39(Z1): 36-37.	国内一般期刊
179	贺军军，文尚华，罗萍，张华林，王祥军.台风"威马逊"对雷州半岛植胶区橡胶树的影响 [J].广东农业科学，2015，42(24): 80-85.	国内一般期刊

续表

序号	作者、题目、刊名及年 / 卷 / 期 / 页码	论文分类
180	仇键, 张继川, 罗世巧, 校现周, 王锋, 张立群, 刘实忠. 橡胶草的研究进展 [J]. 植物学报, 2015, 50(1): 133-141.	中文核心（北京大学）
181	王惠君, 王文泉, 和丽岗, 贺军军. 橡胶树 SSR-SRAP-AFLP 标记遗传图谱构建 [J]. 江苏农业科学, 2015, 43(7): 41-46.	中文核心（北京大学）
182	陈影霞, 廖东山, 蔡小玲. 小针刀配合苦碟子注射液治疗椎动脉型颈椎病疗效观察 [J]. 现代诊断与治疗, 2015, 26(9): 2053-2054.	国内一般期刊
183	贺军军, 姚艳丽, 罗萍, 马德勇, 程儒雄, 张华林. 幼龄胶园行间间种甘蔗的生态与经济效益分析 [J]. 中国土壤与肥料, 2015(1): 96-100.	中文核心（北京大学）
184	徐建欣, 杨洁, 胡祥伟, 苏子涵, 王云月. 云南陆稻芽期抗旱性鉴定指标筛选及其综合评价 [J]. 西南农业学报, 2015, 28(4): 1455-1464.	中文核心（北京大学）
185	杨洁, 徐建欣, 范武波. 中国野生蜜蜂形态描述与地理分布概况 [J]. 环境昆虫学报, 2015, 37(3): 610-616.	中文核心（北京大学）
186	孙正美, 高玉尧, 徐建欣, 刘实忠. GA_3 对橡胶草生理特性及开花的影响 [J]. 河南农业科学, 2016, 45(3): 120-124.	中文核心（北京大学）
187	Shun Song, Xin Chen, Dongmei Huang, Yi Xu, Huicai Zeng, Xiaowen Hu, Biyu Xu, Zhiqiang Jin, Wenquan Wang. Identification of miRNAs differentially expressed in Fusarium wilt-resistant and susceptible banana varieties[J]. South African Journal of Botany, 2016, 106: 244-249.	SCI
188	Yang Liu, Xiaowen Hu, Yanli Yao, Lei Xu, Shulian Xing. Isolation and expression analysis of catalase genes in *Erianthus arundinaceus* and *Sugarcane*[J]. Sugar Tech, 2016, 18(5): 468-477.	SCI
189	贺军军, 姚艳丽, 林清火, 罗萍, 林钊沐. 不同施磷水平对橡胶幼苗光合与生理代谢的影响 [J]. 热带农业科学, 2016, 36(4): 1-4.	国内一般期刊
190	姚艳丽, 朱祝英, 杨玉梅, 孙光明, 张秀梅. 不同时期催花对巴厘菠萝果实品质形成的影响 [J]. 中国南方果树, 2016, 45(2): 101-105.	中文核心（北京大学）
191	韩建成, 陈水秀, 江杨, 贾汝敏. 不同微生物发酵剂对青贮甜玉米秸秆营养成分的影响 [J]. 热带农业工程, 2016, 40(3): 8-12.	国内一般期刊
192	杨洁, 王文壮, 范武波, 黄国成, 董志国, 李海亮. 福建热作产业发展关键问题调研报告 [J]. 热带农业科学, 2016, 36(1): 68-71.	国内一般期刊
193	刘洋, 姚艳丽, 徐磊, 胡小文, 高玉尧, 邢淑莲. 甘蔗渣生产燃料乙醇技术研究现状与展望 [J]. 甘蔗糖业, 2016(6): 45-52.	国内一般期刊
194	姚艳丽, 胡小文, 徐磊, 邢淑莲, 刘洋. 割手密 2 个 *DREB2* 基因的克隆与比较分析 [J]. 分子植物育种, 2016, 14(11): 2924-2929.	中文核心（北京大学）
195	范武波, 陈炫. 加强党的作风建设促进社会风气转变 [C]// 北京中外软信息技术研究院. 第五届世纪之星创新教育论坛论文集. 2016: 629.	国内会议论文（论文集正式出版）

续表

序号	作者、题目、刊名及年/卷/期/页码	论文分类
196	杨洁，徐建欣，范武波，安东升，张晓明.蜜蜂－草莓复合农田生态系统生态效益与经济效益研究 [J].西南农业学报，2016，29(12): 2975-2981.	中文核心（北京大学）
197	宋付平，黎明，刘实忠.木薯废弃物代替草炭减量在红掌盆栽基质上的研究应用 [J].热带农业科学，2016，36(5): 33-36.	国内一般期刊
198	宋付平，黎明，刘实忠.木薯废弃物研发辣木轻基质种苗的特性及效果研究 [J].现代农业科技，2016(2): 103，110.	国内一般期刊
199	戴小红，孙伟生，樊权，罗萍，贺军军.农林废弃物混配基质的理化性质及其对油茶幼苗生长效应的综合评价 [J].植物资源与环境学报，2016，25(1): 54-61.	中文核心（北京大学）
200	徐建欣，杨洁，高玉尧，吴景，孙正美，刘实忠.水分胁迫对 3 个不同地区橡胶草生理特性的影响 [J].干旱地区农业研究，2016，34(3): 153-159.	中文核心（北京大学）
201	高玉尧，许文天，刘实忠.橡胶草种质苗期农艺性状相关性及遗传多样性初析 [J].热带农业科学，2016，36(12): 21-26.	国内一般期刊
202	李土荣，贺军军，吴青松，王一承，程儒雄，罗萍.橡胶树新品系湛试327-13 抗寒性和产胶能力调查 [J].热带农业科学，2016，36(6): 6-9.	国内一般期刊
203	邱桂妹.以知促行做合格共产党员 [J].办公室业务，2016(17): 6，8.	国内一般期刊
204	贺军军，姚艳丽，罗萍，马德勇，戴小红，程儒雄.幼龄胶园间种菠萝对土壤肥力和种植效益的影响 [J].西南农业学报，2016，29(2): 337-341.	中文核心（北京大学）
205	杨洁，徐建欣，范武波，和绍禹，黎仁军.云南野生小蜜蜂群体 SSR 遗传多样性分析 [J].应用昆虫学报，2016，53(1): 112-120.	中文核心（北京大学）
206	杨洁，徐建欣，范武波，宋付平，李端奇.中国木薯病虫害防治现状及绿色防控建议 [J].热带农业工程，2016，40(Z1): 69-71.	国内一般期刊
207	位明明，李维国，黄华孙，罗萍，和丽岗.中国天然橡胶主产区橡胶树品种区域配置建议 [J].热带作物学报，2016，37(8): 1634-1643.	中文核心（北京大学）
208	Deguan Tan, Xiaowen Hu, Lili Fu, Kumpeangkeaw Anuwat, Zehong Ding, Xuepiao Sun, Jiaming Zhang. Comparative morphology and transcriptome analysis reveals distinct functions of the primary and secondary laticifer cells in the rubber tree.[J]. Scientific reports, 2017, 7(1): 3126.	SCI
209	Yanli Yao, Junjun He, Shulian Xing, Xiaowen Hu, Lei Xu, Yang Liu. Clone and sequence analysis of Cu/Zn-SOD gene from *Saccharum arundinaceum* Retz. [C]. IOP Conference Series: Earth and Environmental Science, 2017, 81(1): 012001.	国外其他期刊
210	Yanli Yao, Yang Liu, Xiaowen Hu, Shulian Xing, Lei Xu. Isolation and expression analysis of Cu/Zn superoxide dismutase genes in sugarcane and the wild species *Saccharum arundinaceus*[C]. Biotechnology & Biotechnological Equipment, 2018, 32(1): 41-48.	SCI

序号	作者、题目、刊名及年 / 卷 / 期 / 页码	论文分类
211	Jie Yang, Jianxin Xu, Shaoyu He, Jie Wu. The complete mitochondrial genome of wild honeybee *Apis florea* (Hymenoptera: Apidae) in south-western China[J]. Mitochondrial DNA Part B, 2017, 2(2): 845-846.	SCI
212	韩建成，周汉林，江杨，江汉青，陈永辉，朱耀聪，贾汝敏. 甜玉米秸秆青贮饲料对雷州黑山羊生产性能及血液生化指标的影响 [J]. 养殖与饲料，2017，10: 16-20.	国内一般期刊
213	王祥军，黄肖，方家林，李维国，张晓飞，胡彦师，高新生，贺军军，张华林. 不同品系橡胶树锯干处理后生长恢复能力的评价及分析 [J]. 热带作物学报，2017，38(6): 983-989.	中文核心（北京大学）
214	高玉尧，许文天，刘实忠. 氮磷钾不同施肥水平对橡胶草生长发育的影响 [J]. 热带作物学报，2017，38(2): 199-205.	中文核心（北京大学）
215	符惠珍，范武波，陈炫. 发展海南休闲农业助力国际旅游岛建设 [J]. 中国热带农业，2017(2): 32-34，13.	国内一般期刊
216	陈炫，林希昊. 甘蔗根际土壤解磷细菌的筛选及培养条件优化 [J]. 热带农业科学，2017，37(12): 61-69.	国内一般期刊
217	刘洋，林希昊. 甘蔗脱毒健康种苗培育与田间繁育技术 [J]. 现代农业科技，2017(1): 68，73.	国内一般期刊
218	曾亚琴，黄智敏，游凌翔，黄小华. 科研院所科研人员网络舆情管理研究对策分析 [J]. 新媒体研究，2017，3(15): 161-163.	国内一般期刊
219	徐建欣，杨洁，李美萱，敖莉丝，徐志军. 利用 InDel 分子标记分析海南山栏稻品种籼粳特性 [J]. 中国农学通报，2017，33(36): 7-13.	国内一般期刊
220	杨洁，范武波，李端奇，赵红霞，徐建欣，安东升. 蜜蜂授粉与人工授粉对温室草莓生长动态及品质的影响 [J]. 西南农业学报，2017，30(11): 2557-2561.	中文核心（北京大学）
221	江杨，贾汝敏，江汉青，陈永辉，苏建聘，韩建成. 南方地区高温高湿条件下甜玉米秸秆青贮饲料制作技术研究 [J]. 当代畜牧，2017(24): 31-33.	国内一般期刊
222	黄智敏，江汉青，马德勇. 人事考勤管理与对策研究 [J]. 经营管理者，2017.	国内一般期刊
223	杨洁，徐建欣，范武波，宋付平，李端奇. 水分胁迫对木薯苗期抗氧化酶系统的影响 [J]. 中国热带农业，2017(2): 55-58，65.	国内一般期刊
224	徐磊，胡小文，姚艳丽，邢淑莲，刘洋. 甜高粱 WRKY 转录因子基因的克隆与表达分析 [J]. 西南农业学报，2017，30(11): 2429-2435.	国内核心期刊
225	韩建成，周汉林，江杨，江汉青，陈永辉，朱耀聪，贾汝敏. 甜玉米秸秆对雷州黑山羊生长性能及血液生化指标的影响 [J]. 养殖与饲料，2017(10): 16-19.	国内一般期刊

序号	作者、题目、刊名及年 / 卷 / 期 / 页码	论文分类
226	刘洋，苏俊波，刘新龙，刘洪博，姚艳丽，徐磊 . 我国金沙江干热河谷地区甘蔗野生种质资源采集与鉴定 [J]. 热带农业科学，2017，37(8): 60-67.	国内一般期刊
227	韩建成，江杨，江汉青，陈永辉，蔺红玲，贾汝敏 . 我国南方地区甜玉米秸秆资源有效利用研究进展 [J]. 当代畜牧，2017(21): 72-75.	国内一般期刊
228	贺军军，姚艳丽，张华林，戴小红，马德勇，罗萍 . 橡胶树无性系湛试873 幼树生长及抗性生理研究 [J]. 热带作物学报，2017，38(12): 2248-2254.	中文核心（北京大学）
229	罗萍，戴小红，贺军军，李刚，张华林 . 橡胶无性系红星 1 对气刺微割技术适应性的研究 [J]. 热带农业科学，2017，37(8): 1-5.	国内一般期刊
230	贺军军，姚艳丽，程儒雄，黄海杰，华元刚，罗萍 . 幼龄橡胶树行间覆盖绿肥效益分析 [J]. 中国土壤与肥料，2017(6): 155-162.	中文核心（北京大学）
231	刘洋，洪亚楠，姚艳丽，徐磊，邢淑莲，胡小文，高玉尧 . 中国甘蔗渣综合利用现状分析 [J]. 热带农业科学，2017，37(2): 91-95.	国内一般期刊
232	Xingbin Ma, Hongling Lin, Jiyu Zhang, Yongxin She, Xuzheng Zhou, Xiaozhong Li, Yan Cui, Jing Wang, Tsdan Rabah, Yong Shao. Extraction and identification of matrine - type alkaloids from *Sophora moorcroftiana* using double - templated molecularly imprinted polymers with HPLC–MS/MS[J]. Journal of separation science, 2018, 41(7): 1691-1703.	SCI
233	Xingbin Ma, Hongling Lin, Jiyu Zhang, Xuzheng Zhou, Jianchen Han, Yongxin She, Cheng Qiu, Qiang He, Jing Wang, Tsdan Rabah. Preparation and characterization of dummy molecularly imprinted polymers for separation and determination of farrerol from *Rhododendron aganniphum* using HPLC[J]. Green Chemistry Letters and Reviews, 2018, 11(4): 513-522.	SCI
234	徐建欣，徐志军，杨洁，李端奇，江汉青 ."稻－鳖－鱼－鸭"复合共生模式种养技术与前景探讨 [J]. 中国稻米，2018，24(2): 24-27.	国内一般期刊
235	徐建欣，徐志军，杨洁，李端奇，江汉青 ."稻－鳖－鱼－鸭"复合共生生态种养模式下产出农产品质量安全的初步探究 [J]. 中国稻米，2018，24(5): 16-21.	国内一般期刊
236	高玉尧，刘洋，许文天，刘实忠 . 不同施肥处理对橡胶草生物量积累与分配变化及相关性分析 [J]. 分子植物育种，2018，16(9): 2979-2986.	中文核心（北京大学）
237	姚艳丽，毛丽君，姚希猛，贺军军，罗萍 . 不同贮藏温度对不同砧木红江橙果实采后品质的影响 [J]. 广东农业科学，2018，45(2): 123-129.	国内一般期刊
238	江杨 . 番木瓜的种植和开发利用 [J]. 南方农业，2018，12(23): 37-38.	国内一般期刊
239	刘洋，姚艳丽，胡小文，徐磊，高玉尧，安东升 . 割手密 *SsREMO-1* 基因的克隆与等位变异分析 [J]. 分子植物育种，2018，16(7): 2166-2174.	中文核心（北京大学）

续表

序号	作者、题目、刊名及年 / 卷 / 期 / 页码	论文分类
240	姚艳丽，胡小文，徐磊，邢淑莲，高玉尧，安东升，刘洋.割手密鸟氨酸转氨酶 (Ss δ -OAT-2) 基因的克隆与表达分析 [J].分子植物育种，2018，16(6): 1812-1817.	中文核心（北京大学）
241	张利强，邢淑莲，林丽云，林玲，叶剑芝，杨春亮.固相萃取 / 高效液相色谱法对火龙果中手性苯醚甲环唑的分离测定 [J].分析测试学报，2018，37(8): 945-949.	中文核心（北京大学）
242	杨洁，徐建欣.海南山栏稻抗旱研究进展 [J].热带农业科学，2018，38(12): 64-68.	国内一般期刊
243	贺军军，姚艳丽，张华林，戴小红，罗萍.胶园覆盖对土壤肥力及橡胶树根系活力的影响 [J].西南农业学报，2018，31(7): 1444-1450.	中文核心（北京大学）
244	张利强，邢淑莲，林丽云，林玲，杨春亮.手性杀菌剂苯醚甲环唑在火龙果中的残留消解行为研究 [J].热带农业科学，2018，38(8): 72-77.	国内一般期刊
245	徐志军，徐建欣，杨洁.水稻免耕直播秸秆覆盖条件下稻田杂草的发生规律和防治策略 [J].作物研究，2018，32(2): 121-126.	国内一般期刊
246	Xingbin Ma, Hongling Lin, Yahui He, Yongxin She, Miao Wang, AM Abd El-Aty, Nehal A Afifi, Jianchen Han, Xuzheng Zhou, Jing Wang, Jiyu Zhang. Magnetic molecularly imprinted polymers doped with graphene oxide for the selective recognition and extraction of four flavonoids from Rhododendron species[J]. Journal of Chromatography A, 2019, 1598: 39-48.	SCI
247	Jie Yang, Jianxin Xu, Jie Wu, Xuan Zhang, Shaoyu He. The complete mitogenome of wild honeybee *Apis dorsata* (Hymenoptera: Apidae) from South-Western China[J]. Mitochondrial DNA Part B, 2019, 4(1): 231-232.	SCI
248	Kumpeangkeaw Anuwat, Tan Deguan, Fu Lili, Han Bingying, Sun Xuepiao, Hu Xiaowen, Ding Zehong, Zhang Jiaming. Asymmetric birth and death of type I and type II MADS-box gene subfamilies in the rubber tree facilitating laticifer development[J]. PloS one, 2019, 14(4): e0214335.	SCI
249	刘洋，胡小文，姚艳丽.NaOH 预处理对甘蔗渣成分和酶解效率的影响 [J].甘蔗糖业，2019(6): 28-38.	国内一般期刊
250	Jianxin Xu, Jie Yang. The complete mitochondrial genome of upland rice (*Oryza sativa*) in southwest of China[J]. Mitochondrial DNA Part B, 2019, 4(1): 485-486.	SCI
251	宋峥，喻艳，汪瑞清，姚艳丽，杨国正.低温和 5- 氮胞苷对油菜花芽分化和 DNA 甲基化的影响 [J].农业与技术，2019，39(5): 30-32，34.	国内一般期刊
252	徐志军，刘洋，徐磊，安东升.高粱糖转运蛋白基因家族全基因组鉴定、分类及表达分析 [J].华北农学报，2019，34(5): 65-73.	中文核心（北京大学）

序号	作者、题目、刊名及年/卷/期/页码	论文分类
253	王真辉，李维国，罗萍，高新生，贺军军，王祥军，莫纯正，莫南钊. 红五月农场热研 73397 部分开割胶园橡胶树死皮调研与分析 [J]. 中国热带农业，2019(6): 32-37.	国内一般期刊
254	蔺红玲，韩建成，江汉青，江杨，陈永辉. 雷州黑山羊支原体感染原理及有效防控策略 [J]. 中国畜禽种业，2019，15(3): 126.	国内一般期刊
255	曾玖玲. 农业科研单位政府财务报告编制实务 [J]. 中国农业会计，2019(11): 12-13.	国内一般期刊
256	戴小红，黄鹏鸣. 蚯蚓粪配比的泥炭基质特性及其栽培的小型西瓜幼苗生长状况 [J]. 热带作物学报，2019，40(9): 1685-1692.	中文核心（北京大学）
257	韩建成，蔺红玲，江汉青，贾汝敏，汪春，周汉林，贺军军，江杨，李海亮，陈永辉，李秀芬. 砂仁茎叶对雷州黑山羊生长性能及血液生化指标的影响 [J]. 草业科学，2019，36(6): 1634-1640.	CSCD
258	张华林，贺军军，李文秀，罗萍. 我国胶园林下经济发展现状及对策建议 [J]. 南方农业，2019，13(21): 61-62.	国内一般期刊
259	江杨，林丽珍. 我国科技成果转化管理体系探讨 [J]. 农业科研经济管理，2019(1): 21-24.	国内一般期刊
260	李文秀，贺军军，张华林，罗萍. 橡胶树叶蓬物候研究进展 [J]. 广东农业科学，2019，46(11): 37-44.	国内一般期刊
261	徐志军，刘洋，徐磊，安东升. 玉米转录因子 NF-YB 基因家族的生物信息学分析 [J]. 分子植物育种，2019，17(12): 3807-3816.	中文核心（北京大学）
262	蔺红玲，韩建成，江汉青，张华林，贾汝敏，汪春，周汉林，江杨，李海亮，陈永辉，张秋炎. 沼液对越冬期王草生产性能和品质的影响 [J]. 草业科学，2019，36(7): 1861-1868.	CSCD
263	高玉尧，许文天，胡小文，徐磊，刘洋. 2 种甜玉米自交系幼胚再生体系的建立 [J]. 分子植物育种，2020，18(02): 501-506.	中文核心（北京大学）
264	Fakiha Ashraf, Muhammad Aleem Ashraf, Xiaowen Hu, Shuzhen Zhang. A novel computational approach to the silencing of *Sugarcane bacilli* form guadeloupe a virus determines potential host-derived MicroRNAs in sugarcane (*Saccharum officinarum* L.).[J]. PeerJ, 2020, 8: e8359.	SCI
265	Xiaowen Hu, Deguan Tan, Lili Fu, Xuepiao Sun, Jiaming Zhang. Characterization of the mitochondrion genome of a *Chlorella vulgaris* strain isolated from rubber processing wastewater[J]. Mitochondrial DNA Part B, 2020, 5(3): 2732-2733.	SCI
266	Yanli Yao, Lei Xu, Xiaowen Hu, Yang Liu. Cloning and expression analysis of δ-OAT gene from *Saccharum spontaneum* L. [C]. IOP Conference Series Materials Science and Engineering, 2020，780(3): 032039.	EI

序号	作者、题目、刊名及年/卷/期/页码	论文分类
267	Xinhua Lu, Dequan Sun, Xiumei Zhang, Huigang Hu, Lingxue Kong, James E Rookes, Jianghui Xie, David M Cahill. Stimulation of photosynthesis and enhancement of growth and yield in *Arabidopsis thaliana* treated with amine-functionalized mesoporous silica nanoparticles[J]. Plant Physiology and Biochemistry, 2020, 156: 566-577.	SCI
268	Xingbin Ma, Xukun Zhang, Hongling Lin, A M Abd El-Aty, Tsdan Rabah, Xiaoxi Liu, Zhichao Yu, Yanhong Yong, Xianghong Ju, Yongxin She. Magnetic molecularly imprinted specific solid-phase extraction for determination of dihydroquercetin from *Larix griffithiana* using HPLC[J]. Journal of Separation Science, 2020, 43(12): 2301-2310.	国内一般期刊
269	胡小文, 徐志军, 徐磊, 刘洋. PhyPF: 一个对植物参考基因组的蛋白质家族进行识别、演化分析和理化性质预测的工具 [C]// 中国作物学会. 第十九届中国作物学会学术年会论文摘要集. 2020: 132.	国内会议论文（论文集正式出版）
270	张华林, 贺军军, 罗萍, 马德勇, 王祥军. 不同橡胶树品种抗风性与木材特性比较研究 [J]. 桉树科技, 2020, 37(3): 55-58.	国内一般期刊
271	徐志军, 赵胜, 徐磊, 胡小文, 安东升, 刘洋. 基于 RNA-seq 数据的栽培种花生 SSR 位点鉴定和标记开发 [J]. 中国农业科学, 2020, 53(4): 695-706.	中文核心（北京大学）
272	徐志军, 赵胜, 胡小文, 孔冉, 苏俊波, 刘洋. 基于甘蔗 AP85-441 和 R570 基因组参考序列的微卫星位点鉴定和 SSR 标记开发 [J]. 热带作物学报, 2020, 41(4): 722-729.	中文核心（北京大学）
273	蔺红玲, 周汉林, 江汉青, 罗萍, 贺军军, 江杨, 张华林, 陈永辉, 韩建成. 青贮饲料品质关键参数研究进展 [J]. 畜牧兽医科学（电子版）, 2020(4): 1-3.	国内一般期刊
274	高玉尧, 许文天, 胡小文, 徐磊, 刘洋. 热带甜玉米 (*Zea mays* L. *saccharata* Stult) 种质资源遗传多样性分析及抗旱性鉴定 [J]. 分子植物育种, 2020, 18(12): 4136-4143.	中文核心（北京大学）
275	高玉尧, 许文天, 胡小文, 徐磊, 刘洋. 甜玉米 2 个 β - 胡萝卜素羟化酶等位基因 (*ZsBCH2-a* 和 *ZsBCH2-b*) 的 cDNA 克隆与分析 [J]. 分子植物育种, 2020, 18(24): 7975-7981.	中文核心（北京大学）
276	刘洋, 胡小文, 姚艳丽. 稀硫酸预处理对甘蔗渣成分和酶解效率的影响 [J]. 热带农业科学, 2020, 40(2): 82-89.	国内一般期刊
277	贺军军, 姚艳丽, 李文秀, 张华林, 罗萍, 唐明尧, 刘杰, 许英权, 吴莹莹. 阳春砂 (*Amomum villosum* Lour.) 农家栽培种'热科 1'特征性状初报 [J]. 热带农业科学, 2020, 40(4): 1-6.	国内一般期刊

续表

序号	作者、题目、刊名及年/卷/期/页码	论文分类
278	贺军军，姚艳丽，李文秀，张华林，罗萍.阳春砂 (*Amomum villosum* Lour.) 农家种热科 2 性状初报 [J].广东农业科学，2020，47(3): 28-35.	国内一般期刊
279	贺军军，张华林，张培松，林清火，罗微，李文秀，罗萍.幼龄胶园覆盖葛藤对土壤肥力的影响调查 [J].热带农业科学，2020，40(10): 12-16.	国内一般期刊
280	徐志军，吴小丽，胡小文，刘洋.33 份引进花生资源表型遗传多样性分析及在粤西地区的适应性初步评价 [J].热带作物学报，2021，42(7): 1885-1895.	中文核心（北京大学）
281	Sheng Zhao, Xueying Li, Junfeng Song, Huimin Li, Xiaodi Zhao, Peng Zhang, Zhimin Li, Zhiqiang Tian, Meng Lv, Ce Deng, Tangshun Ai, Gengshen Chen, Hui Zhang, Jianlin Hu, Zhijun Xu, Jiafa Chen, Junqiang Ding, Weibin Song, Yuxiao Chang. Genetic dissection of maize plant architecture using a novel nested association mapping population[J]. The plant genome, 2021, 15(1): e20179.	SCI
282	Muhammad Aleem Ashraf, Fakiha Ashraf, Xiaoyan Feng, Xiaowen Hu, Linbo Shen, Jallat Khan, Shuzhen Zhang. Potential targets for evaluation of sugarcane yellow leaf virus resistance in sugarcane cultivars: in silico, sugarcane miRNA and target network prediction[J]. Biotechnology & Biotechnological Equipment, 2021, 35(1): 1980-1991.	SCI
283	李文秀，贺军军，张华林，罗萍.SSR 分子标记鉴定橡胶树 F_1 真伪杂种 [J].热带作物学报，2021，42(5): 1305-1309.	中文核心（北京大学）
284	严程明，安东升，刘洋，窦美安.菠萝灌溉施肥技术研究进展 [J].热带作物学报，2021，42(6): 1777-1787.	中文核心（北京大学）
285	徐志军，孔冉，苏俊波，周峰，张垂明，吴小丽，刘洋.甘蔗 F_1 群体构建及主要农艺性状遗传变异分析 [J].热带作物学报，2021，42(2): 333-338.	中文核心（北京大学）
286	徐磊，刘洋.高粱组Ⅲ WRKY 转录因子对干旱胁迫的表达分析 [J].广东农业科学，2021，48(2): 11-16.	国内一般期刊
287	严程明，安东升，刘亚男，马海洋，窦美安.季节性干旱区覆膜滴灌对菠萝园降水入渗的影响 [J].灌溉排水学报，2021，40(10): 25-32.	中文核心（北京大学）
288	安东升，严程明，陈炫，徐磊，刘洋，苏俊波，孔冉，窦美安.季节性干旱下农艺节水措施对甘蔗生长和产量的影响 [J].热带作物学报，2021，42(4): 991-999.	中文核心（北京大学）
289	蔺红玲，周汉林，董荣书，吴群，陈永辉，马兴斌，韩建成.砂仁茎叶和热研 4 号王草混合青贮对其营养成分及发酵品质的影响 [J].热带作物学报，2021，42(12): 3633-3638.	中文核心（北京大学）

序号	作者、题目、刊名及年/卷/期/页码	论文分类
290	吴群，韩建成，蔺红玲.舍饲黑山羊传染性胸膜肺炎综合防治[J].当代畜牧，2021(11): 19-21.	国内一般期刊
291	姚艳丽，付琼，周迪，朱祝英，杨玉梅，张秀梅.水心病菠萝果实生理指标和内源激素含量变化[J].热带作物学报，2021，42(9): 2587-2593.	中文核心（北京大学）
292	胡义钰，张华林，冯成天，罗萍，袁坤，孙亮，刘辉，王真辉.死皮康复组合制剂在橡胶树品种93-114上的应用[J].热带作物学报，2021，42(5): 1409-1413.	中文核心（北京大学）
293	高玉尧，刘洋，姚艳丽，张秀梅.甜玉米液泡转化酶2基因克隆及其等位变异分析[J].分子植物育种，2023: 1-16.	中文核心（北京大学）
294	贺军军，张华林，罗微，张培松，李文秀，罗萍.幼林胶园覆盖葛藤改善土壤细菌群落结构[J].中国土壤与肥料，2021(4): 69-76.	中文核心（北京大学）
295	徐磊，刘洋.粤西地区不同甜高粱和高丹草品种比较试验[J].广东农业科学，2021，48(2): 121-128.	国内一般期刊
296	杨洁，刁兴旺，徐志豪，詹儒林.湛江芒果园桔小实蝇成虫种群动态与环境因子的相关性[J].天津农业科学，2021，27(9): 62-64.	国内一般期刊
297	Na Deng, Huiqin Huang, Yonghua Hu, Xu Wang, Kunlian Mo. *Paenibacillus arenilitoris* sp. nov., isolated from seashore sand and genome mining revealed the biosynthesis potential as antibiotic producer[J]. Antonie van Leeuwenhoek, 2022, 115(11): 1307-1317.	SCI
298	徐志军，李亚波，欧阳红军，徐磊，安东升，刘洋.80份陆稻晚稻农家种资源的遗传多样性综合分析[J].热带作物学报，2022，43(5): 930-939.	中文核心（北京大学）
299	Mao Li, Renlong Lv, Hanlin Zhou, Xuejuan Zi. Dynamics and correlations of chlorophyll and phytol content with silage bacterial of different growth heights *Pennisetum sinese*[J]. Frontiers in Plant Science, 2022, 13: 996970.	SCI
300	Huifan Liu, Shanshan Zhuang, Churong Liang, Junjun He, Charles Stephen Brennan, Margert Anne Brennan, Lukai Ma, Gengsheng Xiao, Hao Chen, Shuo Wan. Effects of a polysaccharide extract from *Amomum villosum* Lour. on gastric mucosal injury and its potential underlying mechanism[J]. Carbohydrate Polymers, 2022, 294: 119822.	SCI
301	Jiarui Xu, Peihua Zheng, Xiuxia Zhang, Juntao Li, Huiqin Chen, Zelong Zhang, Chenguang Hao, Yanlei Cao, Jianan Xian, Yaopeng Lu, Haofu Dai. Effects of Elephantopus scaber extract on growth, proximate composition, immunity, intestinal microbiota and resistance of the GIFT strain of Nile tilapia *Oreochromis niloticus* to Streptococcus agalactiae[J]. Fish & shellfish immunology, 2022, 127: 280-294.	SCI

序号	作者、题目、刊名及年/卷/期/页码	论文分类
302	Xinghao Tu, Yijun Liu, Yanli Yao, Wenxiu Li, Ping Luo, Liqing Du, Junjun He, JianNeng Lu. Effects of four drying methods on *Amomum villosum* Lour. 'Guiyan1' volatile organic compounds analyzed via headspace solid phase microextraction and gas chromatography-mass spectrometry coupled with OPLS-DA.[J]. RSC advances, 2022, 12(41): 26485-26496.	SCI
303	Yue Liu, Ting Chen, Rong Sun, Xuejuan Zi, Mao Li. Effects of *Lactobacillus plantarum* on silage fermentation and bacterial community of three tropical forages[J]. Frontiers in Animal Science, 2022, 3: 41.	国外其他期刊
304	Xuejuan Zi, Yue Liu, Ting Chen, Mao Li, Hanlin Zhou, Jun Tang. Effects of sucrose, glucose and molasses on fermentation quality and bacterial community of stylo silage[J]. Fermentation, 2022, 8(5): 191.	SCI
305	Luli Zhou, Hui Li, Guanyu Hou, Jian Wang, Hanlin Zhou, Dingfa Wang. Effects of vine tea extract on meat quality, gut Microbiota and Metabolome of Wenchang Broiler[J]. Animals, 2022, 12(13): 1661.	SCI
306	Huiqin Huang, Zhiguo Zheng, Xiaoxiao Zou, Zixu Wang, Rong Gao, Jun Zhu, Yonghua Hu, Shixiang Bao. Genome analysis of a novel polysaccharide-degrading bacterium *Paenibacillus algicola* and determination of alginate lyases[J]. Marine drugs, 2022, 20(6): 388.	SCI
307	Zhijun Xu, Lei Xu, Xiaowen Hu. Genomic analysis of sugar transporter genes in peanut (*Arachis hypogaea*): Characteristic, evolution and expression profiles during development and stress[J]. Oil Crop Science, 2022, 7(4): 189-199.	国外其他期刊
308	Muhammad Aleem Ashraf, Xiaoyan Feng, Xiaowen Hu, Fakiha Ashraf, Linbo Shen, Muhammad Shahzad Iqbal, Shuzhen Zhang. In silico identification of sugarcane (*Saccharum officinarum* L.) genome encoded microRNAs targeting sugarcane bacilli form virus[J]. PloS one, 2022, 17(1): e0261807.	SCI
309	Xingbin Ma, Hongling Lin, Yanhong Yong, Xianghong Ju, Youquan Li, Xiaoxi Liu, Zhichao Yu, Cuomu Wujin, Yongxin She, Jiyu Zhang, El Aty A M Abd. Molecularly imprinted polymer-specific solid-phase extraction for the determination of 4-hydroxy-2(3H)benzoxazolone isolated from *Acanthus ilicifolius* Linnaeus using high-performance liquid chromatography-tandem mass spectrometry[J]. Frontiers in Nutrition, 2022, 9: 950044.	SCI
310	Na Deng, Huiqin Huang, Yonghua Hu, Xu Wang, Kunlian Mo. *Paenibacillus arenilitoris* sp. nov., isolated from seashore sand and genome mining revealed the biosynthesis potential as antibiotic producer[J]. Antonie van Leeuwenhoek, 2022, 115(11): 1307-1317.	SCI
311	Yue Liu, Ting Chen, Rong Sun, Xuejuan Zi, Mao Li. The effects of lactic acid bacteria and molasses on microbial community and fermentation performance of mixed silage of king grass and cassava foliage[J]. Frontiers in Animal Science, 2022, 3: 879930.	国外其他期刊

序号	作者、题目、刊名及年 / 卷 / 期 / 页码	论文分类
312	Qingzhi Liang, Kanghua Song, Mingsheng Lu, Tao Dai, Jie Yang, Jiaxin Wan, Li Li, Jingjing Chen, Rulin Zhan, Songbiao Wang. Transcriptome and metabolome analyses reveal the involvement of multiple pathways in flowering intensity in mango[J]. Frontiers in Plant Science, 2022, 13: 933923.	SCI
313	孙郁婷，吕仁龙，王燕茹，袁秉琛，程诚，周汉林，杨虎彪.不同采集地猪屎豆营养差异及对黑山羊瘤胃消化的影响 [J]. 中国饲料，2022(24): 101-107.	中文核心（北京大学）
314	徐志军，赵胜，胡小文，刘洋.花生 4 种重要病害抗性育种研究进展 [J]. 分子植物育种，2022，20(22): 7550-7566.	中文核心（北京大学）
315	徐磊，徐志军，安东升，胡小文，高玉尧，刘洋.基于 SNP 标记的糯玉米指纹图谱构建和遗传多样性分析 [J]. 分子植物育种，2022，20(19): 6405-6414.	中文核心（北京大学）
316	李文秀，李进良，贺军军，张华林，罗萍，魏滢，赵美婷.基于 SSR 标记的砂仁种质资源遗传多样性与群体结构分析 [J]. 中国中药杂志，2022，47(17): 4618-4626.	中文核心（北京大学）
317	李文秀，罗萍，张华林，黄润生，李进良，翁俊亮，魏滢，赵美婷，贺军军.基于表型及 SSR 分子标记对橡胶树 F_1 子代的评价 [J]. 分子植物育种，2022，20(15): 5063-5071.	中文核心（北京大学）
318	胡小文，孔冉，刘洋，徐志军，苏俊波.利用转录组测序开发甘蔗 SNP 分子标记 [J]. 南方农业学报，2022，53(9): 2527-2536.	中文核心（北京大学）
319	张雨书，程诚，李茂，夏万良，周汉林，吕仁龙，张洁.木薯茎叶与不同比例王草和菠萝皮混合青贮对海南黑山羊育肥效果的影响 [J]. 畜牧与兽医，2022，54(7): 15-21.	中文核心（北京大学）
320	吴敏，周开兵，戴好富，曾艳波.乳白肉芝软珊瑚 Sarcophyton glaucum 的西松烷二萜及生物活性研究 [J]. 中国中药杂志，2023，48(3): 707-714.	中文核心（北京大学）
321	赵美婷，魏滢，安东升，李文秀，罗萍，张华林，贺军军.砂仁'湛砂 11'苗期光合与叶绿素荧光特征 [J]. 热带作物学报，2022，43(3): 565-571.	中文核心（北京大学）
322	贺军军，姚艳丽，许英权，李文秀，张华林，涂行浩，曾庆钱，何素明，杜华波，罗萍.砂仁'湛砂 11'形态特征及品质分析 [J]. 热带作物学报，2022，43(2): 294-302.	中文核心（北京大学）
323	高玉尧，姚艳丽，张秀梅.水分胁迫对不同糖分甜玉米幼苗抗旱性的影响 [J]. 分子植物育种.2023: 1-10.	中文核心（北京大学）
324	安东升，刘亚男，严程明，赵宝山，刘洋，李昊儒，窦美安.田间补充灌溉施肥对菠萝生长、产量及水肥生产力的影响 [J]. 热带作物学报，2022，43(6): 1166-1173.	中文核心（北京大学）

序号	作者、题目、刊名及年/卷/期/页码	论文分类
325	冀凤杰，胡诚军，颜莹莉，候冠彧，夏万良，周汉林.屯昌猪研究进展[J].猪业科学，2022，39(9): 121-123.	国内一般期刊
326	张华林，李文秀，贺军军，罗萍.我国橡胶园林下种养模式发展现状与前景[J].热带生物学报，2022，13(1): 88-94.	中文核心（北京大学）
327	燕青，王爽，张洋，黄安瀛，那冬晨.西伯利亚白刺 NsCBL2 基因克隆及表达分析[J].安徽农业大学学报，2022，49(4): 540-546.	中国科技核心（中国科学技术信息研究所）
328	张华林，周凯，李文秀，贺军军，罗萍，王立丰.橡胶树品种湛试 327-13 乙烯响应分子机制分析[J].分子植物育种，2023: 1-21.	中文核心（北京大学）
329	李文秀，贺军军，张华林，翁俊亮，李进良，罗萍.橡胶树杂交子代遗传特性及遗传多样性分析[J].西南农业学报，2022，35(5): 981-990.	中文核心（北京大学）
330	李裴春，李增平，梁晓宇，马展，林春花，贺军军，李文秀，张华林，张宇，罗萍.橡胶树种质资源对白粉病和炭疽病的田间抗病性评价[J].热带作物学报，2022，43(6): 1200-1213.	中文核心（北京大学）
331	张泽龙，李军涛，张秀霞，鲁耀鹏，郑佩华，许嘉芮，栾可儿，冼健安.鱼类配合饲料中鱼粉替代的研究进展[J].现代畜牧兽医，2022(12): 79-85.	国内一般期刊
332	王海勇.新形势下科研事业单位预算管理探讨[J].商讯，2022(26): 159-162.	国内一般期刊
333	Yaopeng Lu, Peihua Zheng, Xiuxia Zhang, Juntao Li, Zelong Zhang, Jiarui Xu, Yongqi Meng, Jiajun Li, Jianan Xian, Anli Wang. New insights into the regulation mechanism of red claw crayfish (*Cherax quadricarinatus*) hepatopancreas under air exposure using transcriptome analysis[J]. Fish & shellfish immunology, 2022, 132: 108505.	SCI
334	李欣宇，朱军，李青楠，邹潇潇，鲍时翔，安鑫龙.耐高光琼枝突变体 XY-01 的选育及生产性能评价[J].大连海洋大学学报，2023，38(3): 438-444.	中文核心（北京大学）
335	王海勇.关于科研事业单位绩效评价体系的现状分析[J].金融文坛，2022(8): 22-24.	国内一般期刊
336	Luli Zhou, Hui Li, Guanyu Hou, Chengjun Hu, Fengjie Ji, Weiqi Peng, Hanlin Zhou, Dingfa Wang. Effects of blended microbial feed additives on performance, meat quality, gut microbiota and metabolism of broilers[J]. Frontiers in Nutrition, 2022, 9: 1026599.	SCI
337	Ruzhuo Zhong, Jianqiang Huang, Yongshan Liao, Chuangye Yang, Qingheng Wang, Yuewen Deng. Insights into the bacterial community compositions of peanut worm (*Sipunculus nudus*) and their association with the surrounding environment[J]. Frontiers in Marine Science, 2022, 9: 1076804.	SCI

续表

序号	作者、题目、刊名及年/卷/期/页码	论文分类
338	Yanli Yao, Mingwei Li, Wenqiu Lin, Shenghui Liu, Qingsong Wu, Qiong Fu, Zhuying Zhu, Yuyao Gao, Xiumei Zhang. Transcriptome analysis of watercore in pineapple[J]. Horticulturae, 2022, 8(12): 1175.	SCI
339	Xiaoxiao Zou, Tian Meng, Dandan Yao, Zuo Chen, Jun Zhu, Dan Mu, Shixiang Bao. Benthic Sargassum composition and community characteristics in the intertidal zone of Hainan Island, China[J]. Marine Biology Research, 2022, 18(9-10): 555-565.	SCI
340	曹岩磊，鲁耀鹏，许嘉芮，李军涛，张泽龙，郑佩华，郭冉，冼健安. 几种昆虫的人工培育及其在水产饲料中的应用进展 [J]. 水产养殖，2023，44(1): 18-23.	国内一般期刊
341	韩建成，吴群，蔺红玲，徐志军，周汉林. 热研2号柱花草和热研4号王草混合青贮对其营养成分及发酵品质的影响 [J]. 热带作物学报，2023，44(4): 809-815.	中文核心（北京大学）
342	Xiaowen Fei, Xiaodan Huang, Zhijie Li, Xinghan Li, Changhao He, Sha Xiao, Yajun Li, Xiuxia Zhang, Xiaodong Deng. Effect of marker-free transgenic *Chlamydomonas* on the control of *Aedes mosquito* population and on plankton[J]. Parasites & vectors, 2023, 16(1): 1-15.	SCI
343	Zhijun Xu, Lei Xu, Xiaowen Hu. Genomic analysis of sugar transporter genes in peanut (*Arachis hypogaea*): Characteristic, evolution and expression profiles during development and stress[J]. Oil Crop Science, 2022, 7(4): 189-199.	国外其他期刊
344	刘亚男，安东升，石伟琦等. 滴灌施肥与有机肥施用对金菠萝养分吸收及产量品质的影响 [J]. 中国南方果树，2023，52(1): 70-74，80.	中文核心（北京大学）
345	Yanbo Zeng, Zhi Wang, Wenjun Chang, Weibo Zhao, Hao Wang, Huiqin Chen, Haofu Dai, Fang Lv. New Azaphilones from the Marine-derived fungus *Penicillium sclerotiorum* E23Y-1A with Their anti-inflammatory and antitumor activities[J]. Marine Drugs, 2023, 21(2): 75.	SCI
346	Xiaowen Fei, Sha Xiao, Xiaodan Huang, Zhijie Li, Xinghan Li, Changhao He, Yajun Li, Xiuxia Zhang, Xiaodong Deng. Control of Aedes mosquito populations using recombinant microalgae expressing short hairpin RNAs and their effect on plankton[J]. PLoS neglected tropical diseases, 2023, 17(1): e0011109.	SCI
347	Zhijun Xu, Ran Kong, Dongsheng An, Xuejiao Zhang, Qibiao Li, Huzi Nie, Yang Liu, Junbo Su. Evaluation of a Sugarcane (*Saccharum* spp.) Hybrid F_1 population phenotypic diversity and construction of a rapid sucrose yield estimation model for breeding[J]. Plants, 2023, 12(3): 647.	SCI
348	曹岩磊，鲁耀鹏，许嘉芮，张泽龙，李军涛，郑佩华，郭冉，冼健安. 蝇蛆在水产动物饵料中的应用研究进展 [J]. 饲料研究，2023，46(2): 131-135.	中文核心（北京大学）

序号	作者、题目、刊名及年 / 卷 / 期 / 页码	论文分类
349	常晔，周璐丽，周汉林，侯冠彧，王坚，王定发．假蒟提取物对儋州鸡生长性能、免疫功能、血清生化指标和抗氧化功能的影响 [J]. 饲料研究，2023, 46(2): 56-60.	中文核心（北京大学）
350	Luli Zhou, Hanlin Zhou, Guanyu Hou, Fengjie Ji, Dingfa Wang. Antifungal activity and metabolomics analysis of *Piper sarmentosum* extracts against *Fusarium graminearum*[J]. Journal of applied microbiology, 2023, 134(3): lxad019.	SCI
351	李文秀，许英权，贺军军，张华林，罗萍，施云凤．低温胁迫下不同光照条件对橡胶树耐寒性及光合特征的影响 [J]. 安徽农业科学，2023，51(4): 92-94.	中文核心（北京大学）
352	Dongsheng An, Baoshan Zhao, Yang Liu, Zhijun Xu, Ran Kong, Chengming Yan, Junbo Su. Simulation of photosynthetic quantum efficiency and energy distribution analysis reveals differential drought response strategies in two (Drought-resistant and-susceptible) sugarcane cultivars[J]. Plants, 2023, 12(5): 1042.	SCI
353	Weibo Zhao, Yanbo Zeng, Wenjun Chang, Huiqin Chen, Hao Wang, Haofu Dai, Fang Lv. Potential α -glucosidase inhibitors from the deep-sea sediment-derived fungus *Aspergillus insulicola*[J]. Marine Drugs, 2023, 21(3): 157.	SCI
354	Xingbin Ma, Shuyu Li, Jiajie Qiu, Zijie Liu, Siyu Liu, Zhifeng Huang, Yanhong Yong, Youquan Li, Zhichao Yu, Xiaoxi Liu, Hongling Lin, Xianghong Ju, A M Abd El-Aty. Development of an Fe$_3$O$_4$ surface-grafted carboxymethyl chitosan molecularly imprinted polymer for specific recognition and sustained release of salidroside[J]. Polymers, 2023, 15(5): 1187.	SCI
355	陈影霞，江杨，欧阳欢．构建科技成果转化技术服务平台探索——以湛江市中热科技成果转移转化中心为例 [J]. 中国科技纵横，2023(6):24-26.	国内一般期刊
356	Qingjian Fang, Qingjuan Wu, Huiqin Huang, Yonghua Hu, Chenghua Li, Kunlian Mo. *Metabacillus arenae* sp. nov., isolated from seashore sand[J]. International Journal of Systematic and Evolutionary Microbiology, 2023, 73(3): 005783.	SCI
357	张泽龙，鲁耀鹏，李军涛，张秀霞，郑佩华，孟泳岐，栾可儿，冼健安，顾志峰．虾青素在虾蟹养殖中的应用研究进展 [J]. 中国饲料，2023(7): 79-85.	中文核心（北京大学）
358	吕仁龙，程诚，张雨书，李茂，夏万良，周汉林．不同水分、糖蜜添加对姬菇菌糠发酵品质及消化率的影响 [J]. 中国饲料，2023(7): 103-108.	中文核心（北京大学）
359	邱晨晨，和立文，周汉林，张微．海南黑山羊产业发展现状与思路 [J]. 中国畜牧杂志，2023，59(6): 336-340.	中文核心（北京大学）

序号	作者、题目、刊名及年／卷／期／页码	论文分类
360	Yaopeng Lu, Peihua Zheng, Zelong Zhang, Xiuxia Zhang, Juntao Li, Dongmei Wang, Jiarui Xu, Jianan Xian, Anli Wang. Hepatopancreas transcriptome alterations in red claw crayfish (*Cherax quadricarinatus*) under microcystin-LR (MC-LR) stress[J]. Aquaculture Reports, 2023, 29: 101478.	SCI
361	郭慧, 李腾, 张秀霞, 鲁耀鹏, 张泽龙, 李军涛, 郑佩华, 冼健安. 凡纳滨对虾过氧化物还原酶 3 基因的分子克隆与功能分析 [J]. 广东海洋大学学报, 2023, 43(2): 18-25.	中文核心（北京大学）
362	李腾, 鲁耀鹏, 张泽龙, 李军涛, 许嘉芮, 郑佩华, 张秀霞, 郭慧, 冼健安. 乌龟人工养殖与繁育技术研究进展 [J]. 中国饲料, 2023(11): 87-92.	中文核心（北京大学）
363	Hongzhi Wu, Chaohua Xu, Jingjing Wang, Chengjun Hu, Fengjie Ji, Jiajun Xie, Yun Yang, Xilong Yu, Xinping Diao, Renlong Lv. Effects of dietary probiotics and acidifiers on the production performance, colostrum components, serum antioxidant activity and hormone levels, and gene expression in mammary tissue of lactating sows[J]. Animals: an open access journal from MDPI, 2023, 13(9): 1536.	国外其他期刊
364	Jingran Sun, Kunlian Mo, Xue Li, Yonghua Hu, Zhiyuan Liu, Huiqin Huang. *Neiella litorisoli* sp. nov., an alginate lyase: producing bacterium from South China Sea, and proposal of Echinimonadaceae fam. nov. in the order Alteromonadales[J]. Archives of Microbiology, 2023, 205(6): 1-10.	SCI
365	Jinggang Dong, Hanjie Gu, Huiqin Huang, Xiaoqian Tang, Yonghua Hu. Small RNA sR158 participates in oxidation stress tolerance and pathogenicity of edwardaiella piscicida by regulating TA system YefM-YoeB[J]. Aquaculture Research, 2023, 2023: 9967821.	SCI
366	Qingjian Fang, Qingjuan Wu, Huiqin Huang, Jiarui Xu, Jianqiang Huang, Hanjie Gu, Yonghua Hu. TCS regulator CpxR of Edwardsiella piscicida is vital for envelope integrity by regulating the new target gene yccA, stress resistance, and virulence[J]. Aquaculture, 2023, 574: 739703.	SCI
367	Yuanting Yang, Qun Wu, Hu Liu, Ke Wang, Meng Zeng, Xiaotao Han, Weishi Peng, Hanlin Zhou, Jiancheng Han. Sustainable use of pennisetum sinese: effect on nutritional components and fermentation quality of *Stylosanthes guianensis* in tropics[J]. Sustainability, 2023, 15(16): 12484.	SCI
368	蒋睿珂, 张雨书, 曾宪海, 李茂, 周汉林, 孙满吉, 吕仁龙. 不同添加比例油棕叶对发酵型全混合日粮营养成分、发酵品质及其对海南黑山羊饲喂效果的影响 [J]. 黑龙江畜牧兽医, 2023(24): 94-100.	中文核心（北京大学）
369	严晓丽, 李海亮, 于珍珍, 邹华芬, 王宏轩, 孙海天, 史健伟. 割苗对基质覆盖免耕播种玉米生长发育及产量的影响 [J]. 广东农业科学, 2023, 50(10): 37-46.	国内一般期刊
370	燕青, 张华林, 李文秀, 贺军军, 黄安瀛, 罗萍. 五指毛桃鉴别及质量标准研究进展 [J]. 热带农业科学, 2023(9): 1-8.	国内一般期刊

续表

序号	作者、题目、刊名及年/卷/期/页码	论文分类
371	欧阳欢，罗萍，徐志军，张小燕.湛江发展橡胶林下间作斑兰叶模式探讨[J].农业开发与装备，2023(8): 44-47.	国内一般期刊
372	仇嘉杰，马兴斌，蔺红玲，刘梓杰，黄智烽.海洋老鼠簕化学成分及药理作用研究进展[J].中国野生植物资源，2023，42(8): 81-90.	CSCD
373	蒋媛媛，王定发，周璐丽，常晔，周汉林，侯冠彧.不同来源色素添加剂对儋州鸡生长性能和皮肤着色效果的影响[J].饲料研究，2023，46(14): 31-35.	中文核心（北京大学）
374	孟泳岐，鲁耀鹏，张泽龙，李军涛，郑佩华，许嘉芮，栾可儿，冼健安.黑水虻幼虫人工养殖及其在水产动物饲料中的应用研究进展[J].中国饲料，2023(15): 104-111.	中文核心（北京大学）
375	赵宝山，窦美安，安东升，严程明，马海洋，黄松，苏俊波.湛江地区干湿气候变化特征及其对水稻、糖蔗和花生产量的影响[J].热带作物学报，2023，44(7): 1506-1514.	中文核心（北京大学）
376	Hua Ding, Jie Liu, Qibiao Li, Zhichen Liu, Kai Xia, Ling Hu, Xiaoxu Wu, Qian Yan. Highly effective adsorption and passivation of Cd from wastewater and soil by MgO- and Fe_3O_4-loaded biochar nanocomposites[J]. Frontiers in Environmental Science, 2023, 11: 1239842.	SCI
377	YueXia Ding, Qun Wu, Namula Zhao, Yi Ma. Correlation analysis between the antimicrobial resistance and virulence of pathogenic streptococcus Isolates from cows[J]. Pakistan Journal of Zoology, 2023, 55(3): 1447-1456.	SCI
378	Luli Zhou, Yuhuan Lin, Ye Chang, Khaled Fouad Mohammed Abouelezz, Hanlin Zhou, Jian Wang, Guanyu Hou, Dingfa Wang. The influence of piper sarmentosum extract on growth performance, intestinal barrier function, and metabolism of growing chickens[J]. Animals, 2023, 13(13): 2108.	SCI
379	Zijie Liu, Xingbin Ma, Shuyu Li, Jiajie Qiu, Siyu Liu, Zhifeng Huang, Hongling Lin, A.M. Abd El-Aty. Development of a biocompatible green drug release system using salidroside-TiO_2-doped chitosan oligosaccharide molecularly imprinted polymers[J]. Arabian Journal of Chemistry, 2023, 16(10): 105130.	SCI
380	Zhou L, Hou G, Zhou H, Abouelezz K, Ye Y, Rao J, Guan S, Wang D. Antagonistic activity of oroxylin a against *Fusarium graminearum* and its inhibitory effect on zearalenone production[J]. Toxins. 2023, 15(9): 535.	SCI
381	Li M, Zi X, Lv R, Zhang L, Ou W, Chen S, Hou G, Zhou H. Cassava foliage effects on antioxidant capacity, growth, immunity, and ruminal microbial metabolism in Hainan Black Goats[J]. Microorganisms. 2023, 11(9): 2320.	SCI

续表

序号	作者、题目、刊名及年/卷/期/页码	论文分类
382	Zhijun Xu, Dongsheng An, Lei Xu, Xuejiao Zhang, Qibiao Li, Baoshan Zhao. Effect of drought and pluvial climates on the production and stability of different types of Peanut cultivars in Guangdong, China[J]. Agriculture-Basel. 2023, 13(10): 1965.	SCI
383	Kunlian Mo, Huiqin Huang, Lin Ye, Qingjuan Wu, Yonghua Hu. *Polycladospora coralii* gen. nov., sp. nov., a novel member of the family Thermoactinomycetaceae isolated from stony coral in the South China Sea[J]. International journal of systematic and evolutionary microbiology, 2023, 73(10): 006055.	SCI

（九）研制标准

湛江实验站自 2020 年起开展标准研制和参与研制，2020—2023 年共主持或参与研制发布标准 7 项。

1.《植物品种特异性（可区别性）、一致性和稳定测试指南　砂仁》

类型：行业标准　标准号：NY/T 3725—2020

发布日期：2020.8.26　实施日期：2021.11.28

起草单位：中国热科院湛江实验站、农业农村部植物新品种测试（儋州）分中心、农业农村部科技发展中心（农业农村部植物新品种测试中心）

起草人：贺军军、姚艳丽、罗萍、张华林、高玲、徐丽、戴小红、杨旭红、刘迪发

2.《砂仁栽培技术规范》

类型：团体标准　标准号：T/GDSMM 0013—2021

发布日期：2021.11.28　实施日期：2021.12.1

起草单位：中国热科院湛江实验站、中国热科院南亚所、广州禾立田生物科技有限公司、广东省农业科学院作物研究所、韶关禾立田农场有限公司

起草人：贺军军、姚艳丽、罗萍、张华林、李文秀、邱道寿、王泽清、邵振芳、陈伟

3.《砂仁育种技术规范》

类型：团体标准　标准号：T/GDSMM 0012—2021

发布日期：2021.11.28　实施日期：2021.12.1

起草单位：中国热科院湛江实验站、中国热科院南亚所、广州禾立田生物科技有限公司、广东省农业科学院作物研究所、韶关禾立田农场有限公司

起草人：贺军军、罗萍、张华林、李文秀、姚艳丽、邱道寿、王泽清、邵振芳、陈伟

4.《穿心莲规范化种植技术规程》

类型：团体标准 标准号：T/GDSMM 0017—2021

发布日期：2021.12.24 实施日期：2021.12.28

起草单位：广东省农业科学院作物研究所、创新天然药物与中药注射剂国家重点实验室、广州禾立田生物科技有限公司、江西青峰药业有限公司、广州白云山和记黄埔中药有限公司、清远白云山和记黄埔中药有限公司、广东省中药研究所、中国热科院湛江实验站、中国热科院南亚所、广东省湛江南药试验场、遂溪县茂森南药种植专业合作社、遂溪县鑫源中草药种植专业合作社、韶关禾立田农场有限公司

起草人：邱道寿、刘地发、王振、王泽清、王德勤、徐友阳、张慧晔、曾庆钱、贺军军、邹江林、张春林、黄勇、夏静、植柏毅、郭猛、钟磊、王章伟、刘尧奇、蔡聪、何小龙、梁友平、黄炜忠、罗萍、张华林、邵振芳、陈伟

5.《石斛附生栽培技术规程》

类型：团体标准 标准号：T/GDSMM 0018—2021

发布日期：2021.12.24 实施日期：2021.12.28

起草单位：广东省农业科学院作物研究所、阳山县龙石山铁皮石斛生态种植有限公司、广州禾立田生物科技有限公司、龙门县斛金缘生态农业发展有限公司、深圳市农科集团有限公司、井冈山大学、深圳市聚善堂生物科技有限公司、广西瑶仙草生物科技有限公司、乐清市鑫斛堂石斛有限公司、新县搜斛农业科技开发有限公司、翁源县恒之源农林科技有限公司、珠海宗泽生物科技有限公司、中国热科院湛江实验站、中国热科院南亚所、仁化县丹仁南药种植农民专业合作社、梅州市榕康健康管理服务有限公司、韶关禾立田农场有限公司

起草人：邱道寿、李鸿华、李莉、王泽清、李艳姣、胡佳娜、李政、李水昌、赵贵林、张达、曾建军、张征、周文波、李楚杰、李长发、杜长江、贺军军、罗萍、张华林、王华、邵振芳、陈伟

6.《石斛产地初加工技术规程》

类型：团体标准 标准号：T/GDSMM 0019—2021

发布日期：2021.12.24 实施日期：2021.12.28

起草单位：广东省农业科学院作物研究所、阳山县龙石山铁皮石斛生态种植有限公司、广州禾立田生物科技有限公司、龙门县斛金缘生态农业发展有限公司、深圳市农科集团有限公司、井冈山大学、深圳市聚善堂生物科技有限公司、广西瑶仙草生物科技有限公司、乐清市鑫斛堂石斛有限公司、新县搜斛农业科技开发有限公司、翁源

县恒之源农林科技有限公司、珠海宗泽生物科技有限公司、中国热科院湛江实验站、中国热科院南亚所、仁化县丹仁南药种植农民专业合作社、梅州市榕康健康管理服务有限公司、韶关禾立田农场有限公司

起草人：邱道寿、李鸿华、李莉、王泽清、李艳姣、胡佳娜、李政、李水昌、赵贵林、张达、曾建军、张征、周文波、李楚杰、杜长江、李长发、贺军军、罗萍、张华林、王华、邵振芳、陈伟

7.《橡胶树"五天一刀""六天一刀"采胶技术规程》

类型：企业标准　标准号：Q/GDNK/J 001—2022

发布日期：2022.11.2　实施日期：2023.1.1

起草单位：中国热带农业科学院橡胶研究所、广东省茂名农垦集团有限公司、广东农垦热带作物科学研究所、广东省阳江农垦集团有限公司、中国热科院湛江实验站

起草人：仇键、郑杰、谢黎黎、张全琪、夏显辉、邓槐彪、冼业成、黄志、罗萍、校现周、彭远明

二、试验示范

（一）条件建设

1. 资产基本情况

截至 2022 年 12 月 31 日，湛江实验站资产总额（账面净值）6 967.23 万元，其中流动资产 933.85 万元，固定资产 3 730.95 万元，在建工程 2 268.52 万元，长期投资 0 万元，无形资产 33.91 万元。负债总额 684.87 万元，净资产 6 282.36 万元。

固定资产构成：土地、房屋及构筑物账面净值 2 801.65 万元（其中，土地 24.91 万元、房屋 2 527.47 万元、构筑物 274.18 万元），通用设备账面净值 519.48 万元，专用设备账面净值 353.25 万元，图书档案账面净值 0.12 万元，家具、用具、装具及动植物账面净值 56.44 万元。

2. 土地资产

湛江实验站土地资产包括国家划拨的土地、使用财政性资金购置的土地，以及其他方式取得的土地。现共有土地 6 宗，土地账面面积 19 604.21 平方米，账面原值 24.91 万元，账面净值 24.91 万元，主要为城镇住宅用地及其他商服用地。

（1）湛江干休所宿舍用地

地处广东省湛江市霞山区华欣路 6 号，土地面积 6 502.00 平方米，土地使用证号为湛国用（2008）第 10180 号，土地用途为住宅、仓库、科研等混合用地，地上房屋建筑物总面积（除住宅）5 128.44 平方米。

（2）原招待所用地

地处广东省湛江市霞山区解放西路 29 号，土地面积 4 420.50 平方米，土地使用证号为湛国用（2008）第 10183 号，土地用途为住宅、仓库、科研等混合用地，地上房屋建筑物总面积（除住宅）2 063.89 平方米。

（3）湛江实验站综合楼用地

地处广东省湛江市霞山区解放西路 29 号，土地面积 1 787.00 平方米，土地使用证号为湛国用（2008）第 10181 号，土地用途为住宅、仓库、科研等混合用地。

（4）实验站职工宿舍用地

地处广东省湛江市霞山区解放西路 29 号，土地面积 1 343.40 平方米，土地使用证号为湛国用（2008）第 10185 号，土地用途为住宅用地，地上房屋建筑物总面积（除住宅）7 545.37 平方米。

（5）原印刷厂职工宿舍用地

地处广东省湛江市霞山区文明中路 2 号，土地面积 1 992.30 平方米，土地使用证号为湛国用（2010）第 10124 号，土地用途为住宅用地，地上房屋建筑物总面积（除住宅）1 278.54 平方米。

（6）金马酒店用地

地处广东省湛江市霞山区解放西路 18 号，土地面积 3 559.01 平方米，土地使用证号为湛国用（2008）第 10184 号，土地用途为实验室、科技楼用地，地上房屋建筑物总面积（除住宅）4 674.10 平方米。

3. 房屋资产

湛江实验站现共有房屋资产 23 处，房屋资产账面面积 27 490.49 平方米，其中生产用房面积 1 296.74 平方米，其他用房面积 26 193.75 平方米（办公用房面积 380.00 平方米）；账面原值 3 498.10 万元，账面净值 2 527.47 万元。尚未列入固定资产的主要为新建的热带农业环境与作物高效用水实验室、田间控制中心、智能温室、畜养殖舍，以及改造的热带饲料作物养殖加工棚、储藏棚、综合利用棚等。所有房屋资产中有产权面积 21 065.31 平方米，无产权面积 6 425.18 平方米。无产权房屋资产主要是科研辅助用房、科研培训学员集体宿舍楼等。

（1）住宿餐饮用房

科技楼（解放西路 18 号霞山金马楼）。地处广东省湛江市霞山区解放西路 18 号，临近湛江市霞山区人民政府，建筑面积 4 426.64 平方米（资产账面建筑面积 4 172.50 平方米），竣工、取得时间均为 1986 年 12 月 1 日，资产价值 138.95 万元。该楼共 6 层，已列入固定资产，1992 年 8 月 27 日办理房地产权证，2010 年 10 月 13 日更换新证，除西侧第一层和第二层的 6 个开间分属农机所和南亚所外，权属湛江实验站所有。

办事处招待所（解放西 29 号第 2 幢）。地处广东省湛江市霞山区解放西路 29 号，毗邻湛江市火车南站。建筑面积 2 063.89 平方米，竣工、取得时间均为 1979 年 12 月 1 日，资产价值 20.09 万元。该楼共 5 层，已列入固定资产，取得房产证，权属湛江实验站。

（2）其他商业及服务用房

解放西 29 号综合楼。地处广东省湛江市霞山区解放西路 29 号，临近湛江火车南站及南站服装批发市场，建筑面积共计 7 545.37 平方米，竣工时间为 2002 年 4 月 1 日，取得时间 2009 年 3 月 19 日，资产价值 1 907.02 万元。该楼共 12 层，已列入固定资产，2003 年 4 月 29 日办理房地产权证，2010 年 10 月 13 日更换新证，权属湛江实验站。

印刷厂宿舍东 2 栋首层。地处广东省湛江市霞山区文明中路 2 号，临近广东医科大学附属医院。建筑面积 342.85 平方米，竣工、取得时间均为 1980 年 6 月 1 日，资产价值 11.16 万元。资产分类为其他商业及服务用房。已列入固定资产，取得房产证，权属湛江实验站。

印刷厂宿舍西 1 栋首层（含东二 301）。地处广东省湛江市霞山区文明中路 2 号，临近广东医科大学附属医院。建筑面积 325.73 平方米，竣工、取得时间均为 1980 年 6 月 1 日，资产价值 9.43 万元。已列入固定资产，1982 年 6 月 1 日取得房产证，2010 年 10 月 13 日更换新证，权属湛江实验站。

（3）其他事业单位用房

岭南综合楼。地处广东省湛江市霞山区解放西路 20 号，毗邻湛江市霞山区人民政府。建筑面积 4 163.34 平方米，竣工时间为 2009 年 5 月 18 日，取得时间为 2011 年 10 月 27 日，资产价值 624.50 万元。该楼共 8 层，已列入固定资产，2011 年 9 月 22 日取得产权证，2022 年 6 月 30 日更换新证，权属湛江实验站。

抗旱胁迫人工气候室保护仓库。地处广东省湛江市湖秀新路 1 号，建筑面积 140.00 平方米，竣工、投入使用时间均为 2018 年 9 月 30 日，资产价值 21.20 万元。已列入固定资产，因属于科研辅助用房，无法办理产权证。

田间实验室。地处广东省湛江市湖秀路 1 号，建筑面积 448.74 平方米，投入使用时间为 2014 年 10 月 22 日，资产价值 84.93 万元。已列入固定资产，因属于科研辅助用房，无法办理产权证。

（4）居住用房

干休所 4 栋首层。地处湛江市霞山区华欣路 6 号，建筑面积 458.76 平方米，竣工、取得时间均为 1997 年 11 月 1 日，资产价值 22.88 万元。已列入固定资产，2000 年 12 月 26 日办理房地产权证，2010 年 10 月 13 日更换新证，权属湛江实验站。

干休所 3 栋 801 房。地处湛江市霞山区华欣路 6 号，建筑面积 123.46 平方米，竣工、取得时间均为 1997 年 11 月 1 日，资产价值 4.03 万元。已列入固定资产，2000 年

12 月 26 日办理房地产权证，2010 年 10 月 13 日更换新证，权属湛江实验站。

干休所 3 栋 802 房。地处湛江市霞山区华欣路 6 号，建筑面积 123.46 平方米，竣工、取得时间均为 1997 年 11 月 1 日，资产价值 4.03 万元。已列入固定资产，2000 年 12 月 26 日办理房地产权证，2010 年 10 月 13 日更换新证，权属湛江实验站。

干休所 3 栋首层办公室。地处湛江市霞山区华欣路 6 号，建筑面积 238.90 平方米，竣工、取得时间均为 1997 年 11 月 1 日，资产价值 7.79 万元。已列入固定资产，2000 年 12 月 26 日办理房地产权证，2010 年 10 月 13 日更换新证，权属湛江实验站。

干休所 2 栋 104 房（门卫室）。地处湛江市霞山区华欣路 6 号，建筑面积 84.26 平方米，竣工、取得时间均为 1991 年 9 月 1 日，资产价值 1.95 万元。已列入固定资产，2000 年 12 月 26 日办理房地产权证，2010 年 10 月 13 日更换新证，权属湛江实验站。

干休所 1 栋 102 房。地处湛江市霞山区华欣路 6 号，建筑面积 82.61 平方米，竣工、取得时间均为 1982 年 9 月 1 日，资产价值 1.71 万元。已列入固定资产，2000 年 12 月 26 日办理房地产权证，2010 年 10 月 13 日更换新证，权属湛江实验站。

干休所 1 栋 103 房。地处湛江市霞山区华欣路 6 号，建筑面积 82.61 平方米，竣工、取得时间均为 1982 年 9 月 1 日，资产价值 1.71 万元。已列入固定资产，2000 年 12 月 26 日办理房地产权证，2010 年 10 月 13 日更换新证，权属湛江实验站。

干休所 1 栋 104 房。地处湛江市霞山区华欣路 6 号，建筑面积 83.45 平方米，竣工、取得时间均为 1982 年 9 月 1 日，资产价值 1.73 万元。已列入固定资产，2000 年 12 月 26 日办理房地产权证，2010 年 10 月 13 日更换新证，权属湛江实验站。

（5）其他用房

羊舍棚架用房。地处广东省湛江市湖秀新村 1 号，建筑面积 652.00 平方米，投入使用时间为 2016 年 7 月 5 日，资产价值 23.46 万元。已列入固定资产，因属于科研辅助用房，无法办理产权证。

旱作节水试验辅房。地处广东省湛江市湖秀新路 1 号，建筑面积 40.00 平方米，竣工、投入使用时间均为 2017 年 7 月 17 日，资产价值 12.56 万元。已列入固定资产，因属于科研辅助用房，无法办理产权证。

基地发电房。地处广东省湛江市湖秀新路 1 号，建筑面积 16.00 平方米，竣工、投入使用时间均为 2017 年 2 月 27 日，资产价值 4.54 万元。已列入固定资产，因属于科研辅助用房，无法办理产权证。

印刷厂车间。位于湛江市霞山区文明中路 2 号，为原校办企业印刷厂车间，建筑面积 672.52 平方米，竣工时间为 1982 年 6 月 6 日，取得时间为 1982 年 12 月 1 日，资产价值 11.20 万元。已列入固定资产，1982 年 6 月 3 日取得房产证，2010 年 10 月 13 日更换新证，权属湛江实验站。

科研培训学员集体宿舍楼。地处湛江市霞山区华欣路 6 号，建筑面积 5 128.44 平方米（隶属湛江实验站4楼，面积723.17平米），竣工时间2015年1月8日，取得时间2015年2月9日，资产价值578.05万元。已列入固定资产，无产权证。

库房（原汽车检测室）。地处广东省湛江市霞山区解放西路18号，毗邻湛江市霞山区人民政府，建筑面积501.60平方米，竣工、取得时间均为2012年9月19日，资产价值5.17万元。已列入固定资产，2012年7月30日办理房地产权证，权属湛江实验站。

4. 构筑物资产

湛江实验站现共有构筑物资产9处，构筑物资产账面面积11 464.85平方米，账面原值456.34万元，账面净值274.18万元。主要为种苗繁育基地6 262.45平方米、育苗温室1 920平方米、大门1座、围墙1 270.4米、基地道路2 012平方米、围栏一批等。尚未列入固定资产的主要有新建的热带农业环境与作物高效用水智能温室、道路、围墙，以及改造的热带饲料作物基地道路、围栏等。

5. 在建项目

自2016年以来，湛江实验站共投入农业农村部条件建设和修缮购置项目8项，其中在建项目2项，详见表2-7。

表2-7　湛江实验站历年条件建设和修购项目清单

年份	类别	名称	金额（万元）	资产情况
2016	修缮购置项目	热带旱作栽培与水分生理仪器设备购置项目	198	已列
2017	修缮购置项目	热带旱作生态与土壤改良仪器设备购置项目	194	已列
2017	修缮购置项目	热带旱作品种改良实验仪器设备购置项目	191	已列
2018	修缮购置项目	抗旱胁迫仪器设备购置项目	198	已列
2019	修缮购置项目	热区红壤特性与土壤侵蚀仪器设备购置项目	198	已列
2019—2022	基本建设类项目	热带农业环境与作物高效用水试验基地建设项目	2 543	在建
2021	修缮购置项目	热区林地小气候与表型分析仪器设备购置项目	279	已列
2023	修缮购置项目	热带饲料作物高效栽培与综合利用基地基础设施改造项目	250	在建

（1）热带农业环境与作物高效用水试验基地建设项目

项目位于湛江市麻章区湖秀路1号，主要建设现代农业科学试验区296亩，通过现代高效循环农业生产技术研究与示范基地的建设，使资源在农业种植、畜禽养殖与水产养殖三个环节高效循环，建成高效益、微投入和零排放的现代循环农业技术研发和示范基地。

建设年限：2019—2022 年

建设内容：①建筑安装工程：新建实验室 2 296.16 平方米；消防泵房 133 平方米；智能温室 468.60 平方米；田间控制中心 298.6 平方米；钢构土样保存库 464 平方米。②田间工程：混凝土道路 4 285.74 平方米；机耕路 1 012 平方米；排水沟 3 714.8 米；涵洞 14 座；气象观测场 374.20 平方米；蒸渗观测场 450 平方米；径流观测场 2 328 平方米；作物高效用水试验场 4 032 米；红壤提质扩容试验场 5 785.8 平方米；智能灌溉试验区 1 408 平方米；晒场 964 平方米；基地种植区 60 000 平方米；畜禽养殖舍 894.6 平方米；灌溉养殖一体蓄水池 1 座；场区供电系统 1 项；田间给排水工程 1 项；大门 2 座；场区安防监控系统 1 套；挡土墙 5 331.83 立方米；围栏 786 米；围墙 704 米；太阳能路灯 28 套；土地平整 2 8607.81 平方米。③仪器设备购置 27 台套。

项目投资：项目总投资 25 430.00 万元，其中建筑安装工程费用 2 077.00 万元，仪器设备购置费用 266.19 万元，待摊投资 199.81 万元。

（2）热带饲料作物高效栽培与综合利用基地基础设施修缮项目

项目位于广东省湛江市麻章区 X668 道。通过对 80 亩热带饲料作物高效栽培与综合利用基地基础设施等进行修缮，改造热带草畜一体化循环养殖技术研究、开发和检测平台，改变湛江实验站热带草畜一体化循环养殖关键技术研究、开发、检测等手段落后和资源集成度不够的现状，建立起功能较强的现代热带草畜一体化循环养殖农业科研基础条件研发体系，为湛江实验站建设一流的热带养殖动物科技中心提供必备的硬件保障和强有力的条件支撑。

建设年限：2023 年

建设内容：①建筑安装工程：改造热带饲料作物养殖加工棚 1 000 平方米，热带饲料作物储藏棚 600 平方米，综合利用棚建筑面积 600 平方米。②田间工程：改造基地道路面积 1 980 平方米，改造基地排水沟 600 米，铺设基地水肥一体化管道 28 亩，安装基地铁架围栏 615 米。

项目投资：项目投资总额为 250 万元，其中建筑安装工程费用 230.19 万元，其他费用 19.81 万元。

（二）基地建设

1. 基地基本概况

湛江实验站综合试验基地位于湛江市麻章区湖光镇湖秀路 1 号，占地面积249.9亩，为南亚所用地，由湛江实验站使用，该科研基地满足试验示范产业现在和未来发展对土地的需求。试验基地内部设施齐全，水、电、路条件均具备且良好，拥有田间实验室 500 平方米，试验用房 70 平方米，黑山羊养殖舍 2 000 平方米，畜禽养殖舍 894.6 平方米，加工大棚 2 000 平方米，种苗温室大棚 1 920 平方米，种苗塑料大棚 600 平方米，遮阴篷 1 100 平方米，主要道路均为水泥路面，面积 6 000 平方米，3 口鱼塘水面面积 20 亩，建有围墙 2 000 米、围栏一批，场所环境相对独立，能够很好地满足开展基本科研工作的需求。

2. 试验示范基地

（1）热带草畜一体化循环农业试验示范基地

热带草畜一体化循环农业试验示范基地占地面积 50 亩，是集科研、示范、技术集成为一体的科研试验示范基地，建有湛江市热带草畜一体化循环农业工程技术研究中心等科技平台。基地有雷州山羊新品种选育、一体化循环养殖试验示范大棚 2 000 平方米，存栏优质雷州山羊等黑山羊近百头；热研 4 号王草等牧草高效栽培试验示范基地 25 亩，以及优质牧草青贮饲料加工试验示范大棚、畜禽粪便自动化清除及无害化处理平台等。基地构建了可复制、易推广、效益好的草畜一体化循环养殖新模式，在广东粤西北地区、贵州石漠化地区推广建设了 10 余个热带草畜一体化循环养殖（牛羊）示范基地，实现资源节约型、环境友好型畜牧生产，为热区草畜一体化循环农业发展起到引领示范作用。

（2）热带水生生物疫病防控试验示范基地

热带水生生物疫病防控试验示范基地占地面积 22 亩，其中水体面积 20 亩。基地主要开展热带水生生物生态健康养殖，以及益生菌、功能菌等为主的替抗饲料添加剂应用和水质净化处理与生态防控试验示范。养殖品种有加州鲈鱼、罗非鱼、草鱼、鳙鱼、鳊鱼、禾花鱼、澳洲小龙虾等。与湛江伟健生态休闲农业开发有限公司等合作共建"南三青蟹"生态养殖示范推广基地 200 亩，为热区特色水产养殖的可持续发展提供科技支撑。

（3）热带饲料作物资源利用试验示范基地

热带饲料作物资源利用试验示范基地占地面积 30 亩，拥有设施大棚 1 700 平方米，建有广东省现代农业产业技术研发中心、国家农业绿色发展长期固定观测试验站、广东省旱作节水农业工程技术研究中心等科技平台。基地收集保存有花生、玉米、木薯、王草、柱花草、田菁、木豆等热带饲料作物资源 3 000 余份，累计评价各类种质资源 2 000 余份，配置杂交组合 300 余个，示范展示新品种、新技术、新模式 10 余项，为热区热带饲料作物资源可持续开发利用提供科技支撑。

（4）橡胶林下经济试验示范基地

橡胶林下经济试验示范基地占地面积 130 亩，拥有温室育苗大棚 1 920 平方米，建有国家天然橡胶产业技术体系湛江综合试验站、湛江市橡胶林下经济工程技术研究中心等科技平台，主要开展橡胶树抗寒高产品种比较试验、林下南药资源保存、林下间种南药、斑兰叶试验示范、林下砂仁品种比较试验以及林下砂仁—鸡种养结合试验示范等。基地保存有橡胶抗寒种质资源 196 份，砂仁种质资源 110 份，五指毛桃 120 份，展示橡胶树抗寒新品种 18 个，集成胶园林下间种五指毛桃、砂仁、太子参、香料砂仁、斑兰叶等高效栽培，以及幼龄胶园覆盖绿肥技术模式 10 多套。基地在广东、海南和云南等地区推广面积超过 60 万亩，为热区天然橡胶产业和林下经济的高质量发展提供科技支撑。

（三）服务"三农"

1. 主要做法

（1）多形式开展科技合作推广

近年来，湛江实验站采取"科研单位＋农技推广部门＋基地＋农户""科研单位＋龙头企业＋基地＋农户""科研机构＋政府＋合作社＋贫困户"等多种科技合作推广模式。

草畜一体化科研团队在粤西北地区推广建立了一批可复制、易推广、效益好的黑山羊一体化循环养殖示范基地 20 余个，该模式已在广东、云南（保山）、贵州（兴义）等地推广建立了 10 余个热带草畜一体化循环养殖（牛羊）示范基地，覆盖区域达到 10 余个市县，示范区整体效益提高 30% 以上，畜禽粪便无害化处理达到 98% 以上，示范区年加工处理农业废弃物秸秆饲料 2 000 吨以上，累计有 50 多个（600 多人次）政府部门、养殖企业和个体户到基地参观学习交流，为我国热区草畜一体化循环农业发展起到引领和示范作用。

橡胶林下经济科研团队在广东、海南和云南等植胶区建立胶园林下间种太子参、砂仁、香料砂仁、五指毛桃、斑兰叶、土茯苓、大青等南药示范基地，示范面积 1 000 多亩，并带动示范推广种植面积超过万亩。研发团队多次到广东、广西、海南等地区开展橡胶林下间作南药、斑兰叶技术服务，累计服务 100 多人次，为林下经济产业发展提供科技服务，助力乡村振兴。在湛江市和广东农垦多个垦区开展胶园林下种植技术、胶园林下经济模式构建、南药产业现状等方面的科技培训，累计培训农技人员 1 000 多人，为湛江市和广东天然橡胶产业和林下经济产业的高质量发展提供科技支撑。

水生生物疫病防控科研团队与湛江伟健生态休闲农业开发有限公司合作，建立了"南三青蟹"生态养殖示范推广基地，占地 30 亩，计划于 2024 年扩大示范推广规模至 200 亩。

（2）多团队开展科技智力支持

近年来，湛江实验站组建湛江市科技特派员团队 4 支，助力湛江市草畜一体化循环养殖、南药标准化种植技术和产品加工、抗旱节水绿色高产种植与土壤配肥、岭南水果病虫害绿色防控、反季节瓜菜绿色种植技术与废弃物饲料化利用。组建广西科技特派员团队 2 支，助力广西热区林下南药、草畜循环养殖产业发展。科技特派员团队工作重点如下。一是指导产业发展。对于已经有明确主导产业的,重点围绕延伸产业链条、提升产品附加值、促进主导产业提质增效和做大做强等方面,提供科技服务。对于尚需进一步明确主导产业的,帮助摸清产业发展现状、挖掘特色资源潜力、把准比较优势,提出合理化建议,帮助指导制定主导产业发展规划。二是提供决策咨询服务。定期组织开展产业发展调查研究,帮助梳理乡村产业发展存在的问题,提出优化产业产品结构、促进产业发展的意见建议。三是开展技术指导服务。结合乡村产业发展实际,跟踪提供技术指导,围绕生产、加工、流通等环节存在的技术瓶颈,加强技术联合攻关。聚焦产品标准化生产和品牌化打造,开展产业科技服务,促进产业提档升级。四是帮助培养本土人才。通过专题讲座、现场讲解、示范服务等方式,开展产业发展带头人培训,帮带一批懂技术、会经营、善管理的产业发展带头人,着力培养本土技术骨干人才,积极培育促进产业发展的农技协等社会组织。五是促进科研成果转化。鼓励通过建立科技示范和成果转化基地等方式,进行品种引进、技术推广和成果转化,促进乡村产业技术迭代升级。

2023年,湛江实验站组建中国科协"科创中国"热带农业产业科技服务团,聚焦天然橡胶、椰子、槟榔"三棵树"等林下种植斑兰叶等香料饮料、南药等优势林下作物、食用菌等微生物、林下养羊、养鹅等动物,以及蜜蜂等昆虫,解析"三棵树"等林下产业存在的瓶颈问题,系统开展热带农业林下种养产业链一体化技术集成、示范应用及成果转移转化、人才培养服务,从根本上解决海南等热区天然橡胶、椰子、槟榔"三棵树"等热带农业产业发展中单一种植效益低下的问题,促进"三棵树"产业提质增效,助力海南自由贸易港建设和热区乡村振兴发展。

（3）多联合助力精准脱贫攻坚战

湛江实验站充分发挥科技在脱贫攻坚中的技术引领、人才支撑、智力支持作用,联合相关单位深入地区农村,积极配合湛江市委、市政府打好"双到""精准扶贫"等战略实施,通过科技力量推动湛江热区农业提质增效和广大群众科学素质提高。

一是农村基层组织建设和扶贫工作。从1995年至1997年12月,根据湛江市委抓好农村基层组织建设和挂钩扶贫的部署,湛江实验站与湛江市地震局、加工所3个单位,先后派出6批工作队,进驻坡头区南三镇蓝田管区,工作队同管区干部群众同工作,同劳动,同学习,共同研究解决工作中各种问题。用"五个一"和"三个有"来对照衡量,在帮扶的基本建设、组织建设、发展经济、"一帮一"扶持特困户等工作中,完成上级下达的基层组织建设任务,均在全镇各管区的前列,得到了该镇政府的表彰。二是"双到"扶贫工作有成效。2009年10月至2012年12月,湛江实验站与南亚所、湛江市气象局三个单位,做好徐闻县前山镇山海村对口帮扶工作,建立贫困户的动态管理档案,做到户有卡、村有表、镇有册,着力发展了山海村集体生产和村民生活条件,山海村实现了100%道路硬底化;扶持1 765人办理农村合作医疗、130人办理新农保，解决了 96 名困难学生教育补助，全部实现了邮电、通信、电视广播，41 户贫困户 100% 脱贫。湛江实验站被湛江市评为"规划到户责任到人"工作先进单位。三是打好精准脱贫攻坚战。2017 年 5 月至 2021 年 6 月，湛江实验站在对吴川市振文镇沙尾村精准扶贫驻村工作队工作中，围绕落实好"两不愁三保障"的工作总基调，认真走访调查研究，积极申报和落实贫困户的低保、五保，使医保和大病救助全覆盖；配合住建部门完成贫困户危房考察、鉴定与改造工作；配合教育、扶贫部门反复核实在校生源状况、学校班级和身份信息，准确派发学生贫困户证明，动员贫困户参加各种招工招聘和培训活动等。5 年来，精准扶贫工作得到了地方的广泛认可，为湛江市打赢脱贫攻坚战做出了贡献。

（4）多智力支持驻镇帮镇扶村

近年来，湛江实验站选派了窦美安研究员等 4 名专家轮流到驻徐闻县龙塘镇挂职，参加湛江市乡村振兴驻龙塘镇帮镇扶村工作队，结合龙塘镇的实际，紧紧围绕产业、人才、文化、生态、组织等五大乡村振兴战略，以高质量发展统筹推进龙塘镇的乡村振兴工作。2 人被授予湛江市乡村振兴先进个人，1 名团队成员获得广东省科技厅的通报表扬。

主要开展工作如下。一是强化学习培训，提升工作能力。积极参加省、市、县和镇组织的各项培训学习活动，努力提高理论水平和执行能力。同时加强群众种植、营销等技能培训，协同相关单位，组织开展了 2 次大型培训活动，大大提高了群众种植、营销等技能。二是注重计划与总结，确保工作有序有效开展。工作队及时制订驻镇帮镇扶村工作计划，按计划积极推进有关工作，及时做好工作分析总结。2022 年至今共编写了 33 篇工作简报。三是加强统筹协调，助力疫情防控。2022 年，工作队积极参与疫情防控工作，全力支持、配合做好疫苗接种、核酸检测、抗疫支援等工作。四是加强党建引领，提高党性修养。工作队临时党支部定期开展组织生活、主题党日活动，积极协同镇其他基层组织开展党组织生活活动，如到廉江鹤地水库开展"追寻红色足迹 汲取奋进力量"主题党史学习教育等。五是加强防贫监测，完善帮扶机制。为进一步巩固脱贫攻坚成果，防止规模性返贫，工作队积极参与防贫监测工作和统筹协调落实帮扶措施。定期不定期开展走访活动，并根据政策协助安排对其进行帮扶，重要的节日对帮扶对象进行慰问，让脱贫户感受到组织的温暖。六是坚持因地制宜，积极推进产业发展。工作队多次组织开展农技培训活动，邀请市相关专家讲解传授农业技术，提升种养殖户的农业技能，为推动产业发展创造条件；积极推动徐闻菠萝、高良姜、火龙果、香蕉、油茶等"一村一品"特色农产品种植业及其他产业的发展。积极参与徐闻县举办"百名网红千名直播"大擂台活动，通过直播活动及积极推介，促成了 10 名采购商下单订购菠萝 400 多吨。

2. 主要案例

（1）湛江实验站开展"稻鳖鱼鸭"复合共生：同样一亩田产值增十倍

"没想到种一块地能挣四份钱。"广东省湛江市麻章区志满村村民占春芳说，湛江实验站推广的"稻鳖鱼鸭"复合共生让她尝到了科学种田的甜头，一亩水稻田的产值增长了近10倍。湛江实验站党总支书记江汉青介绍，为了提高水稻亩产效益，湛江实验站通过两年多试验，探索出了"稻鳖鱼鸭"复合共生高效生产模式，取得了良好的经济和生态效益。

稻田养鸭养鱼，是我国南方传统的生态农业类型。之所以再尝试加入养鳖，江汉青解释道，广东、海南两地人多地少，很难实现大面积种植，增收不明显，而当地人又喜食甲鱼（鳖），市场需求较大。所谓"稻鳖鱼鸭"复合共生高效生产模式，就是将原有单一的稻田种养模式结合起来，充分利用稻田生态空间，将土地和水资源利用率提高。

"看似拥挤的环境，因相互依存、共生互利而实现生态循环。"湛江实验站副研究员徐健欣称，在该模式下，水稻为鳖、鱼、鸭提供活动、休息场所，根系还能净化水质；鳖、鱼、鸭皆可捕食农田害虫，使水稻全程不打农药，粪便可作为有机肥；鱼吃鳖、鸭残饵及粪便，保证稻田环境质量；鱼、鸭吃稻田杂草，有效抑制杂草生长。

经测算，一亩稻田养殖20多只鸭子，40多尾草鱼或鳙鱼，150～200只中华鳖。每年2—3月放鱼，一个月后鱼苗大点了再放鳖苗和鸭苗，等到水稻抽穗后便把鸭子赶走，次年1月过年前就可以卖甲鱼。

为了最大程度减少劳动力，湛江实验站还探索出了再生稻和以草治草等自然免耕栽培技术。早稻收割前便把补种的晚稻种子和三叶草、紫云英等草种直接补撒到地里。"这两种草生长非常快，水稻收完很快就长满一地，其他杂草就没法长了。"徐健欣说，三叶草和紫云英最怕淹，等晚稻苗长出来后一灌水就死了，节本增效明显。每亩地一年可节省翻地、插秧、除草等人工成本500元。

现在一到节假日，好多外出打工回来的村民都找占春芳买大米，"谁都知道生态稻米安全又好吃。"虽然养鳖成本较高，但收益也高。占春芳原本担心鳖长得慢，没想到年底平均每只能长到0.9千克，1千克能够卖到120多元。

为了降低农民养殖成本和风险，湛江实验站在推广示范中先向农户免费提供半斤（250克）重的鳖苗，等到年底销售后再收回每只15～20元的成本。占春芳笑着说，"再加上卖水稻、鸭子和鱼的收入，做好了一亩地能挣1万多元。原先单卖水稻，一亩地最多1 500元，现在翻了近10倍。"

徐健欣介绍，跟挖塘养鳖相比，稻鳖共生最大的好处就是不需用药净化水质，只要定期撒石灰粉。南方土壤偏酸，石灰粉杀菌之外，正好平衡土壤酸碱度。甲鱼白天自己找食，晚上补喂一餐鱼粉饵料就可。

据了解，目前湛江实验站通过与农业公司和农民专业合作社合作加大示范推广力度，已在当地示范推广了近千亩，成为当地产业扶贫的主要项目之一。

（2）湛江实验站在湛江市南三镇巴东村建立黑山羊一体化循环养殖产业扶贫示范基地

巴东村位于广东省湛江市南三岛的西部，村委会下辖 18 个自然村，全村人口 2 280 户共 10 032 人。截至 2018 年底，巴东村建档立卡贫困户有 198 户，总人数 595 人。其中低保贫困户 112 户 374 人，一般贫困户 47 户 180 人，五保户 39 户 41 人。全村拥有耕地面积 2 862 亩，水田面积 1 689.37 亩，旱田面积 1 172.63 亩，人均耕地面积 0.28 亩，人均水田面积 0.1 亩，人均旱田面积为 0.12 亩。南三岛气候独特，具有丰富的自然资源，巴东村传统产业以人工养殖鱼虾和出海打鱼等海产为主业，再加上年轻人外出劳务，农村多以留守孤寡老人和儿童为主，一些农田和坡地多都荒废，传统产业经营模式单一；但也有小规模养殖鸡鸭鹅、散养黑山羊，家庭作坊式，坡地散养，养殖户并不多。

2017 年开始，湛江实验站派出科技力量对该村进行技术帮扶，针对巴东村饲草资源丰富和土地资源利用不足，建立了黑山羊一体化循环养殖产业扶贫示范基地建设，改变了传统单一产业发展模式，解决了养殖过程中普遍存在的饲草料难以加工贮存、舍饲化养殖效益低下、粪便自动化收集及无害化处理困难等技术难题，建立了黑山羊一体化循环养殖示范基地 1 个，年出栏黑山羊 200 头以上，年实现销售收入 80 万元以上，大幅度提高了贫困户经济收入；种植优质牧草 50 亩，年加工优质青贮饲料 300 吨以上，年经济产值达 80 万元以上；通过技术帮扶，解决了养殖过程中普遍存在的人工牧草亩产量低下、饲草料难以加工贮存、舍饲化养殖效益低下、粪便自动化收集及无害化处理困难等技术难题，黑山羊综合效益提高 30% 以上，粪便无害化处理达 98% 以上。同时该基地以黑山羊养殖为主，还先后引入了生态鸡的养殖、海鸭蛋的制作、鱼干等多种产业扶贫项目，带动 50 多户扶贫户进行脱贫致富，解决贫困村剩余劳动力，提高贫困户经济收入；乡村整体产业由过去的单一产业转变为多渠道产业共同发展，村容村貌发生了根本性的改变。

该示范基地采取"政府+科研机构+企业+贫困户"的扶贫模式，形成捆绑式发展产业。政府作为项目合作和监督单位，为合作社和企业提供科技扶贫项目所需要的土地（土地租赁费由企业负担）、科技扶贫资金及协调地方各部门为项目建设提供便利条件，协助办理完成土地租用、农用地、环评报告及申请政府一切补贴相关手续等。企业作为项目实施的主体，全面负责科技扶贫项目的建设、运行及后期管理；企业利用政府提供的资金用于项目建设，并按扶贫资金配套一定的资金投入建设，项目建成后由企业集中饲养、统一管理、统一经营，企业需承担养殖过程中的市场风险，保证农户利益，项目投产后，企业每年按照政府提供扶贫资金额的 10% 收益给贫困户。湛江实验站作为项目实施的技术支持单位，负责项目实施过程中的技术服务、可行性研究报告撰写、项目规划设计，并解决养殖过程中有关实际生产中遇到的技术问题，同时为政府和企业提供必要的决策建议等。

三、转化开发

（一）科技产品研发

1. 畜禽健康饲料

（1）青贮发酵饲料（图 2-1）

黑山羊专用发酵饲料：原料采用王草、甜玉米秸秆和蛋白质饲料等，通过复合益生菌等多菌种混合固态发酵和酶法降解生物发酵技术、秸秆高水分青贮技术调制而成。产品具有芳香气味、质地松软、易保存运输、适口性强、营养价值全面、消化率高、育肥效果显著等特点。

杂交肉牛专用发酵饲料：原料采用柱花草 30%、甘蔗叶梢 70% 等，通过复合益生菌等多菌种混合固态发酵和酶法降解生物发酵技术、秸秆高水分青贮技术调制而成。产品具有芳香气味、质地松软、易保存运输、适口性强、营养价值全面、消化率高、育肥效果显著等特点。

甜玉米秸秆发酵饲料：原料采用甜玉米秸秆、复合益生菌和蛋白质饲料等，通过复合益生菌等多菌种混合固态发酵和酶法降解生物发酵技术、秸秆高水分青贮技术调制而成。产品具有芳香气味、质地松软、易保存运输、适口性强、营养价值全面、消化率高、育肥效果显著等特点。

甘蔗叶梢发酵饲料：原料采用甘蔗叶梢、蛋白质饲料等，通过复合益生菌等多菌种混合固态发酵和酶法降解生物发酵技术、秸秆高水分青贮技术调制而成。产品具有

图 2-1 青贮发酵饲料

芳香气味、质地松软、易保存运输、适口性强、营养价值全面、消化率高、育肥效果显著等特点。

2022 年，黑山羊健康青贮饲料获得第二十二届中国国际高新技术成果交易会优秀成品奖。

（2）全混合颗粒饲料（图 2-2）

黑山育肥羊全混合颗粒饲料：以热带优质牧草热研四号王草草粉、玉米、豆粕、麸皮等为原料，按照一定的比例混合并添加复合益生菌、微量元素预混剂后经制粒机加工形成的颗粒饲料。该产品具有营养价值全面均衡、适口性好、利于育肥山羊充分消化、吸收和利用各种营养物质、耐储存、易运输等特点，减少由于采食活动造成的营养消耗、提高了饲料的消化率，育肥增重效果明显。

黑山羊妊娠母羊全混合饲料：以热带优质牧草热研四号王草草粉、玉米、豆粕、麸皮等为原料，按照一定的比例混合并添加复合益生菌、微量元素预混剂后经制粒机加工形成的颗粒饲料。该产品具有营养价值全面均衡、适口性好、利于妊娠母羊充分消化、吸收和利用各种营养物质、耐储存、易运输等特点，满足妊娠期母羊营养需求，减少母羊由于采食活动造成的营养消耗，增加胎儿出生体重，保证生产后奶水供应充足。

黑山羊羔羊全混合颗粒饲料：以热带优质牧草热研四号王草草粉、玉米、豆粕、麸皮等为原料，按照一定的比例混合并添加复合益生菌、微量元素预混剂后经制粒机加工形成的颗粒饲料。该产品具有营养价值全面均衡、适口性好、利于羔羊充分消化、吸收和利用各种营养物质、耐储存、易运输等特点，增加羔羊采食量，促进其尽早采食饲料，促进瘤胃生长发育，提高了饲料的消化率，育肥增重效果明显。

图 2-2　全混合颗粒饲料

2. 林下经济产品

（1）太子参

太子参为石竹科植物孩儿参的干燥块根（图2-3），又名孩儿参、童参，主要含有氨基酸、多糖、皂苷、黄酮、甾醇、三萜及多种微量元素等成分，具有益气健脾、生津润肺的功效，常用于治疗脾虚体倦、食欲不振、病后虚弱、气阴不足、自汗口渴、肺燥干咳。可煲汤、泡水或泡酒等。

图2-3　太子参

（2）牛大力茶

牛大力为豆科崖豆藤属藤本植物（图2-4）。牛大力茶利用牛大力嫩叶炒制而成，具有舒肝和胃、清热解毒的功效，可用于治疗肝炎、肝硬化、慢性支气管炎、咽炎、痛风、风湿性关节炎、类风湿性关节炎、腰膝酸软、心悸、失眠、多梦、心烦等，对改善心脑血管疾病，预防冠状动脉硬化和血栓的形成有一定的作用，可抑制癌细胞再生，提高人体的免疫力，调节内分泌功能，增强体质。

图2-4　牛大力茶

（3）五指毛桃

五指毛桃为桑科植物裂掌榕的根（图2-5），又名五指牛奶、南芪、五爪龙等，其主要含有补骨脂素、佛手柑内酯和芹菜素等药效成分，具有健脾补肺、行气利湿、舒筋活络的功效。主治脾虚浮肿、食少无力、肺痨咳嗽、盗汗、带下、产后无乳、风湿痹痛、水肿、肝硬化腹水、肝炎、跌打损伤，被民间广泛用于煲汤，还可以泡酒和泡水，享有"广东人参"的美誉。

图2-5　五指毛桃

（二）科技成果展馆

1. 科技成果展馆简介

中国热带农业科学院湛江院区科技成果展馆由湛江实验站负责构建及运营，重点展示中国热带农业科学院历史沿革、组织机构、领导关怀、院区布局、科技进展和转化产品展示等，多形式展示院立足湛江、面向中国热区、走向世界热区的丰功伟绩，充分体现中国热带农业科学院"因国家战略而生，为国家使命而战"的责任与担当。

展览馆采用图文展览、实物、影视等表现形式，集中宣传展示中国热带农业科学院在天然橡胶、热带粮食作物、热带油料作物、热带糖料作物、热带饲料作物、热带特色畜禽、热带海洋生物、热带水果、热带药用作物、热带香料作物、热带饮料作物、热带麻类作物、热带花卉、热带林下经济等新品种、新技术、新产品、新材料、新装备、新模式，以保障我国热区"米袋子""菜篮子""果盘子""油瓶子""糖罐子""茶杯子""药缸子"等产品战略科技供给，积极扛起新时期的新使命，坚实履行带动热带农业科技创新的"火车头"、促进热带农业科技成果转化应用的"排头兵"、培养优秀热带农业科技人才的"孵化器"、加快热带农业科技走出去的"主力军"的职责，在支撑热区乡村振兴，服务国家"一带一路"倡议，引领中国热带农业"走出去"等方面彰显国家队的担当。

2. 科技成果展馆展示成果

（1）天然橡胶

天然橡胶是唯一可再生的工业基础原料和国家战略物资。中国热带农业科学院主导天然橡胶国家产业技术体系建设，开展天然橡胶全产业链技术研究，在国际上处于领先地位。选育出热研73397橡胶树等不同推广等级新品种10多个，世界上首次实现了组培苗的规模化生产；抗寒选育种和推广应用创造了世界橡胶种植史上的奇迹，"橡胶树在北纬 18°～24° 大面积种植技术"获国家发明一等奖；推广的 4 天或 5 天割一刀新割胶技术大幅度提高了割胶劳动生产率，研发的便携式电动胶刀效能较传统胶刀提升 30%；制备的军用减震密封用天然橡胶，打破了高性能天然橡胶在国防领域完全依赖进口的局面。

（2）热带粮食作物

热带粮食作物是保障我国粮食安全，提升人民生活品质的重要补充。中国热带农业科学院牵头木薯国家产业技术体系建设，开展热带水稻、马铃薯、甘薯等特色粮食作物和菠萝蜜、面包果等木本粮食作物选育种、优良种苗繁育、节本增效生产、产品加工研发、综合开发利用等全产业链科研工作，助力热区粮食产业结构调整。先后育成"华南"系列木薯新品种 14 个，在我国木薯产区覆盖率 80% 以上，实现了我国木薯产业发展主栽品种良种化。通过木薯品种带头、技术铺路，在柬埔寨推广新品种 30 多万亩，在刚果（布）试验推广新品种，解决当地粮食安全问题，成为"中刚合作的典范"。选育出热黑稻 1 号等优良杂交水稻品种，成功培育特种香稻、黑稻、糯稻、红米稻品种，实施富硒特种稻米无公害产业化开发，并大面积推广应用。

（3）热带饲料作物

热带饲料作物是热区农牧业的重要食源。中国热带农业科学院在世界热带牧草研究领域处于领先地位，建立了我国南方最大的国家级热带饲草种质资源保存圃，收集热带牧草种质资源 9 000 余份，花生、田菁、木豆等蛋白饲料作物资源 3 000 多份，发现并公开发布植物新种 6 个，育成热研 4 号王草等热带牧草新品种 30 多个，在华南地区推广种植 400 多万亩，形成了"北有苜蓿、南有柱花草"的产业化发展格局。研制了王草、木薯茎叶、蔗叶等热带饲料作物健康青贮饲料、全混合颗粒饲料近 10 种，有效支撑我国热区饲料产业发展。

（4）热带糖料作物

糖料作物是为制糖工业提供原料的作物，我国北方以甜菜为主，南方以甘蔗为主。中国热带农业科学院开展甘蔗等热带糖料作物选育种、优良种苗繁育、节本增效生产、综合开发利用等全产业链科研工作，在广西等全国主产区推广应用 250 多万亩，助推农民脱贫致富和乡村振兴，过上甜蜜蜜的日子。培育了中糖 1 号等优良甘蔗品种 5 个，构建以甘蔗脱毒种苗为核心的高效良种繁育技术体系；研发了甘蔗"水肥药一体化"精准施用和农机农艺配套栽培技术，实现了甘蔗耕、种、管、收全程机械化生产；构建甘蔗高效、轻简、低耗、安全栽培技术体系，实现提高产量 20%、减肥减药 25%、节约用种量 60%。

（5）热带油料作物

木本油料产业是我国的传统产业，也是提供健康优质食用植物油的重要来源。中国热带农业科学院主要开展椰子、油棕、油茶等热带木本油料作物选育种、优良种苗繁育、节本增效生产、产品加工研发、综合开发利用等全产业链科研工作，为维护国家粮油安全提供科技支撑。培育出高产早结矮化椰子文椰 3 号等系列新品种 6 个，研发了营养诊断、测土施肥等高效栽培技术，突破了椰花汁高效采集、椰子油湿法加工、椰浆浓缩等深加工技术瓶颈，研发有椰子油、椰花酒等"文昌椰子"系列品牌产品。选育出热油 4 号油棕等新品种，技术支撑企业"走出去"发展油棕产业。选育出热研 1 号油茶等新品种 2 个，开发了油茶花茶、茶枯护发膏、茶油手工皂、山茶精华素等产品，提高了油茶的综合效益。

（6）热带水果

热带水果是人民生活的必需品，是食品工业和酿造工业的重要原料。中国热带农业科学院主要开展香蕉、芒果、菠萝、澳洲坚果、荔枝、龙眼、火龙果、西番莲、油梨、番木瓜、番荔枝、毛叶枣、黄皮、莲雾、神秘果等名优稀特水果新品种培育、优良种苗繁育、采后处理与保鲜、功能性产品研发、综合开发利用等全产业链科研工作，助力热区水果产业结构调整。培育出热农 1 号等芒果新品种 20 多个，构建了海南早熟、广西中熟、攀枝花晚熟栽培技术体系，鲜果供应期覆盖全年，产业规模扩大 40 倍，将攀枝花芒果打造成为国内"海拔最高、纬度最北、品质最优、成熟最迟"的晚熟芒果优势产业带，并辐射形成了金沙江干热河谷晚熟芒果优势产业带。培育出热粉 1 号等香蕉新品种，构建了健康种苗繁育、水肥一体化、病虫害综合防控的栽培技术体系，显著促进香蕉产业升级。发掘金菠萝等 10 多个适合在我国推广种植的菠萝优良品种，研发了菠萝纤维纺织产品 20 多种，提升我国菠萝的综合竞争力。培育推广南亚 3 号澳洲坚果等优良品种 9 个，为澳洲坚果产业的快速发展提供有力的科技支撑。

（7）热带瓜菜

南方是全国冬季菜篮子基地。中国热带农业科学院主要从事冬季瓜菜品种培育、高效栽培技术、病虫害防治和农残控制研究，培育出热科 2 号油绿苦瓜、热辣 2 号黄灯笼辣椒、琼丽西瓜、热豇 1 号豇豆、热科 1 号黄秋葵等优良新品种 20 余个，研发出一系列较适合热带气候特点的西瓜、甜瓜、蔬菜防虫大棚等栽培设施；筛选出有机生态无土栽培、自然沙培复合基质与营养液配方 10 多个；推广辣椒、番茄等作物的坡地生产"水土保持、膜下滴灌、水肥一体"综合栽培配套技术，提高产量 30% 以上，服务地方"菜篮子"。

（8）热带花卉

热带花卉种类繁多。中国热带农业科学院主要开展热带花卉种质资源收集保存、新品种选育及高产栽培利用技术研究，在世界红掌、石斛兰等热带花卉研究领域处于领先地位。收集热带花卉种质资源 7 000 余份，登录热带兰新品种 5 个，育成 2 个新品种及多个新品系，筛选出热研欢哥石斛兰、小黄鸟鹤蕉和木本花卉优良品种 20 多个，驯化成功黄花美冠兰、海南钻喙兰等 8 种野生花卉，建立了种苗繁育和配套生产技术体系，并进行了推广应用。

（9）热带香料作物

热带香料作物是改善人们生活品质必需品。中国热带农业科学院构建了香草兰、胡椒、斑兰叶、草果、花椒、高良姜、香茅等热带香料作物种质资源圃，开展选育种、优良种苗繁育、节本增效生产、产品精深加工、综合开发利用等全产业链科研工作，构建了的产业化配套技术，研发系列产品 50 多种，满足人们多样化的香料产品需求，助推热区香料产业升级和农民增收致富。首创人工阴棚栽培模式和高温发酵生香法研发出香草兰茶、香水、酒、冰淇淋等系列精深加工品牌产品，填补了国内工厂化加工香草兰空白。选育出热引 1 号胡椒等新品种，构建了国际先进胡椒标准化种植生产技术体系，研发出绿胡椒、黑胡椒、胡椒酱等系列高附加值品牌产品。选育出优良无性系棕香斑兰，研发出高通量工厂化育苗、经济林下复合高效栽培、冻干斑兰粉优质加工等关键技术，已形成我国热带地区经济林下复合栽培的优势作物。

（10）热带饮料作物

热带饮料作物是改善人们生活品质必需品。中国热带农业科学院构建了咖啡、可可、茶等世界三大饮料作物种质资源圃，开展新品种选育、优良种苗繁育、高效栽培技术、产品深精加工、资源综合开发利用等全产业链科研工作，构建了产业化配套技术，研发系列产品 60 多种，满足人们多样化的饮料产品需求，助推热区饮料产业升级和品牌打造。选育出中粒种咖啡 8 个高产无性系，通过国审和省审品种 4 个；推广的嫁接换冠改造低产咖啡园技术，产量居世界先进水平；研发兴隆咖啡、普洱咖啡系列品牌产品，有效提升咖啡产品附加值和市场竞争力。研发有风味巧克力、可可粉等系列高附加值品牌产品，有效提升可可产品附加值和市场竞争力。研发茶叶高效栽培等新技术 10 多项，研发苦丁茶、糯米香、鹧鸪茶等 10 余种特色品牌产品。

（11）热带药用作物

热带药用植物极为丰富，具有"天然药库"的美誉。中国热带农业科学院构建了槟榔、益智、砂仁、沉香、艾纳香、牛大力、高良姜、辣木等南药种质资源圃，主要开展新品种选育、种苗繁育、栽培技术、结构与次生代谢调控、资源综合开发利用等全产业链科研工作，实现了资源、种苗和技术的快速应用，研发南药系列保健产品，助力大健康产业发展。选育出高产槟榔新品种热研 1 号，构建优质种苗规模化繁育、病虫害绿色防控和低产槟榔园改造技术体系，增产 30%。选育出国内首个益智品种琼中 1 号，研发了益智酒等系列益智产品，推动了益智产业的发展。培育出热科 1 号沉香等新品种 5 个，创制了稳定高效的沉香整树结香技术，挖掘沉香传统功效研发沉香酒等 70 余款新产品。创新培育热选 1 号牛大力新品种，研发了牛大力胶囊等系列产品，推动了牛大力产业的发展。

（12）热带纤维作物

热带纤维作物是重要的工业原料。中国热带农业科学院重点开展了剑麻品种选育、优良种苗繁育、节本增效生产及多用途开发，研发出菠萝叶纤维机械提取与生物脱胶处理工艺技术及其配套设备，开发出高值化利用系列功能纺织品 6 类 20 余种。中国热科院选育有热麻 1 号剑麻等新品种，构建种苗组培快繁、营养诊断施肥、斑马纹病防治等栽培技术体系，研发有纤维叶汁提取皂素、干酒等产品。

（13）热带林下经济

热带林下经济是一种林农牧高效复合经营模式。中国热带农业科学院筛选出适合热区"幼龄胶园覆盖绿肥""胶园林下间作五指毛桃、砂仁等南药""胶园林下间作斑兰草""橡胶林—草—畜循环生态农业复合系统"等林草、林药、林香、林菌、林粮、林菜、林油、林畜、林蜂、复合等 30 多种林下种植、养殖的立体农业模式及配套技术，研发了斑兰叶、砂仁、益智、太子参等林下科技产品 10 多种，实现综合效益提高 50% 以上；构建了农业植物园等林下科研试验、示范展示、科普研学三位一体休闲农业模式，有效促进一二三产业融合发展。

（14）热带特色畜禽

热带特色畜禽是保障食物安全和居民生活的战略产业。中国热带农业科学院重点开展热带畜禽资源保护、遗传选育、畜禽营养、畜牧兽医、循环养殖、开发利用、环境控制等技术研究，建有黑山羊、五指山猪保种场、儋州鸡、麒麟鸡、狮头鹅等良种繁育场，集成"黑山羊草畜一体化循环养殖""种养加一体化健康养殖"等新模式，在广东、广西、贵州等热区推广示范基地 20 多个，促进产业效益提高 30% 以上，为我国热区特色畜禽产业精准脱贫、乡村振兴提供了典型的科技支撑和示范引领。

（15）热带水生生物

热带水生生物是我国水体农业可持续发展的重要资源。中国热带农业科学院重点开展南海生物资源等热带水生生物创新利用与健康养殖、活性产物开发、微生物组等研究，建立了南海微生物种质资源库、大型海藻种质资源库和微藻种质资源库，分离保存海洋微生物 8 000 多株，发现新种 20 个，集成推广青蟹、澳洲淡水小龙虾、热带大型海藻种苗繁育、生态养殖与高值化利用技术，研制了东风螺、红螯螯虾等健康饲料和石斑鱼病毒病、罗非鱼链球菌病等疫苗，科技支撑南海生物资源科学保护与利用。

（三）湛江动科特色农业博览园

1. 湛江动科特色农业博览园简介

湛江动科特色农业博览园（以下简称"湛江动科园"），位于湛江市麻章区湖秀新村，占地面积 300 亩，始建于 2015 年，由中国热带农业科学院湛江实验站开发管理。

湛江动科园作为国家级热带农业科研试验示范基地，遵循"大食物观"，以展现热带循环农业、轮作农业、旱作农业、健康农业、立体农业、水体农业、草畜农业、设施农业、休闲农业、园林农业10类为主体，以展示热带饲料作物、热带养殖动物新品种、新技术、新模式、新产品等300种为核心，以促进粮经饲统筹、农林牧副渔结合、种养加一体化、产供销一条龙、一二三产业融合发展新模式、新业态、新文化为重点，以传播六畜兴旺、十二生肖、年年有余、动物成语与寓言等文化为特色，旨在打造一座集科研试验、健康养殖、生态示范、科普教育、研学体验、休闲旅游、文化交流、技术培训于一体的人与动物、人与自然和谐共生的热带养殖农业科技博览园，促进粮经饲统筹、农林牧副渔结合、种养加一体化、一二三产业融合发展。

2. 湛江动科园展区

（1）热带循环农业展区

热带循环农业是利用物种多样化微生物科技在农林牧副渔多模块间形成整体生态链，实现种、养、加、产、供、销整体生态良性循环的综合经营方式。本展区主要集成"秸秆—青贮饲料—养殖业"等秸秆资源化利用技术、"畜粪无害化处理"等农业废弃物循环利用技术、"沼液水肥一体化施肥"等10多种资源减量化技术，打造多层次循环农业生态系统，促进热带农业可持续发展。

（2）热带轮作农业展区

热带轮作农业是在为克服热带作物连作障碍并增强土地肥力基础上，在园区同一田块上在季节间和年度间轮换种植不同作物或复种组合的种植方式。本展区主要开展禾谷类轮作、禾草轮作、粮食和经济作物轮作、水旱轮作、草田轮作等20多个新品种、新模式的试验示范，探索南方病虫草害防治、均衡利用土壤养分、改善土壤结构等新技术，促进热带农业可持续发展。

（3）热带旱作农业展区

热带旱作农业是采取节水技术措施来发展旱生、抗旱及耐旱的农作物的栽培制度。本展区主要开展木薯、花生、玉米、马铃薯、甘薯等20多种饲料作物和甘蔗、菠萝等20多种水果作物的试验示范，探索南方坡地水土保持、耕地保育、土壤改良、智能灌溉、间混套种、覆盖农作、保墒固碳等水土资源高效利用新技术、新模式，推进热带农业绿色高效发展。

（4）热带健康农业展区

热带健康农业是以大农业为基础、大健康为主题，是热带农业植入健康、健康赋能农业的新型农业形态。本展区以斑兰叶、高良姜、阳春砂仁、米香茶等20多种药食同源产品、"三品一标"农产品为主要研究对象，树立"植物生长—人和动物转化—微生物循环"的"三物农业"观念，践行"两养"（养生、养心），"三生"（生产、生活、生态）内涵，为社会提供安全、健康、营养、优质的食品和饲料。

（5）热带立体农业展区

热带立体农业是以植物、动物、微生物的特性及生长环境各异的特点，充分利用园区土地空间，实行种植、养殖等多层次、多级利用的综合农业生产方式。本展区主要开展橡胶树林下套种植砂仁、五指毛桃、益智等近20种南药，林下间种斑兰叶、糯米香茶等近10种热带香料作物，混种花卉苗木30多种，复种牧草10多种，轮养鸡鹅等种植养殖模式试验示范，实现高产、高效、节能、环保。

（6）热带水体农业展区

热带水体农业是以园区水塘、水沟和滩涂为载体，实行种养加相结合，多层次、全方位立体开发综合利用水体资源的一种生态型集约化的新型农业。本展区主要以"四水"即热带水产、水禽、水生蔬菜和水藻为对象，展示水生生物新品种健康养殖、疫病绿色防控近10种新技术，"稻鳖鱼鸭复合共生""无土种植蔬菜"等近10种新模式，促进生态效益，提高养殖业经济效益。

（7）热带草畜农业展区

热带草畜农业是以园区饲草和草食动物为载体，发挥南方水热资源优势，发展优质饲草，提供营养饲料，减少畜牧业发展对粮食的依赖的新型农业形态。本展区主要开展"黑山羊草畜一体化循环养殖""林（玉米）—草—鹅生态养殖"等近10种新模式，优质饲草高产栽培、饲草料加工与营养调控等10多种新技术、新产品试验示范，有效支撑我国热区粮经饲统筹发展，保障粮食安全。

（8）热带设施农业展区

热带设施农业是以园区环境安全型温室、畜禽舍为载体，采用人工技术手段，改变热带自然光温条件，创造优化动植物生长的环境因子，使之能够高效生产的一种现代农业方式。本展区主要开展天然橡胶、斑兰叶等温室工厂化育苗，黑山羊、麒麟鸡等畜禽工厂化集约养殖等近20种新技术、新装备试验示范，增强环境的调控能力和抗御自然灾害的能力，提高产量和生产效率，降低人力成本。

（9）热带休闲农业展区

热带休闲农业是以十二生肖、乡村动物、宠虫动物、养殖文化、园艺造景、休闲小品为主题，开发农业养殖动物多种功能的新型农业产业形态。本展区主要提供20多种动物展示、景观欣赏、游乐互动、户外游憩、农事活动、科普教育和研学体验等服务活动，供游人和学生了解乡土农事，领略农技工作，享受人与动物、人与自然和谐共生情趣，促进养殖动物科研成果转化应用，加快一二三产业融合发展。

（10）热带园林农业展区

热带园林农业以园林绿化苗圃为基础，把农业与园林相结合，形成园林化的农业，农业化的园林。本展区主要展示农业园林中珍、奇、特、名、优、稀的外来品种，以及观赏性、生态性、文化性和经济性优良的乡土品种40多种，开展观花、观果、观叶、闻香、品味等服务活动，满足人们对园林景观的欣赏需求，推广园林园艺种植技术成果，使农业经济效益得到更好的发挥。

（四）其他资源开发

湛江实验站资源开发主要为房产资源开发，包括从事科技成果转化、科技服务、对外经营等经营性房产资源共 10 处，合计 20 969.73 平方米，资产价值 2 831.91 万元。主要房产资源包括霞山金马楼（解放西路 18 号科技楼）、综合楼、岭南综合楼（解放西 20 号）、办事处招待所（解放西 29 号 2 栋）、印刷厂宿舍西 1 栋首层（含东二 301）、印刷厂宿舍东 2 栋首层、干休所 4 栋首层、印刷厂车间、科研培训学员集体宿舍楼、库房（原汽车检测室）。

四、合作交流

（一）学术交流

历年来，湛江实验站积极举办和参加各类学术交流，先后组织科技人员参加国内外学术交流活动 440 余人次，开展学术报告 120 余场次，举办相关学术会议 9 场次，湛江实验站的学术影响力和科研水平得到不断的提高。

1. 第一届热带旱作节水农业学术交流会

2017 年 1 月 13—14 日，"第一届热带旱作节水农业学术交流会"在湛江实验站成功召开，从事热带作物及旱作节水农业研究的专家、学者及学生共 30 多人参加了会议。该会议旨在促进旱作节水农业学科建设与团队建设，进一步提升旱作节水农业的科技创新能力，活跃学术气氛。会议邀请了中国农业科学院农业环境与可持续发展研究所郝卫平副研究员、广东海洋大学何觉民教授和中国热带农业科学院南亚热带作物研究所陈菁副研究员。郝卫平副研究员作了"旱作农业生产力提升技术研究与应用""灌溉施肥一体化技术与设备"两个学术报告。会议期间，专家们对旱作节水农业学科建设与团队建设进行了研讨。

2. 第二届热带旱作节水农业学术交流会

2018 年 9 月 9—10 日，"第二届热带旱作节水农业学术交流会"在湛江实验站成功召开，从事热带作物及旱作节水农业研究的专家、学者及学生共 80 多人参加了会议。该会议旨在通过学术交流，提升热带旱作节水农业研究领域的学术水平，促进热带旱作节水农业发展。会议邀请了中国科学院遗传与发育生物学研究所张正斌研究员、广西大学张木清教授、中国热带农业科学院生物所张家明研究员，分别作了抗逆农业建言献策、作物抗旱生理生化研究和高端精准育种方面的专题报告。会议期间还对热带旱作与节水团队建设方案进行了研讨，专家对团队的人员结构、人才培养、研究方向和发展规划提出了宝贵的意见和建议。会后，专家参观了热带旱作节水试验示范基地，给予了良好的评价和建议。

3. 2018 年农业农村部热带果树生物学重点实验室青年学术论坛

2018 年 12 月 16—18 日，"2018 年农业农村部热带果树生物学重点实验室青年学术论坛"在南亚所、湛江实验站成功召开，从事热带果树生物学领域研究的专家、学者及学生共 50 多人参加了会议。会议旨在进一步加强农业农村部热带果树生物学重点实验室的学术交流，促进热带果树生物学与前沿植物科学不同学科之间的学科交叉和协同创新，提升热带果树生物学领域青年研究人员科学研究能力。会议邀请了兰州大学向云教授、河北师范大学张春广副教授、南阳师范学院燕志强副教授、中国科学院西北生态环境资源研究院赵鹏善副研究员、兰州大学生命科学学院万东石教授、中国科学院上海植物生理生态研究所付艳蕾研究员等，分别针对热带果树生物学领域相应研究方向作了专题报告。

4. 第一届热带水果植物品质调控与食品健康研讨会

2019 年 3 月 8—9 日，"农业农村部热带果树生物学重点实验室、南方科技大学—北京大学植物与食品联合研究所学术讨论会暨第一届热带水果植物品质调控与食品健康研讨会"在南亚所、湛江实验站成功召开，从事植物学、热带水果品质调控等领域研究的专家、学者及学生共 50 多人参加了会议。会议旨在进一步加强学术交流，探讨合作领域，全面提升热带果树生物学的基础研究水平。会议邀请了南方科技大学专家郭红卫教授、梁建生教授、杜嘉木教授、翟继先副教授、王俊琦副教授、Peter Pimpl 副教授、吴柘助理教授、李瑞熙助理教授等，分别对目前植物学及热带水果品质调控与食品健康领域最新、最前沿的研究成果作了报告，并对未来最具挑战性的发展方向进行深入探讨。

5. 第三届热带旱作节水农业学术研讨会暨项目论证会

2019 年 4 月 12—14 日，"第三届热带旱作节水农业学术研讨会暨项目论证会"在南亚所、湛江实验站成功召开，从事热带作物及旱作节水农业研究的专家、学者及学生共 110 多人参加了会议。会议旨在进一步促进热带旱作节水农业发展，加强中国热带农业科学院设施农业学科建设，提升该研究领域的学术水平。会议邀请了中国农业科学院梅旭荣研究员、西北农林科技大学吴普特教授和中国农业大学杜太生教授，分别作了"我国农业水资源可持续利用""关于农业高效用水的一点思考""基于作物生命需水信息的节水调质高效灌溉理论和技术"专题报告，交流热带旱作节水农业领域的研究进展和研究成果，讨论中国热带农业科学院热带旱作节水农业的发展方向、研究领域、团队建设等，并论证了热带农业环境与作物高效用水试验基地建设项目存在的相关问题。

6. 中国热带作物学会园艺专业委员会 2019 年学术研讨会暨院士与专家走基层推进特色热带农业发展助力乡村振兴高层论坛

2019 年 12 月 10—11 日，"中国热带作物学会园艺专业委员会 2019 年学术研讨会暨院士与专家走基层推进特色热带农业发展助力乡村振兴高层论坛"在南亚所、湛江实验站成功召开，全国各地从事园艺科学研究、教学、生产和管理的近 200 名专家学者围绕"相约南亚热作，筑梦高效园艺"主题共话园艺传承，共促科技创新。会议由中国热带作物学会园艺专业委员会、中国农业资源与区划学会、中国农业科技下乡专家团主办，南亚所、湛江实验站等单位共同承办。民革中央副主席何丕洁，中国老教授协会常务副会长、中国农业大学原校长江树人，中国工程院院士、华中农业大学教授傅廷栋，中国工程院院士、中国林业科学研究院研究员张守攻、中国农业科技下乡专家团常务副团长陶元兴、中国热带农业科学院副院长谢江辉等领导和嘉宾出席会议。会上，专家们分别作了"发展林下经济助力特色农业建设""油菜杂种优势利用及品质改良""犁基因组研究与分子育种应用""植物胁迫应答代谢产物转录调控——以 WRKY40-PSCS 为例""中国香蕉产业发展态势及枯萎病防控研究进展"等报告。与会代表深入开展学术交流，认真总结实践经验，为园艺产业的发展注入了新的动力。

7. 中国热带作物学会科技成果转化工作委员会第五次会员代表大会暨全国热区科技成果转化学术研讨会

2023 年 2 月 14—16 日，"中国热带作物学会科技成果转化工作委员会第五次会员代表大会暨全国热区科技成果转化学术研讨会"在海南澄迈顺利召开，会议由中国热带作物学会科技成果转化工作委员会主办，中国热带农业科学院热带农业技术转移中心、湛江市中热科技成果转移转化中心协办，中国热带农业科学院湛江实验站、中国热带农业科学院成果转化处联合承办。中国热带作物学会、中国热带农业科学院以及来自广东、广西、海南、贵州、西藏、江西、云南、湖南、福建、四川等地的科研院所、高校及企业中从事科技成果转化研究、教学、生产、服务和管理的专家、学者 50 余人出席了会议。会上，中国热带农业科学院湛江实验站站长欧阳欢、中国热带农业科学院成果转化处负责人廖子荣、广西农业科学院转化处处长车江旅、广东省农业科学院科技合作部主任袁显、贵州中医药大学药学院院长庞玉新等 7 名专家和企业家分别作了科技成果转化工作专题报告。与会人员就如何高质量开展科技成果转化工作进行了交流和探讨。

8. 第二届海南省海洋生物青年科技论坛

2023 年 4 月 27—30 日，以"海洋生物技术与水产养殖业高质量发展·青年科技人才成长与发展"为主题的第二届海南省海洋生物青年科技论坛在中国热带农业科学院海口院区举办。论坛由中国热带农业科学院湛江实验站、热带生物技术研究所、海南大学海洋学院和海南省海洋与渔业科学院联合主办，海南晨海水产有限公司、海南省海洋生物功能性成分研究与利用重点实验室、中国热作学会科技成果转化工委会等单位承办。海南省科学技术厅、海南省科学技术协会、中国热带农业科学院科技处等负责人出席论坛。来自中国海洋大学、青岛农业大学、中山大学、山东大学、福建农林大学、海南大学、广东海洋大学、中国科学院水生生物所、中国热带农业科学院等30余所科研院所和高校的150余名专家学者齐聚一堂，共话热带水产养殖业高质量发展。论坛上，来自省内外的12名海洋生物和水产领域杰青、优青等专家分别作了"脊椎动物的干扰素系统""鱼类生殖相关功能基因鉴定与生殖开关技术研究""鱼类生殖细胞发育与借腹生殖高效育种""减抗背景下水产细菌病害综合防控策略探索""水产动物营养与饲料学现状及未来发展趋势"等学术报告，全方位展示国内海洋生物技术与水产养殖业领域的科技发展现状和研究进展。并就如何在海南自贸港建设大背景下科技助推热带水产高质量发展，海南水产南繁种业与绿色健康养殖的难点及对策等方面开展热烈讨论，形成了建设性的意见和建议。

9. "科创中国"热带农业产业科技服务团启动暨热带林下经济产业高质量发展研讨会

2023年7月21—23日，"科创中国"热带农业产业科技服务团启动暨热带林下经济产业高质量发展研讨会在海南三亚成功举办。会议由中国热带作物学会、中国热带农业科学院、三亚市科学技术协会共同主办，中国热带作物学会科技成果转化工作委员会、中国热带农业科学院成果转化处、中国热带农业科学院湛江实验站、中国热带农业科学院三亚研究院联合承办。"科创中国"热带农业产业科技服务团成员、中国热带作物学会、中国热带农业科学院以及来自广西、海南、云南、湖南等地的科研院所、高校及企业中从事热带林下经济产业的专家、学者50余人出席了会议。会上，13位服务团专家分别就"六棵树"等林下经济有关研究进展、技术成果推广应用和成功案例等方面作专题报告，内容涵盖热带林下种业、种植、养殖、机械、加工、开发利用、休闲旅游等全产业链，涉及林下种养新品种、新技术、新模式、新装备、新工艺等先进实用成果。与会人员就产业发展技术问题和成果需求进行深入交流讨论，并通过现场科企互动，使成果更好地找到用武之地，生产技术难题找到化解之策，推动林下经济科技与产业深度融合，科企携手助力热带林下经济产业高质量发展。

（二）科技合作

1. 国内科技合作

历年来，湛江实验站持续强化与国内相关科研机构、高校、地方政府和企业之间等的科技合作与交流。湛江实验站历年来开展科技合作的主要单位，详见表2-8。

表2-8　湛江实验站历年来开展科技合作的主要单位

序号	名称	合作内容
1	广东农垦总局生产科技处	2009 年，签订科技合作协议
2	广东海洋大学农学院	2009 年，签订科技合作协议
3	湛江农垦研究所	2009 年，签订科技合作协议
4	广东农垦属下部分农垦局	2009 年，签订科技合作协议
5	广东农垦属下部分国营农场	2009 年，签订科技合作协议
6	广东中能集团	2013 年，签订科技合作协议
7	中国科学院河北国农集团	2013 年，签订科技合作协议
8	广东农垦	2013 年，签订科技合作协议
9	北京化工大学	2013 年，签订科技合作协议
10	新疆农业科学院	2013 年，签订科技合作协议
11	四川凉山彝族自治州经济研究所	2013 年，签订科技合作协议
12	湛江科茂农业科技有限公司	2015 年，签订科技合作协议
13	中国热带农业科学院南亚热带作物研究所	2016年，"中国热带农业科学院热带旱作农业研究中心"双挂牌
14	中国热带农业科学院南亚热带作物研究所	2016 年，联合申报"广东省旱作节水农业工程技术研究中心"
15	中国热带农业科学院南亚热带作物研究所	2016 年，联合建设与培育"院旱作节水科技创新团队"
16	中国热带农业科学院广州实验站	2016 年，合作开发"礼品西瓜"设施种植西瓜基质
17	云南省农业科学院甘蔗研究所	2016 年，联合申报立项云南省重点实验室开放课题"割手密 REMO 类基因克隆与功能鉴定"项目，经费 5 万元
18	中国农业科学院蜜蜂研究所	2016 年，联合申报立项农业部授粉昆虫生物学重点实验室开放课题"中国野生蜜蜂遗传多样性与其高原适应性进化研究"项目，经费 5 万元
19	贵州省农业科学院现代中药材研究所	2016 年，联合申报贵州省科技支撑计划项目"太子参品种选育及适应性试种"
20	岭南师范学院	2016 年，签订"岭南师范学院校外实习基地建设协议书""岭南师范学院研究生联合培养基地协议"2 项合作协议，并挂牌建立"岭南师范学院专业实习基地"
21	湛江科贸农业有限公司	2016 年，签订科技合作框架协议，联合开展热带旱作节水农业技术的研发，联合申报立项广东省农业厅技术示范推广项目"辣木标准化高产栽培技术示范与推广"，获立项支持 40 万元

续表

序号	名称	合作内容
22	徐闻现代农业灌溉有限公司	2016 年，签订科技合作框架协议
23	广东德玥生物工程有限公司	2016 年，签订科技合作框架协议，联合申报广东省科技项目 1 项
24	中国热带农业科学院农产品加工研究所	2017 年，联合开展生物降解地膜的试验示范
25	中国农业科学院作物科学研究所	2017 年，联合开展冬季甜高粱品种筛选与杂交选育
26	广东煜阳生态农业发展有限公司	2017 年，签订科技合作框架协议
27	龙川县鑫炬种羊农民专业合作社	2017 年，签订科技合作框架协议
28	湛江科茂农业科技有限公司	2017 年，签订科技合作框架协议
29	广西壮族自治区国有东门林场	2022 年，联合申报广西壮族自治区自筹经费林业科技项目
30	中国热带农业科学院南亚热带作物研究所	2022 年，联合开展林下间种试验和产品研发
31	江西青峰药业药业有限公司	2022 年，联合开展穿心莲种质资源评价与良种选育工作
32	海南文昌昌洒凤纪驯养场	2022 年，签订科技合作协议
33	广东绿垦农业科技有限公司	2022 年，签订科技合作协议
34	广东荣枫农牧科技有限公司	2022 年，签订科技合作协议
35	海南热作高科技研究院有限公司、中国热带农业科学院香料饮料研究所	2023 年，签订科技项目战略合作协议
36	广西壮族自治区水牛研究所	2023 年，联合申报广西重点研发计划项目
37	成都农业科技职业学院	2023 年，联合开展鲜食玉米品种选育工作
38	广东海洋大学	2023 年，签订联合培养研究生示范基地合作协议书
39	广西大学动物科学技术学院	2023 年，签订联合培养研究生合作协议书
40	广东药科大学	2023 年，签订实习实训基地协议书

历年来，湛江实验站积极与国内相关高校合作，联合培养研究生和招收实习生，让学生直接参与各类科研项目执行过程，对加快各类科研项目实施，提高各类科研项目研究水平起到了一定的积极作用。湛江实验站历年联合培养研究生清单如表 2-9 所示，湛江实验站历年招收实习生清单如表 2-10 所示。

表2-9 湛江实验站历年联合培养的研究生

序号	姓名	学校	在站学习时间
1	毛开宇	广西大学	2023.5.19—
2	陈李雨嘉	广东海洋大学	2023.02.21—

表2-10 湛江实验站历年招收的实习生

序号	姓名	学校	在站学习时间
1	唐民尧	云南农业大学	2018.08.02—2019.07.09
2	苟国星	云南农业大学	2018.08.08—2019.07.09
3	刘杰	云南农业大学	2018.08.07—2019.08.15
4	彭应洲	云南农业大学	2018.08.07—2019.07.09
5	朱超	云南农业大学	2018.08.08—2019.06.13
6	王传奂	云南农业大学	2018.08.08—2019.07.09
7	施汝顺	云南农业大学	2018.08.08—2019.07.22
8	廖志婵	广东海洋大学	2019.03.05—2019.05.10
9	谌用华	岭南师范学院	2019.07.15—2019.11.15
10	杨肃赟	岭南师范学院	2019.07.15—2019.11.15
11	何慧卿	岭南师范学院	2019.07.15—2019.11.15
12	钟雅婷	岭南师范学院	2019.07.15—2019.11.15
13	杨新宇	岭南师范学院	2019.07.15—2019.11.15
14	黄莉	岭南师范学院	2019.07.15—2019.11.15
15	吴莹莹	岭南师范学院	2019.07.15—2019.11.15
16	林楠	岭南师范学院	2019.07.15—2019.11.15
17	许英权	云南农业大学	2019.07.23—2020.01.17
18	李亚波	云南农业大学	2019.07.22—2020.01.21
19	胡乐君	广东农工商职业技术学院	2019.11.07—2019.11.15
20	李兆宗	广东农工商职业技术学院	2019.11.07—2019.11.15
21	植秋妹	广东农工商职业技术学院	2019.11.07—2019.11.15
22	冯梓朗	广东农工商职业技术学院	2019.11.07—2019.11.15
23	洪仪	广东农工商职业技术学院	2019.11.07—2019.11.15
24	付茂香	云南农业大学	2020.07.19—2021.08.05
25	段永锟	云南农业大学	2020.07.19—2021.06.30
26	赵美婷	云南农业大学	2020.07.19—2021.08.04
27	魏滢	云南农业大学	2020.07.19—2021.08.04
28	杨凯琪	岭南师范学院	2020.09.01—2021.03.10

序号	姓名	学校	在站学习时间
29	苏慧婷	广东海洋大学	2020.07.09—2020.09.02
30	吴严	云南农业大学	2020.08.01—2022.07.31
31	杨家帅	云南农业大学	2021.08.01—2022.07.31
32	龙晨炀	云南农业大学	2021.08.02—2022.08.01
33	段元浩	云南农业大学	2021.08.02—2022.08.01
34	刘龙香	岭南师范学院	2021.08.02—2021.11.13
35	尹伊秀娟	云南农业大学	2021.08.04—2022.08.03
36	鲁祎莹	云南农业大学	2021.08.04—2022.08.03
37	普开亮	云南农业大学	2021.09.03—2022.08.03
38	施云凤	云南农业大学	2021.09.03—2022.08.04
39	黄宝珠	广东药科大学	2021.11.15—2022.04.18
40	黄晓茹	广东药科大学	2021.11.15—2022.04.19
41	申吉祥	广东海洋大学	2022.03.05—2022.06.30
42	郭桐君	广东海洋大学	2022.03.05—2022.06.30
43	林宏宇	广东海洋大学	2022.03.05—2022.06.30
44	陈家仪	广东海洋大学	2022.03.05—2022.06.30
45	黄泳俊	广东海洋大学	2022.03.05—2022.06.30
46	刘瑞子	广东海洋大学	2022.03.05—2022.06.30
47	李梦欣	岭南师范学院	2022.07.01—2022.08.01
48	张露元	云南农业大学	2021.09.03—2022.08.03
49	韩笑	佳木斯大学	2022.10.27—2022.11.12
50	花佳富	广东药科大学	2022.11.11—2023.05.04
51	李润华	广东药科大学	2022.11.11—2023.05.04
52	舒正鑫	广西生态工程职业技术学院	2022.11.23—2023.05.22
53	李祖任	广西生态工程职业技术学院	2022.11.23—2023.08.31
54	沈耀森	广东药科大学	2022.12.07—2023.04.28
55	李子钒	广东药科大学	2023.01.14—2023.05.04
56	刘明阳	长江大学	2023.02.24—2023.07.02
57	李润华	广东药科大学	2023.05.05—2023.06.30
58	田茂菊	云南农业大学	2023.08.01—
59	龙璐芸	云南农业大学	2023.08.01—
60	季木灯	云南农业大学	2023.08.01—
61	秦雅楠	云南农业大学	2023.08.01—

2. 国际科技合作交流

2012 年开始，湛江实验站以建设热区旱作研究中心为契机积极开展国际交流与合作方面的工作，历年来，湛江实验站共开展国际科技合作交流 7 次。

2012 年，对国际半干旱地区热带作物研究中心（ICRISAT）、国际干旱地区农业研究中心（ICARDA）等 19 个国内外的旱作农业研究机构信息进行了收集、摘录和汇编，编写了《旱作农业科研机构概况》。同时，初步与国际半干旱地区热带作物研究中心达成交流协议，受到该研究中心人力资源主管 Hector V Hernandez 的访问邀请。

2013 年 9 月 12 日—11 月 30 日，刘实忠赴美国执行热带农业科技创新能力提升任务。

2014 年 9 月—2015 年 4 月，湛江实验站积极配合农业部对外经济合作中心开展中英非农业合作项目，选派一名科技骨干（宋付平）赴乌干达开展木薯产业链技术培训和示范项目建设工作。湛江实验站科技人员共在当地开展大田培训 40 次，培训当地农户 300 人次；开展技术培训班 12 次，培训相关人员 500 人次，技术指导完成木薯育苗及生产基地 40 个，调查了乌干达土壤、气候、木薯资源、果树资源，积极参与农业技术与产品引进与输出，努力促进中国与中非国家的友谊，为推进农业科技"走出去"作出积极贡献。

2016 年 8 月 10—15 日，刘洋赴美国堪萨斯州立大学进行学术交流。

2017 年 9 月 1—10 日，刘洋参加中国热带农业科学院在卢旺达举办的"热带粮食作物种植与加工技术海外培训班"，为卢旺达农业政府部门和科研机构的 50 名学员讲授玉米的种植与加工技术。

2017 年 10 月 24 日—11 月 2 日，刘洋作为中国热带农业科学院热带作物品种资源研究所组团专家赴尼日利亚开展 948 项目子任务"中非洲、大洋洲（其他岛国）农业生物资源引进与农业技术需求和政策信息收集研究"的资源引进工作，完成《中非农业科技国别研究报告》。

2018 年 9 月 16 日—2019 年 9 月 16 日，刘洋赴美国堪萨斯州立大学进行访问学者研究工作，主要从事小麦抗病基因 LR42 分子标记的开发和应用，同时学习美国植物遗传育种的最新技术和知识。

2019 年 11 月 11—14 日，刘恒、窦美安、安东升团队一行 3 人赴国际半干旱地区热带作物研究中心执行旱作及节水灌溉技术联合调查与评价任务，综合评价热带半干旱地区旱作及节水技术现状，双方交流存在问题及可能的对策。初步明确了在热带旱地作物分子育种方法和流域降雨循环利用方向的合作意向及交换生培养。实地考察了长期定位试点，对各自环境特点进行对比分析，提出未来可能的解决方案。

五、人才团队

（一）人才资源

1. 人才资源现状

2023 年 10 月，湛江实验站在编在职职工 45 人，其中管理岗位人员 7 人，占全站职工总数的 15.56%；专业技术岗位人员 35 人，占全站职工总数的 77.78%；工勤岗位人员 3 人，占全站职工总数的 6.66%。

全站在职职工中，博士 5 人（含院高层次人才 D 类、E 类各 1 个）、硕士 24 人、本科 9 人；正高级职称人员 6 人、副高级职称人员 3 人、中级职称人员 11 人、初级职称人员 10 人、员级 1 人、见习期人员 11 人。湛江实验站历年在编在岗高级职称人员见表 2-11。

湛江实验站人才队伍建设偏弱，现有博士 5 人，占全站专业技术岗位比例 14.28%，博士研究生比例较低；现有在职人员中高级职称人员 9 人，占全站专业技术岗位比例 25.71%，高级职称人员比例较低；现有在职人员中 50 岁以下高级职称人员 5 人，占全站专业技术岗位比例 14.28%，中青年骨干偏少；现有在职人员中 30 岁以下科技人员 14 人，占全站专业技术岗位比例 40%，青年科技人员较多。

表2-11 湛江实验站历年在编在岗高级职称人员

序号	姓名	性别	专业	专技职务	取得时间	备注
1	欧阳欢	男	农业经济管理	研究员	2011 年 1 月	三级专技
2	周汉林	男	动物营养与饲料科学	研究员	2012 年 1 月	三级专技
3	窦美安	男	作物遗传育种	研究员	2012 年 1 月	
4	胡永华	男	海洋生物学	研究员	2018 年 1 月	三级专技
5	罗萍	女	热带作物栽培	研究员	2018 年 1 月	
6	韩建成	男	农业推广（养殖）	研究员	2022 年 1 月	
7	吴涤非	男	农业机械化	副研究员	1986 年 12 月	国务院政府特殊津贴
8	陈世信	男	橡胶加工	副研究员	1989 年 12 月	
9	张海林	男	热带作物栽培	副研究员	1994 年 2 月	
10	陈永辉	男	热带作物栽培	副研究员	1994 年 12 月	
11	程儒雄	男	热带作物栽培	副研究员	1996 年 1 月	
12	范武波	男	作物遗传育种	副研究员	2008 年 7 月	
13	黄小华	女	农业经济管理	副研究员	2012 年 1 月	
14	李端奇	男	土壤化学	副研究员	2013 年 1 月	
15	刘洋	男	作物遗传育种	副研究员	2014 年 1 月	

序号	姓名	性别	专业	专技职务	取得时间	备注
16	徐建欣	男	作物遗传育种	副研究员	2016 年 1 月	
17	贺军军	男	植物营养学	副研究员	2018 年 1 月	
18	姚艳丽	女	作物栽培与耕作学	副研究员	2020 年 1 月	
19	陈影霞	男	针灸学	副研究员	2020 年 1 月	
20	张华林	男	森林培育	副研究员	2022 年 1 月	
21	马德勇	男	草业科学	副研究员	2022 年 1 月	
22	王海勇	男	会计学	高级会计师	2023 年 1 月	

2. 科技专家风采

刘国道，研究员，博士生导师，农业农村部热带牧草种质创新与利用团队带头人，中国热作学会理事长、中国草学会副理事长、全国牧草品种审定委员会副主任、全国热带作物品种审定委员会副主任，海南省突出贡献专家、国务院政府特殊津贴专家、中央联系的高级专家，入选新世纪百千万人才工程国家级人选、教育部跨世纪优秀人才、全国农业科技先进工作者、全国农业科研杰出人才，何梁何利区域创新奖、国际生物多样性研究中心—国际热带农业中心联盟突出贡献奖、中国青年科技奖、海南省国际合作贡献奖、海南青年五四奖章获得者，国家国际科技合作奖获得者国际热带农业中心（CIAT）的主要合作者。长期从事热带草业方面的研究工作，主持 30 多项国家及省部级项目，发表论文 300 多篇，出版专著 28 部、系列科普丛书 5 套；选育热研 4 号王草等牧草新品种 23 个，获国家发明专利 5 项；以第一完成人获海南省自然科学特等奖 1 项、省部级科技进步奖一等奖 8 项、二等奖 2 项、三等奖 3 项，神农中华农业科技奖科普奖 2 项；以主要完成人获省部级科技进步奖一等奖 1 项、二等奖 4 项、三等奖 15 项。培养博士后 1 名，博士研究生 7 名，硕士研究生 48 名。

欧阳欢，研究员，硕士生导师，海南省领军人才、海南省自由贸易港 C 类人才、科技部项目评审专家、中国热带农业科学院学术委员会常务委员、热带植物园创新联盟副理事长、中国热带作物学会科技成果转化工作委员会主任，中国产学研合作创新奖、海南省青年科技奖、海南省企业经营管理创新成就奖获得者。主要从事热带林下经济、植物园区开发、农业科技管理研究，承担省部级项目研究 40 多项，主编出版著作 10 部，发表学术论文 140 多篇；获发明专利 4 项、软件著作权 36 项；获海南省科技进步奖一等奖 2 项，海南省科技成果转化奖一等奖 1 项，海南省社会科学优秀成果奖一等奖 1 项、三等奖 1 项，农业农村部科技成果转化奖一等奖 4 项，"三农"科技服务金桥奖二等奖 1 项，海南省创新创业大赛二等奖 1 项，中华农业科技奖三等奖 1 项，海南省科研体制创新奖 1 项。

周汉林，研究员，硕士生导师，海南省"南海名家"、海南省领军人才、海南省515 人才工程第二层次人才，中国热带农业科学院重点学科一级学科畜牧学和热带畜牧创新团队带头人、热带农业科研杰出人才和中国热带农业科学院"十百千人才工程"人才，中国博士后科学基金评审专家、国家科技项目评审专家、中国畜牧兽医学会动物营养学分会理事、中国畜牧兽医学会养羊学分会理事、海南省黑山羊协会会长。主要从事畜禽健康养殖、热带饲料资源开发利用等方面技术研究工作，先后主持科技部、农业农村部和海南省重大项目等 20 多项工作。获省部级科技奖项 10 多项，以第一作者和通信作者发表学术论文 130 多篇，其中 SCI 收录论文 24 篇。

胡永华，研究员、博士生导师，中国热带农业科学院热带海洋生物资源与利用创新团队带头人，海南省海洋生物资源功能性成分研究与利用重点实验室主任；全国农业农村系统先进个人、海南省领军人才、海南省"百人专项"入选者，海南省创新团队负责人，获中国科学院卢嘉锡青年人才奖、青岛市青年科技奖等荣誉称号；主要从事水产动物疫病发生机制与免疫防控研究。主持 12 项国家级、省部级项目，在海洋微生物资源利用、病原微生物致病机制、鱼类免疫及疫病免疫防控方面取得了多项创新性成果；在 *Aquaculture*、*Applied and Environmental Microbiology*、*Vaccine*、*Virulence*等主流期刊发表第一作者和通信作者论文 42 篇（JCR 一区论文 30 篇），获省部级奖励 3 项；担任 *Vaccines*、*Frontiers in Immunology*、《热带生物学报》等期刊的编委 / 客座编委。

罗萍，研究员，国家天然橡胶产业技术体系湛江综合试验站站长，科技部、广东省科技厅和湛江市科技咨询专家，中国天然橡胶协会理事，中国热作学会南药专委会常务理事，广东省热作学会常务理事。长期从事热带作物的引种、栽培技术研究和遗传育种工作，承担农业农村部重点科研项目等 20 多项，主持国家天然橡胶产业技术体系湛江综合试验站建设项目多次评为优秀。获得农业农村部科技进步奖二等奖 1 项，云南农垦科技进步奖一等奖 1 项，海南科技进步奖二等奖 2 项、三等奖 1 项，海南省技术发明奖二等奖 1 项，获批专利 5 项，发表论文 90 多篇，其中 SCI 收录 3 篇。获国审橡胶树新品种登记 6 个，新品种保护权 2 项，专利 5 项。

窦美安，研究员，硕士生导师，国家科技项目评审专家，广东省现代农业（耕地保育与节水农业）产业技术研发中心负责人。先后从事橡胶树抗寒高产选育种研究、菠萝种质资源评价、热带旱作生理生态及节水技术研究、智能化灌溉设施与节水技术研究，先后承担了国家科技攻关课题子课题等科技项目 20 个。获海南省科技进步奖二等奖 1 项，发表科技论文 25 篇，其中第一作者或通信作者发表了 15 篇，审定品种 1 个，制定农业行业标准 1 个，获授权发明专利 1 件，参与编辑专著 1 本。

韩建成，研究员，硕士生导师，广东省草食动物联盟理事，中国热带作物学会牧草专委会委员，中国热带农业科学院"十百千人才工程"人才，湛江市高层次人才。主要从事热带饲料作物饲料化开发利用、热带草畜一体化循环养殖技术集成及畜禽粪便无害化处理等技术研究工作。先后主持各级各类项目20余项，主编著作2部，参编著作3部，发表论文20余篇（ISTP收录5篇），获授权专利8项，软件著作权15项，获省部级科学技术奖二等奖1项，广东省农业技术推广奖二等奖1项，中国热带农业科学院科技二等奖1项、中国国际高新技术成果优秀奖4项、省部级农业主推技术2项。

贺军军，副研究员，中国天然橡胶协会委员，中国热带作物学会南药专委会，广东省南药种植标准化技术委员会委员，湛江市B类人才。主要从事橡胶树和砂仁种质资源评价与选育种研究，先后承担省部级项目10多项，获海南省科技进步奖二等奖1项、海南省技术发明奖二等奖1项、海南省农技推广奖三等奖1项、中国热带农业科学院科技创新奖二等奖1项；登记橡胶树品种4件，获橡胶树新品种权7件；研制农业行业标准1项、团体标准2项，发表论文20余篇。

刘洋，副研究员，在职期间任站长助理，甘蔗研究室负责人，旱作节水研究室负责人，广东省旱作节水工程技术研究中心负责人，广东省科技特派员团队负责人。主要从事作物育种与遗传改良研究工作，主持国家重点研发专项子课题、公益性行业科技专项课题、广东省自然科学基金等项目10余项。共发表论文70余篇，其中SCI论文14篇（1区TOP论文3篇），获得海南省自然科学奖三等奖1项，国家发明专利6项，实用新型专利20余项，软件著作权10项，参与获得植物新品种保护权3项，审定品种1项。

徐建欣，副研究员，先后主持国家自然科学基金、海南省自然科学基金近10项，发表科研论文10余篇，授权实用新型专利4项。2015年筹建陆稻研究课题组，开展陆稻种质资源收集、整理与保护工作，陆稻种质资源抗旱性综合鉴定、米质评价以及分子标记鉴定等研究，收集陆稻种质资源300余份共128个品种（系），其中包括海南山栏稻品种23个，并对其中大部分品种进行抗旱性综合鉴定、米质评价以及分子标记鉴定。

姚艳丽，副研究员，主要从事旱作种质资源创新与利用和菠萝品质调控机理研究。先后主持和主要参与的项目有国家重点研发子课题、海南省自然科学基金、广东省自然科学基金、公益性行业（农业）科研专项、广东省扬帆计划等项目10多项。以第一作者发表论文20篇，获授权实用新型专利3件，制定农业行业标准1项，获得中华农业科技奖二等奖1项和云南省自然科学奖三等奖1项。

张华林，副研究员，广东省省级农村科技特派员、湛江市农村科技特派员、湛江市高层次人才B类人才，国家天然橡胶产业技术体系湛江综合试验站骨干成员。主要从事橡胶树及林下种质资源的收集鉴定评价和综合利用，主持或以主要成员参与广东省自然科学基金等科研项目20余项。发表相关学术论文35篇，作为骨干成员连续10年参与"国家天然橡胶产业技术体系湛江综合试验站"项目并在年终考评中均获"优秀"。获授权发明专利 1 项，实用新型专利 31 项，外观设计专利 1 项，植物新品种保护权 2 项，软件著作权 4 项，完成国家级品种登记 2 项，参与编写著作 3 篇。获科技奖励 3 项。

侯冠彧，研究员，中国热带农业科学院品资所畜牧研究中心主任，海南省畜牧兽医学会副理事长，中国畜牧兽医学会养牛学分会、养羊学分会、家畜生态学分会理事，海南省拔尖人才、湛江实验站学术委员会委员。主要从事热带畜禽种质资源保护、遗传育种及健康养殖研究，主持或参与国家农业重大科技项目子课题、农业行业科技、海南省重点研发及产业集群等 20 多项科研项目，在雷琼牛基因组选择参考群体建设、五指山猪实验动物化研究、儋州鸡遗传资源选育鉴定及养殖推广等方面作出重要成绩。先后获得省部级科技奖励 6 项，主持鉴定国家级地方鸡品种资源 1 个，编制地方标准 7 项，获授权发明专利 2 项，出版专著 2 部，发表论文 80 多篇。

董荣书，副研究员，中国热带农业科学院品资所草业研究中心主任，中国热带作物学会牧草与饲料专委会主任，湛江实验站学术委员会委员，热区石漠化山地绿色高效农业科技创新联盟秘书长。从事热带牧草新品种选育及高效利用研究，主持省部级项目 10 余项，出版专著 6 部，发表论文 25 篇，其中 SCI 论文 11 篇，获授权专利 8 项，选育国审牧草新品种 3 个。获农业农村部"十三五"热作新主推技术 1 项，石漠化区域草畜一体化生态高效发展模式入选中国科协十年优秀工作案例，7 个案例被世界粮食计划署南南合作知识平台收录。获省部级奖励 3 项。

冼健安，副研究员，博士生导师，中国热带农业科学院生物所海洋生物资源研究中心常务副主任，入选首批海南省南海名家青年项目培养对象，中国热带农业科学院优青计划培养对象，海南省拔尖人才，湛江实验站学术委员会委员，海南省级、福建省级、福州市级科技特派员。主要从事水产动物环境胁迫响应与防御机理、营养需求与健康饲料、健康养殖技术等方面的研究。先后主持国家自然科学基金等项目 18 项；发表研究论文 120 多篇；获授权专利 6 项；研发产品 2 个；获中国热带农业科学院突出贡献奖、中国热带农业科学院先进个人、中国热带农业科学院生物所先进工作者和开发先进个人等称号。

（二）科研团队

截至 2023 年 10 月，湛江实验站建有 4 支所级科研团队，分别为橡胶林下经济科研团队、热带草畜一体化科研团队、热带饲料作物资源利用科研团队和热带水生生物疫病防控科研团队。尚未建有院级以上科研团队，难以支撑院十大产业体系—热带草学与养殖动物创新领域和院六大学科集群—热带草学与养殖动物学科建设。

1. 橡胶林下经济科研团队

橡胶林下经济科研团队最早成立于 1954 年的粤西试验站科研团队，2008 年改为橡胶抗寒科研团队。团队现有骨干成员 6 名，其中高级职称 3 人，博士 1 人、硕士 3 名。团队主要以天然橡胶和林下热带特色经济作物为研究对象，重点开展种质资源收集评价利用、新品种选育和林下间种技术模式集成与示范推广，承担省部级以上项目 10 多项，发表科技论文 40 多篇，获授权发明专利 5 件，实用新型专利 10 项，收集保存橡胶抗寒种质资源 196 份，选育出湛试 32713 等橡胶树新品种 15 个，获国家新品种登记 6 个，授权植物新品种保护权 3 件；收集砂仁种质 110 多份，建成我国种类和数量最多的砂仁种质资源圃，获授权植物新品种保护权 4 件，研制行业标准 1 个及团体标准 2 个；收集五指毛桃、太子参、土茯苓、岗梅、姜黄、益智、大青、天冬、百部、山姜、三叉苦、斑兰叶等林下药食同源资源 200 多份，重点筛选及利用优异五指毛桃、斑兰叶。入选广东省农业主推技术 1 项、主推品种 1 项，获海南省技术发明奖等省级科技奖励 3 项。

2. 热带草畜一体化科研团队

热带草畜一体化科研团队成立于 1995 年，现有骨干成员 9 名，其中高级职称 2 名，博士 2 名、硕士 6 名。主要开展雷州山羊等区域特色热带畜禽新品种选育、循环养殖、疫病防控、热带优质牧草高效栽培、饲草料加工贮存及粪便无害化处理等技术研究，集成创新热区草畜一体化循环养殖关键技术模式，承担省部级以上项目 10 多项，筛选出了适应华南地区养殖雷州山羊杂交组合 2 个，挖掘优质遗传基因 2 个；推广"草畜一体化循环养殖"被列为湛江市十大产业扶贫模式；研发优质健康黑山羊健康青贮发酵饲料 4 种，获中国国际高新技术产品奖 3 项；入选 2022 年广东省农业主推技术 1 项，获广东省农业技术推广奖二等奖 1 项。

3. 热带饲料作物资源利用科研团队

热带饲料作物资源利用科研团队原为成立于 1992 年的热带旱作科研团队，现有科研人员 5 名，其中高级职称 1 名，硕士 4 名。团队以热区花生、玉米等热带饲料作物资源为研究对象，重点开展种质资源收集、保存和评价，优异基因资源挖掘和分子育种体系构建，新品种选育和应用，高产高效栽培技术的研发和示范。获批国家重点研发专项子课题等省级及以上项目 10 项，选育新品种（系）20 多个，登记科技成果 2 项，发表科技论文 20 多篇，授权发明专利 4 件。

4. 热带水生生物疫病防控科研团队

热带水生生物疫病防控科研团队成立于 2023 年，现有科研人员 7 人，其中高级职称 1 名，博士 2 名、硕士 4 名。团队专注于鱼、蟹等水生经济动物的研究，致力于解决热带水生生物疫病在关键养殖物种中的发生、传播和防控方面的重要理论和技术问题，研发热带水生生物生态健康养殖技术，以及疫苗、益生菌、功能菌等为主的替抗饲料添加剂和水质净化处理与生态防控产品研发。承担有国家自然科学基金等项目 6 项，发表 SCI 文章 10 多篇，研发复合益生菌配合饲料 1 种，技术推广服务 4 项。

六、党群文化

（一）党的建设

1. 党的组织历程

1979—1986 年，湛江实验站设立 2 个党支部（湛江办事处党支部、老干部党支部），党员组织关系归属"两院"党委管理。

1986 年 10 月，经院党委研究，决定情报所印刷厂的党员组织关系迁入湛江办事处党支部，之后湛江办事处改为设立党总支，下设 3 个党支部，即湛办党支部、老干所党支部、印刷厂党支部。

1987 年 1 月 17 日，经两院组织部（党委）批复，湛江办事处第一届总支部委员会正式成立。陈序奉同志为党总支书记，总支委员：张文茂、魏美庆、庄挠、王元周。下设 3 个党支部：湛办党支部、老干所党支部、印刷厂党支部。

1987 年，湛江办事处党总支全体党员组织关系转入中共湛江市直机关科技口委员会管理。1987 年 12 月 18 日，经中共湛江市直机关科技口委员会《关于华南热作研究院湛办总支成员的批复》，湛江办事处新一届党总支成立：王超汉同志为党总支书记；总支委员：张文茂、魏美庆、庄挠、王元周。下设 3 个党支部：两院湛办党支部、两院湛办老干部党支部、两院湛办印刷厂党支部。

1989 年 3 月，热作科技服务公司成立党支部，于铭担任党支部书记，党员组织关系归属湛江办事处党总支管理。

1989 年 8 月，两院湛办老干部党支部更名为"两院湛办干休所党支部"。

1991 年 6 月，经中共湛江市直属机关科技口委员会的批复，两院湛办党总支下设 4 个党支部：两院湛办党支部、两院湛办老干部党支部、两院湛办退休党支部、两院湛办印刷厂党支部。

2008 年 6 月，经中共湛江市直机关工委批复：原"中共华南热带农业大学湛江办事处总支部委员会"更名为"中共中国热带农业科学院湛江实验站总支部委员会"。

2009 年 6 月，党总支下设的 3 个党支部更名为机关党支部、离退休党支部、属地化管理党支部。

2012 年 4 月，3 个党支部更名为管理后勤党支部、离退休党支部、属地化管理党支部。

2016 年 5 月，3 个党支部更名为机关党支部、科研党支部、离退休党支部。

2016 年 11 月，江汉青、刘洋同志当选中共湛江市直机关党员代表及湛江市第十一次党代表大会代表。

2017 年 11 月，湛江实验站与南亚所合署办公，为理顺湛江实验站与南亚所的党组织关系，经中国热带农业科学院党组同意，并于 2018 年 8 月经中共湛江市直工委批复，撤销了湛江实验站党总支，党员转入南亚所党委管理。当时湛江实验站在职党员 21 名，离退休党员 28 名。

2022 年 1 月，湛江实验站与南亚所分离，根据中国热带农业科学院《关于湛江院区党组织设置调整的批复》（热科院机关党委〔2022〕5 号），决定成立中共中国热带农业科学院湛江实验站总支部委员会，成立后隶属于湛江市直机关工委管理。同年 3 月，中国热带农业科学院党组任命欧阳欢同志为湛江实验站新一届党总支书记，同时成立了党总支筹备工作小组开展了相关工作。

2022 年 7 月 11 日，湛江实验站选举产生了新一届党总支委员会。党总支书记欧阳欢，委员胡永华、马德勇、韩建成、邱勇辉。下设 3 个党支部：机关党支部、科研党支部、离退休党支部。其中：机关党支部书记马德勇，支委王海勇、江杨；科研党支部书记罗萍，支委韩建成、徐志军；离退休党支部书记陈影霞，支委邱桂妹、梁东华。同时成立了纪检工作小组，组长胡永华，成员黄智敏、徐志军。

2022 年 9 月 21 日，湛江实验站选举产生了第一届工会委员会和经费审查委员会，完成站工会注册独立法人，第一届工会委员会正式成立。工会委员会主席周汉林，副主席邱勇辉，工会委员张华林、江杨、李裕展，经费审查委员会主任彭丽，委员王丽媛、徐志军。

2. 党的建设成果

在农业农村部党组的关怀指导下，在中国热带农业科学院党组和湛江市直机关工委的正确领导下，湛江实验站党总支以党的政治建设为统领，深入推进党的思想建设、组织建设、作风建设、纪律建设，不断创新党建工作机制，提高科学化管理水平。坚持强化"党建带动科研、党建提升管理"的理念，坚持统筹谋划把方向、凝心聚力管大局、攻坚克难保落实，为落实农业农村部党组重大决策部署和中国热带农业科学院工作目标，在助推热区"双到扶贫""精准脱贫"和服务热区乡村振兴中，充分彰显了国家队科技支撑引领作用。取得主要成果如下。

44 年来，湛江实验站党总支围绕不同时期的党建工作任务，精心组织扎实开展了一系列重大教育活动和主题实践活动。1996—1998 年开展了为期三年的"讲学习、讲政治、讲正气"的党风党性教育，2000 年开展了实践"三个代表"重要思想活动，2005—2006 年开展了保持共产党员先进性教育活动，2008—2009 年开展了深入学习实践科学发展观活动，2011 年开展了创先争优活动，2013 年开展了党的群众路线教育实践活动，2015 年开展了"三严三实"专题教育，2016 年开展了"两学一做"学习教育，2017年开展了"两学一做"学习教育常态化制度化，2019年开展了"不忘初心、牢记使命"主题教育，2021年开展了党史学习教育，2023年开展了学习贯彻习近平新时代中国特色社会主义思想主题教育，充分发挥了党总支的政治核心作用、党支部的战斗堡垒作用和党员先锋模范作用。

44年来，我们坚守初心，全面从严治党取得新成果。

一是抓住政治建设这个核心。湛江实验站党总支严格按照党中央、农业农村部、湛江市和中国热带农业科学院工作会议和党建工作会议部署，理论联系实际，在思想上政治上行动上同以习近平同志为核心的党中央保持高度一致，自觉把一切工作置于院党组集中领导之下，抓好党的路线方针政策和院党组决策部署的学习、宣贯，确保政令的畅通。全面学习贯彻党的历届全会精神，尤其在党的十八大以来，全面贯彻落实习近平新时代中国特色社会主义思想和新时代党的组织路线，规范政治生活，强化政治教育，推动党员干部增强"四个意识"、坚定"四个自信"、做到"两个维护"，把党中央关于加强党的政治建设部署要求细化为具体措施，贯彻到党建工作全过程和中心工作的各方面，始终坚持"党要管党，全面从严治党"的方针，把党的领导、党的建设写入湛江实验站的章程，把对科研工作领导的部署细化到制度办法中，加强对重大问题、重要事项的政治把关，切实发挥党组织的政治核心作用，推进了学习型、创新型、服务型、廉洁型、效能型"五型"党组织建设。

二是抓住思想建设这个根本。湛江实验站党总支始终把思想建设放在党建工作的首位，通过不断加强学习，大力推动学习型党组织建设，以"创先争优""群众路线教育实践""三严三实""两学一做""不忘初心、牢记使命"，以及党史学习教育，学习贯彻习近平新时代中国特色社会主义思想主题教育等为契机，积极组织各支部学习、贯彻党的历届全会精神和习近平总书记系列重要讲话和中央重大决定和重要精神，学习《中国共产党问责条例》《中国共产党新形势党内政治生活若干准则》《中国共产党党内监督条例》《中国共产党纪律处分条例》，落实院重大决策部署等。通过理论学习中心组"领学促学"，领导干部"带学督学"，青年理论学习小组"联学活学"，领导干部带头讲党课、自学及集体讨论的方式强化学习效果，不断提升党员思想水平。大力宣传和弘扬老一辈热作人"艰苦奋斗、无私奉献、团结协作、勇于创新"的精神，积极营造了大胆创新、勇于创新、包容创新的良好氛围，教育引导广大党员干部切实用习近平新时代中国特色社会主义思想武装头脑、指导实践、推动工作，为各项中心工作的顺利开展奠定了坚实的思想基础。

三是抓住队伍建设这个重点。扎实推进党支部标准化、规范化建设，开展政治功能强、支部班子强、党员队伍强、作用发挥强的"四强"党支部创建工作。选优配强支委班子，支部书记由部门负责人担任，支委由业务骨干担任，有效促进了行政和党政建设两手抓的工作方式，进一步明确支部书记和支委的职责分工，从而使党支部

"三会一课"及党内政治生活多样化、规范化。按照"控制总量、优化结构、提高质量、发挥作用"的总要求，着重从科研和产业一线年轻骨干中发展党员，进一步优化了党员结构。积极推进党建目标管理考核工作，制定印发了《湛江实验站党支部党建工作目标管理内容和考核标准》，通过实施党建目标管理考核，党总支抓党建工作的目标更明确，思路更清晰，措施针对性更强，党建工作纳入了规范化管理的轨道。与各党支部书记签订《党支部党建目标管理责任书》，指导党支部探索创新党建工作模式，推进在机关党支部创建"党建＋文化"模式，在科技党支部创建"党建＋科技"模式，在老干党支部创建"党建＋服务"模式。完善党支部书记抓党建年终述职评议考核制度，强化考核评价结果运用，与评定评先评优挂钩，推动全面从严治党工作向纵深发展。深化支部"6个一"（定一个计划、读一本好书、看一部好片、写一篇心得体会、组织一次研讨、进行一次交流）工作法，全面激发党支部的创新活力。

四是抓住作风建设这个关键。多举措狠抓作风建设，持续深入贯彻落实中央八项规定精神，认真查摆"四风"问题；以全面落实"两个责任"为抓手，坚持稳中求进工作总基调，聚焦主责主业，强化担当作为，对工作不作为、推诿扯皮的现象切实解决；积极探索"党建＋科技＋乡村振兴"工作方法，以扎实的工作作风推进党建与院站科技创新、乡村振兴、湛江发展等三个融合，努力解决党建与业务工作"两张皮"的问题；建立长效机制，有针对性地对重点岗位和关键环节的制度进行制（修）订，从源头上有效预防和治理腐败；对重点领域、重大项目开展专项检查，不断延伸监督触角；签订《廉洁自律承诺书》，实行廉政谈话制度，做到"三必谈"（外出挂职借调干部、干部提拔任用前、重点岗位的部门负责人）；严格落实"月研究、季调度"会商制度；在重要节点发布廉洁警示信息，增强党员干部遵规守纪意识；加大违纪案例的通报力度，努力实现党员领导干部自觉做到防微杜渐，洁身自好，不断增强党员领导干部廉洁自律的自觉性，增强党员领导干部勤政廉政意识。加强廉政文化建设，营造风清气正的干事创业环境。

44年以来，湛江实验站党总支深化学习型、创新型、服务型、廉洁型、效能型"五型"党组织建设。党支部有效坚持开展思想政治工作，坚持党员学习教育制度、党员思想汇报制度、党员谈心谈话制度。党总支规范"三会一课"、民主评议党员、组织生活会、请示报告、党建述职评议等党支部组织生活形式，规范党员组织关系转接、党籍管理、党费收缴使用和管理、党徽党旗党员徽章使用等工作制度。在这些工作开展过程中，涌现出一批先进党组织、优秀共产党员和优秀党务工作者，多次受到上级党组织的表彰。湛江实验站党建工作在新一届领导班子的带领下，走上一个新的台阶。2023年7月，湛江实验站党总支和离退休党支部分别荣获中国热带农业科学院2021—2022年度先进基层党组织荣誉称号。

3. 新时期党建工作取得的经验

2022 年 7 月以来，湛江实验站新一届党总支委员会创新党建工作模式，积极探索"一三六"党建工作法，即"一条主线""三大任务""六项工程"，不断加强基层党的政治、思想、组织、作风、纪律、制度和群团建设，切实把加强党的建设落实到湛江实验站工作各领域各方面，持续推动湛江实验站主题教育工作走深走实。

（1）始终紧扣党建工作"一条主线"

湛江实验站党总支始终紧扣以学习贯彻习近平新时代中国特色社会主义思想为主线。一方面深入开展学习贯彻习近平新时代中国特色社会主义思想主题教育，把深入学习贯彻习近平总书记关于党的建设的重要思想作为广大党员干部理论学习的重要内容。及时跟进学习习近平总书记关于党的建设的最新重要讲话和重要指示批示精神，坚持读原著、学原文、悟原理，坚持学思用贯通、知信行统一。通过持之以恒地全面深入学习，推动广大党员干部更加深刻领悟"两个确立"的决定性意义，进一步增强"四个意识"、坚定"四个自信"、做到"两个维护"。另一方面把习近平新时代中国特色社会主义思想贯彻落实到党的建设全过程，结合思想和工作实际找准明确的切入点，结合机构职责谋划务实举措，努力将学习所思、所想、所得转化为促进湛江实验站科技创新发展的新思路、新办法，达到了统一思想、开阔思路、明晰重点、推动工作的预期目标。

（2）突出把握党建工作"三大任务"

一是紧紧围绕中心。确立"围绕中心抓党建，抓好党建促中心"的工作思路，把农业农村部、中国热带农业科学院和本单位的中心任务作为根本，认真落实全面从严治党党总支主体责任和纪检工作小组监督责任，充分发挥协助和监督作用，为推动科学发展、服务科技创新、促进成果转化、助力乡村振兴，保障改善民生，完成各项工作任务提供动力与保证。

二是自觉服务大局。时刻关注党和国家工作大局，把服务大局作为根本要求贯穿到党建工作各个方面，认真宣传贯彻党的路线方针政策和法律法规，把党员干部的思想和行动统一到中央决策部署和要求上来，真正做到工作有目标、行动有方向，有的放矢围绕中心开展工作，把党员干部的智慧和力量凝聚到立足本职、岗位建功上来。

三是着力建设队伍。坚持党管干部原则，发挥好基层党组织战斗堡垒作用和党员先锋模范作用，着力建设一支信念坚定、为民服务、勤政务实、敢于担当、清正廉洁、忠于党和国家的高素质党员干部队伍，为完成中心工作和业务工作提供组织保证。坚持正确用人导向，推动建立健全选人用人制度上下功夫，关心和帮助干部成长提高，切实履行好建设队伍职责。

（3）着力推进党建工作"六项工程"

推进"忠诚铸魂提标"工程，强化党的政治建设。一是坚持把党的政治建设摆在首位，坚决维护习近平总书记党中央的核心、全党的核心地位，坚决维护党中央权威和集中统一领导。始终与党中央保持步调一致，认真贯彻落实院党组工作部署要求，确保政令畅通、令行禁止。严格落实重大事项请示报告制度。二是建立健全党性"体检"机制，重点从"两个确立"的意义，增强"四个意识"、坚定"四个自信"、做到"两个维护"等几个方面进行对照检查，并开展了"学党史、纠'四风'、树新风"回头看专项党性"体检"工作，进一步提高了思想认识，增强了凝聚力和战斗力。三是严格执行《关于新形势下党内政治生活若干准则》，制订年度理论学习中心组学习计划，将习近平新时代中国特色社会主义思想作为第一议题，有计划、有重点地开展学习，形成了"传达一个中央文件精神、结合一个专题讨论、进行一次廉政教育、观看一部教育片、准备好一次发言提纲"的"五个一"中心组学习模式。

推进"理论武装提升"工程，强化党的思想建设。一是用好"学习强国"、崇农云讲堂、湛江机关党建网等平台，以理论学习中心组领学促学，领导干部带学督学，青年理论学习小组联学活学，切实用党的二十大精神武装头脑、推动工作。二是利用所在区域革命历史纪念馆、党史馆、爱国主义教育基地、党员教育实践基地等红色资源开展弘扬爱国主义精神和核心价值观教育。新建党员活动室和党建廉政文化长廊，宣传廉洁党风，引导党员弘扬廉政文化，营造清廉政治氛围。三是促进党建宣传工作"三转变"。宣传工作从原本的科技情报信息收集与发布中走出来，逐渐实现了由内部专刊到专门网站的转变；宣传栏、网站、电子大屏、党宣信息等传统媒介从原本的理论宣传向活动主题宣传转变，吸引更多的员工参与到活动中去；从原本自我宣传向与外媒联动宣传转变，与一些重要的媒体建立了投稿关系，深化党建宣传工作。

推进"堡垒锻造提质"工程，强化党的组织建设。一是稳步推进科研机构管理改革，理顺独立运行机制，重构组织管理体系，确定机构主责主业，重组科技创新团队，加快构建现代所站治理体系。坚持"创新立站、联合建站、管理兴站、人才强站"的治所理念，全面推进制度建设年活动，制（修）订11类管理制度共70项，有效提升综合治理能力。二是加强基层党组织建设，重新设立湛江实验站党总支，选举产生了新一届站党总支委员，重组3个党支部（机关党支部、科技党支部、老干党支部），认真落实主体责任，推动建立健全党建责任清单，定期召开全面从严治党工作会议、意识形态工作会议。三是加强基层纪检组织建设，重新设立纪检工作小组，旗帜鲜明地推进反腐倡廉，定期组织参观廉政教育基地，集中观看廉政教育片，开展新任科级干部廉政谈话和新进人员集体廉政谈话。

推进"党建引领履职"工程，强化机构改革发展。一是按照院科技创新发展战略，推进机构改革筹（组）建热带动物科学研究所，明确重点开展热带饲草与养殖动物应用基础和共性关键技术研究及应用，为保障我国热区多元化食物供给和绿色健康养殖产品供给体系提供战略科技支撑。二是大力实施"113发展战略工程"，即按"一个创新中心、一个转化平台、三个试验基地"进行热带动物科学研究所统筹布局，努力实现"一心、三地"发展目标，即创建一流的热带养殖动物科学创新中心，打造热带养殖动物科学创新高地、热带养殖动物科技示范阵地和热带养殖动物成果转化洼地。三是指导党支部探索创新党建工作模式，积极探索"党建＋科技＋乡村振兴"工作方法。科技党支部与科研团队联合针对雷州山羊产业化养殖过程中的技术瓶颈，采取了多种推广模式，在广东等地推广了 20 多个黑山羊一体化循环养殖示范基地。

推进"党建赋能提效"工程，强化党建业务融合。一是推进党建工作与科技创新深度融合。把党建工作深度融入院站年度科技创新任务上来，同谋划、同部署、同推进、同落实、同考核。2022 年新增科研立项项目较 2021 年度增加 40%；项目经费较2021 年度增加 59.17%。二是推进党建工作与成果转化深度融合。牵头打造的"中国热带农业科学院湛江院区科技成果展馆"，大力推进"湛江市中热科技成果转移转化中心"建设，对外开展全院科技成果的收集展示及转移转化服务工作；奋力打造湛江动科农业博览园，形成我站对外展示的热带动物科学科研试验平台和科普展示窗口。三是推进党建工作与服务乡村振兴深度融合。发挥依托湛江实验站设立的中国热带作物学会科技成果转化工委会优势，组建"科创中国"热带农业产业科技服务团，服务海南自贸港特色高效农业高质量发展；分期分批选派党员干部挂职驻镇帮镇扶村工作队，组建多支科技特派员团队，科技服务地方产业振兴，助推区域产业高质量发展，先后涌现多名"乡村振兴优秀工作者"。

推进"平安和谐保障"工程，强化群团组织建设。一是强化社会管理综合治理工作、安全生产责任体系和信访体系建设，大力推进"平安院站、和谐院站"构建，有效预防和遏制安全生产责任事故发生。二是认真落实"我为群众办实事"，做好疫情防控，建立健全联防联控工作机制，全力保障工作和生活正常有序开展，确保职工健康安全，增强职工归属感、幸福感和获得感；开展"我是党员、我带头"承诺践诺活动，派出两支抗疫先锋队志愿者 5 名党员驰援湛江市一线新冠疫情防控工作，在抗疫一线树起一面面鲜明的旗帜，用实际行动诠释新时代党员干部的责任与担当，得到了地方政府的肯定和表扬。三是完善党建带群建工作机制，成立了新一届站工会委员会和女工委，组织开展文体活动；积极为老同志提供展示交流平台，为老同志展示才艺、奉献社会、发挥正能量创造更好条件，让老同志通过艺术的形式，讲好科学故事、弘扬文化精神、传播中国好声音、展示单位新风采，凝聚起全社会传播文明、促进和谐、服务发展的磅礴正能量。

（二）文化宣传

1. 文化精神

湛江实验站以文化建设作为党建工作的重要抓手，将文化建设与业务工作深度融合。44年以来，经过历届班子的励精图治和开拓进取，积淀了深厚的文化底蕴，结合院"九个起来"文化建设战略布局，坚持"求真务实、和谐奋进、创新跨越"的文化理念，凝练了以"开放、包容、创新、引领"为办站方针，确立了以"科技立站、协同建站、管理兴站、人才建站、开放办站"的治站理念，结合单位向动物科学研究所方向发展，系统总结凝练湛江实验站"湛南海北，动横天下"文化精神内涵，形成站徽标识体系。

（1）文化精神主要内涵

湛南海北。湛江实验站地处广东湛江市，意指位于广东之南、海南之北，亦指位于大山之南，大海之北，服务区域立足广东、海南，发展空间广阔。

动横天下。组建动物科学研究所，可促进热带饲料作物与热带饲养动物创新领域辐射全国热区，走向世界热区，为保障我国热区多元化食物和绿色健康养殖产品供给体系提供战略科技支撑。

（2）站徽

站徽含义：站徽由C和Z两个字母（中国和湛江两个词英语翻译的第一个字母）构成主体（代表单位中国热带农业科学院湛江实验站），图案由一只山羊（代表畜牧）、海浪（代表水生生物）和叶子（代表饲料作物）组成，体现了单位主要从事热带养殖动物科技研发工作（图2-6）。

图2-6 站徽

（3）注册商标

湛江实验站已申请在5、7、29、30、31、40、41、44类商品或服务，共8个类别注册商标（图2-7）。

图2-7 商标图样

2. 文化建设

党的十八大以来，湛江实验站党总支十分重视文化建设，实施"职工素质文化提升行动""文化建设年"，弘扬"无私奉献、艰苦奋斗、团结协作、勇于创新"的中国热带农业科学院精神，坚持以社会主义核心价值观为引领，开展湛江实验站文化建设，增强湛江实验站人文化自信，努力构建"九个起来"等文化建设体系。

（1）群团组织健全起来

湛江实验站坚持党建带群建，充分发挥群团组织桥梁和纽带作用，推进精神文明建设，为热带农业科技事业发展注入活力。完成了湛江实验站工会、共青团、女工委选举工作，完成工会独立法人注册，第一届工会委员会正式成立；组建羽毛球等球队并开展系列活动，激发了广大职工参与实验站文化建设热情，锻炼团队合作精神，展现了职工积极向上、努力奋进的精神风貌。发挥职工代表作用，充分听取他们对站改革发展的意见建议，发挥建言献策、民主监督的作用；做好职工帮扶慰问、信访维稳等民生工作；在春节、"七一"建党节、重阳节等关键节日，组织开展走访慰问活动，看望重病职工、困难职工和离退休职工代表，进一步拉近了离退休老同志与原单位、老人与新人之间的距离，进一步增强了老同志的归属感、幸福感，做到政治上尊重、思想上关心、生活上照顾、精神上关怀，让他们真正感受到党和单位的温暖；积极与市直机关工委沟通协调，为老党员和身患重病的离退休党员申请了慰问金，并在"七一"前及时发放给本人，送上党组织的关心和温暖；每年为满 50 年党龄的老党员颁发"光荣在党 50 年"纪念章，充分体现了党中央对老党员的关心关怀和褒扬，增强了离退休共产党员的荣誉感和使命感，促进和谐院站建设。

（2）网站功能发挥起来

按照"强实力、扩影响"总目标，2005 年湛江实验站网站平台创建，2017 年 3 月站网更新改版，推行站微信公众号。网站改版后，既外树形象、内聚人心，进一步扩大了单位的影响力，同时也为全站职工了解站情站况提供了服务。2017 年 11 月所站融合办公，2018 年下半年开始，所站的相关活动报道基本上在南亚所网站宣传，湛江实验站网站内容不再更新。2022 年 1 月湛江实验站恢复独立运行，网站重新改版升级，扩展了报道渠道，基本实现了一般新闻上站网、重要新闻上院网、湛江市及外媒。

（3）学术氛围活跃起来

为启迪学术思想，活跃学术氛围，激励青年科技人员潜心研究、勇于创新和加快成长，2010 年湛江实验站组建了第一届学术委员会，第一届学术委员会的成立，为湛江实验站发展定位、科技项目申报、科研项目的实施与结题等起到积极的促进作用。通过举办学术交流、青年科技论坛、公益讲座、高级研修班、考察与交流，以及参加农业农村部、中国热带农业科学院、湛江市直属机关工委举办的各类干部能力培训等方式开展活跃学术氛围的活动，大力营造浓郁的学术氛围和良好的学术生态，不断优化人才成长环境，增强了科技工作者的自豪感、获得感和认同感，提升了科研人员的专利申报及转化技能，助推优秀青年科技人员成长成才。刘洋同志在 2017 年中国热带农业科学院第二届青年学术论坛的学术报告"甜高粱糖分累积的生理响应与功能标记的开发"荣获二等奖。

（4）书香院站建立起来

为坚定湛江实验站人文化自信，营造浓厚学习氛围，打造湛江实验站文化品牌，增强科技队伍综合素质，湛江实验站以"书香院站"文化建设为目标，大力倡导党员干部带头读书学习，激发广大党员干部的读书学习热情，营造"我阅读、我快乐"的良好氛围，持续坚持建设学习型湛江实验站，在办公大楼、干休所工作区域、职工宿舍区建设"党员之家""职工之家"，努力营造书香环境，共建精神家园；坚持办讲座、举办文化沙龙、书画摄影展和书法比赛等活动，为职工搭建展示才华的平台，促进了青年干部职工对新时代新思想新战略的学习交流，增强了关心院站、服务"三农"的责任意识，培养造就了一支"懂农业、爱农村、爱农民"的工作队伍，推动站改革创新发展。

2020年陈影霞、贺军军等获得第八届广东省市直机关"先锋杯"工作创新大赛优秀作品奖。2022年为喜迎党的二十大胜利召开，结合建站43年来"研、产、学"的变化，成功举办了"砥砺43载，同心跟党走，逐梦新征程"书画摄影展，展出的书画作品8幅、摄影作品52件，充分展示了职工在科研工作、学习中的良好精神风貌，激发了大家爱国、爱党、爱院、爱站的深切情怀，开创了和谐、美丽、欣欣向荣的湛江实验站新局面。

（5）廉洁文化营造起来

湛江实验站认真贯彻落实院党组、院纪检组有关要求部署，充分利用办公楼走廊、科研楼道、会议室等空间积极建设以"公、正、廉、勤"为主题的清廉文化墙，让科研人员在驻足间种下一粒廉洁做人的种子，推动廉洁文化"入眼"；多举措开展党风廉政教育活动，领导班子切实用好谈心谈话这剂"良药"，对新任科级干部、新入职的职工开展集体廉政谈话，引导党员干部及科研人员树立廉洁价值理念，推动廉洁文化"入耳"；与职能处室、研究室签订了党风廉政建设责任书，制定《站科研人员负面清单》等，关口前移强化日常监督，加强重大节日的节前提醒，及时推送廉洁警示案例和通知短信，以强有力的监督检查问责确保上级决策部署落实到位，推动廉洁文化"入脑"；在全站范围内开展厉行节约、制止餐饮浪费和开支异常情况等专项分析检查行动，着力推动廉洁文化"入心"，筑牢拒腐防变的安全堤坝。开展一系列积极构建了风清气正、健康向上科研环境，全站党员干部干净干事的思想根基不断夯实，各项事业呈现了良好发展态势。

2018年所站举办廉政文化活动中，程儒雄分别获得书法一等奖和三等奖；黄川、屈扬分别获得国画一等奖、二等奖；吴涤非获得诗文三等奖。2019年所站举办廉政文化活动中，程儒雄行书获得一等奖，篆书、国画获得二等奖；黄川书画获得三等奖；邱桂妹漫画获得三等奖；陈影霞、黄智敏、牛轶凡、屈扬、邱雪华、邱勇辉获得优秀奖。

（6）文体活动丰富起来

为丰富职工业余文化生活，营造和谐发展氛围，党总支持续实施职工素质文化能力提升行动，倡导"愉快工作、健康生活"理念，结合自身特色，利用节假日开展丰富多彩、健康向上和职工喜闻乐见的文体活动。如游园活动、羽毛球、篮球、乒乓球、门球、棋牌、太极剑、瑜伽、趣味运动、书画摄影展等，突出了群众性、参与性和趣味性，让传统节日文化在站内得到了更好的传承和弘扬；鼓励职工积极参与中国热带农业科学院、湛江市和湛江院区组织的各类活动，以比赛促进交流、以交流带动发展，不仅让职工锻炼了体魄，增进了解与信任，也充分展示了干部职工团结奋斗、顽强拼搏、积极向上、锐意进取的精神风貌。

1998年组织离退休老同志参加院庆汇演节目《中国大舞台》获三等奖。2016年底组织参加湛江院区管委会组织羽毛球比赛，获得第三名。2017年1月，排练的舞蹈《盛世腾飞》，参加院工会和湛江院区管委会组织的迎新晚会表演，获得好评。2019年《翰墨太极之韵》太极剑书法表演节目参加了农业农村部文艺汇演。2023年湛江实验站与农机所组成联队，参加中国热带农业科学院举办"健康奔未来 建功新时代"第三届职工乒乓球比赛最终联队荣获优秀组织奖。

（7）先进典型树立起来

党总支落实全面从严治党要求，按照中国热带农业科学院党组及湛江市直属机关工委的工作部署，全面加强党组织建设，注重培树和宣传先进典型，充分发挥基层党组织战斗堡垒和党员先锋模范作用。历年来，湛江实验站在服务科技创新、乡村振兴、精准扶贫和创建文明站工作中，涌现出一批先进党支部、文明家庭和先进个人。党总支通过表彰先进树立了榜样，号召各党支部和全体党员干部要以先进典型为榜样，扛起新时代赋予肩上的责任，树立"拼"的精神、"抢"的意识、"争"的劲头，干在实处、走在前列，不断增强拒腐防变的意识和能力，永葆共产党员政治本色。

湛江实验站多次受到上级党组织表彰的先进基层党组织及优秀个人"荣誉称号"。2013年邱桂妹获得中共徐闻县委员会徐闻县人民政府颁发"双到"扶贫工作"优秀驻村干部"称号。2018年陈影霞、邱桂妹、吴涤非获得所站优秀共产党员称号；邱勇辉获得优秀党务工作者称号。2018年黄智敏家庭获得所站"文明家庭"称号；江汉青、韩建成、安东升获得"服务乡村振兴先进个人"称号。2019年在南亚所建所65周年为所的发展做出突出贡献中，罗萍获得"杰出人才奖"称号。2019年罗萍同志获得所站优秀共产党员称号。2020年刘洋获得所站"优秀党务工作者"称号。2021年贺军军共青团湛江市委员会授予"青年岗位能手"称号。2021年窦美安、李文秀获得中共龙塘镇委员会龙塘镇人民政府颁发"乡村振兴优秀工作者"称号。2022年王海勇、严程明获得中共湛江市坡头区委员会、坡头区人民政府颁发"抗击疫情党员先锋队"称号。

（8）青年志愿者行动起来

按照湛江市直工委的工作部署，2016年组织广大党员干部职工登录广东省组建志愿者服务网注册，成立湛江实验站志愿者服务队，2022年6月新进人员注册加入湛江市直工委志愿者队伍，志愿者组织建设覆盖全站；志愿者积极参加湛江市"双创"城市建设；志愿者针对干休所"空巢""丧偶"的独居老人开展"一对一"家庭帮扶、互助养老活动。同时，积极组织退休专家参加湛江市老年科协活动，1名老同志参加乡村振兴志愿行活动，1名老同志加入农村科技特派员第九分队。志愿者在志愿服务工作中默默奉献，为社会主义精神文明建设发挥了积极作用。

（9）核心价值观培育起来

党的十八大提出培育和践行社会主义核心价值观，湛江实验站迅速掀起学习宣传贯彻社会主义核心价值观的热潮。通过组织专题学习会、全体干部职工切实把思想和行动统一到党中央的部署上来，充分利用站网、宣传板报、微信平台、QQ，以及中心组学习、"三会一课"、党课、学习研讨会等多种形式广泛开展学习宣传。同时，把社会主义核心价值观贯穿于干部选拔任用、考核评价、监督管理等各个方面，把传承和弘扬中华优秀传统文化同培育和践行社会主义核心价值观统一起来，为实现湛江实验站的跨越式发展提供强有力的精神动力和思想保障。

3. 宣传工作

湛江实验站重视宣传工作，通过强化认识，加强领导，构建宣传工作体系，形成"一把手"主抓、班子成员具体负责、部门负责人及相关人员采写登载，各部门人员积极参与、上下贯通、齐抓共管的宣传工作格局。

宣传工作作为湛江实验站对外宣传交流的窗口，在展示广大科技工作者数十年为热带农业科技事业艰苦奋斗的光辉历程中，发挥着不可替代的作用。基本实现了一般新闻上站网、重要新闻上院网或其他地方网站，较好地宣传了湛江实验站，扩大了影响力。

湛江实验站网站宣传平台建于2005年。通过多年的建设，目前站网开设有"新闻动态""媒体报道""科技进展""产业动态""党建动态和文化活动""学习参考""专题中心""信息公告"等栏目。分别报道农业农村部、广东省、湛江市及中国热带农业科学院领导来站视察、党组织生活和党风建设，湛江实验站最新的科研成果、科技创新平台建设、科技推广与示范、科研示范基地规划与建设，乡村振兴服务"三农"和职工业余文化生活等。

湛江实验站宣传工作紧密围绕"一个创新中心、一个转化平台、三个试验基地"进行热带动物科学研究所统筹布局，努力创建一流的热带养殖动物科学创新中心的发展定位，本着"围绕中心、服务大局""内聚人心、外树形象""突出重点、形成亮点""归口管理、分级负责""拓宽领域、及时高效"的宣传原则，重点宣传热带农业科技事业重大科研进展和标志性成果、服务"三农"重大活动、优秀农业科技专家、科技开发重大进展。基本达到了农业农村部、广东省层面有声音，湛江市及社会各界有影响的具体目标。

湛江实验站积极配合中国热带农业科学院网站做好全站宣传工作。建立起与各界媒体合作的宣传长效机制。逐步建立和畅通各类院外宣传媒介、载体，拓展新闻宣传途径和领域，拓宽宣传范围，扩大宣传影响力。建立了分层分类信息报送机制。目前，湛江实验站已和农民日报、中国热带农业信息网、海南日报、湛江新闻网、湛江政府网、图读湛江/碧海银沙、湛江农业信息港、湛江晚报等一批媒体建立起投稿关系。与农民日报、海南日报、南方日报、湛江日报、湛江晚报、湛江云媒和湛江电视台等外界媒体记者建立起采访合作关系，建立为湛江实验站用、科学高效、分级分类的媒体协作机制，共同建立媒体搭台、站地唱戏的对外宣传工作格局。

4. 荣誉称号

（1）单位荣誉（表2-12）

表2-12　湛江实验站成立以来单位荣誉称号

年份	荣誉称号	授奖单位
1996	两院湛江办事处党支部获先进党组织	中共湛江市直属机关委员会
1998	参加院庆汇演节目《中国大舞台》获三等奖	中共热科院党组
2000	华南热带农业大学湛江办事处党支部获先进党组织	中共湛江市直属机关委员会
2010—2012	离退休党支部获创先争优先进基层党组织	中共热科院党组
2012	中国热带农业科学院"热作杯"书画摄影巡回展获优秀组织奖	中共热科院党组
2014	离退休党支部获先进基层党组织	中共热科院党组
2014	科技开发先进集体	中共热科院党组
2016	先进集体	中国热带农业科学院
2016—2017	离退休党支部获先进离退休人员帮扶集体	农业部离退休干部局
2017—2018	离退休党支部获先进基层党组织	中共热科院党组
2019—2020	离退休党支部获先进基层党组织	中共热科院党组
2020	广东省党建创新大赛优秀奖	中共广东省直属机关委员会
2020	湛江市党建创新大赛第三名	中共湛江市直属机关委员会
2021—2022	湛江实验站党总支获先进基层党组织	中共热科院党组
2021—2022	离退休党支部获先进基层党组织	中共热科院党组
2022	湛江实验站获"同舟共济战疫情　共克时艰勇担当"荣誉称号	湛江市坡头区政府

（2）个人荣誉（表2-13、表2-14）

表2-13　受上级表彰的先进个人

年份	姓名	荣誉称号	授奖单位
2011	贺军军	科技开发先进个人	中共热科院党组
2011	刘洋	抗风救灾先进个人	中共热科院党组

年份	姓名	荣誉称号	授奖单位
2012	贺军军	先进个人	中国热带农业科学院
2013	罗萍	先进个人	中国热带农业科学院
2014	罗萍	先进个人	中国热带农业科学院
2014	范武波	科技开发先进个人	中共热科院党组
2015	罗萍	先进个人	中国热带农业科学院
2016	罗萍	先进个人	中国热带农业科学院
2017	马德勇	先进个人	中国热带农业科学院
2018	曾玫玲	先进个人	中国热带农业科学院
2019	马德勇	先进个人	中国热带农业科学院

表2-14　受上级表彰的优秀共产党员、优秀党务工作者

年份	湛江市直优秀共产党员	湛江市直优秀党务工作者	中国热带农业科学院优秀共产党员	中国热带农业科学院优秀党务工作者
1994	吴兴家			
1996	吴涤非			
1999	曾绿茵			
2000	陈红、李克辛			
2006	黄川			
2006		曾绿茵		
2007	黄川			
2007		曾绿茵		
2008	黄川			
2011	黄小华			
2012	刘洋		刘洋	
2014				邱桂妹
2016			高玉尧	
2019		邱桂妹		
2021			贺军军	陈影霞
2023			胡永华	罗萍

七、老干部服务

（一）服务管理

1. 做好离退休老同志归属管理

湛江实验站始终坚持把离退休干部工作作为干部工作的一项重要内容，紧紧围绕中心、服务大局，按照"讲政策、讲感情"的原则，坚持以健全组织体系为前提，以制度建设为基础，以落实政策待遇为重点，以改革创新为动力，以实干精神为保证做好离退休人员工作。

强化组织管理体系建设。2010年4月湛江院区离退休人员管理办公室成立运行，在机构编制上，挂靠湛江实验站综合办公室，是离退休人员管理工作的责任主体。在中国热带农业科学院离退休人员工作处的指导下，承担湛江干休所离退休人员管理工作，从而形成中国热带农业科学院离退休人员工作处负责抓总，湛江院区离退休人员管理办公室具体抓落实，齐抓共管的整体合力，营造全心全意为离退休人员服务的良好氛围。

强化离退休党支部建设，充分发挥党组织战斗堡垒作用。加强离退休人员党支部建设是离退休人员工作的一项重要任务。湛江实验站始终把离退休党支部建设作为离退休人员工作的重中之重，作为全院基层党组织建设的重要组成部分，坚持做好离退休党支部班子建设，选派年轻优秀党员担任支部书记，使退休党支部生活更加多彩，同时保障活动经费，建立各项制度，切实做到组织、制度、工作三落实。通过组织老党员学习、外出参观交流、开展各种文体活动等加强离退休人员思想政治建设，增强党支部的凝聚力和战斗力。值得一提的是离退休党支部注重创新活动载体，搭建活动平台，充分发挥党支部自我教育、自我管理、自我服务作用，党建工作成绩突出，2017年被评为"农业部直属单位先进离退休人员帮扶集体"。

2. 落实好离退休干部两项待遇

认真落实离退休干部政治待遇。认真落实离退休干部阅读文件、参加重要会议和重大活动、及时了解中国热带农业科学院有关工作和情况等政治待遇。每年组织召开1～2次离退休人员座谈会，通报中国热带农业科学院建设和发展重大事项。在涉及离退休干部切身利益的重大决策时，广泛听取离退休干部的意见，保障离退休干部的知情权、参与权、表达权和监督权。同时，认真落实春节、"七一"建党节、住院探望等慰问制度，给老同志送去组织的关心和温暖。为丰富老同志的晚年生活，为离退休人员订阅老同志喜闻乐见的报刊，让老同志实现老有所学，老有所乐。

切实落实离退休人员生活待遇。落实离退休人员生活待遇始终是离退休人员工作的基本任务和工作重心。湛江实验站通过多渠道、多措施争取各种政策支持，狠抓离退休人员生活待遇落实，共享改革发展成果，让广大离退休干部职工充分感受到中央、农业农村部和中国热带农业科学院党组对老同志的关怀。一是按照离休干部的意愿，根据国家和广东省政策，确保离休干部增发的生活补贴和提高的补贴按时足额发放，离退休干部在医疗上享受相应的医疗待遇。二是解决了湛江院区"三所一站"600 多名退休干部职工异地就医结算难和住院报销比例低的问题，湛江院区退休干部职工终于盼来了能够方便快捷地在家门口就医结算的大喜事。三是修缮干休所设施，美化环境。如改造翻修干休所会议室、活动室、医务室、单车棚、围墙、门球场、多功能羽毛球场；开启小区智能化管理模式，安装视频高清监控安保系统、蓝牙停车系统、门禁系统和电动车投币式充电系统；创建养老金资格认证网络通道，为湛江院区退休职工跨省认证养老资格提供了便捷；每月派专人到海南社保局报销医疗费；邀请专家为离退休人员作健康教育知识讲座；积极开展环境卫生及除"四害"专项整治活动，与社区共建"文明示范小区"，为离退休人员提供卫生整洁的居住环境。

3. 强化离退休人员帮扶与服务

针对"空巢"老同志，建立了志愿者与空巢独居老人"一对一"家庭帮扶、互助养老管理；做好湛江"三所一站"离退休人员养老金资格认证工作，确保退休人员养老金正常发放；运用新媒体，创建公共微信群，优化管理模式；坚持举办医疗健康讲座和老年相关讲座；邀请湛江市名医为离退休干部授课，增强离退休干部的健康保健意识；坚持邀请广东省消防宣传中心教官为全体职工开展安全培训与消防演习，增强老同志的安全意识；善于运用新媒体，优化管理模式，传播正能量。根据离退休人员的特殊情况，创新工作思路，多次组织老干部、老专家到综合试验基地和南亚所参观学习，拉近老党员、老专家与青年科研人员的距离，充分激发老同志理解改革、支持发展的情怀，更重要的是为湛江实验站下一步发展添砖加瓦，让老同志、老专家充分发挥余热。

4. 离退休老同志精神文化建设

2012 年根据中国热带农业科学院离退休人员工作部署，湛江干休所的"农业部老年大学分校（教学点）"成立，针对离退休老同志精神文化需求的发展变化，积极探索老年大学分校（教学点）的可行性方案，加大对外宣传工作力度，总结宣传老干部工作中的创新实践和弘扬离退休干部的先进事迹，组织老党员、老专家撰写先进事迹、回忆录，协助离退休党员出版自传两本，展示阳光心态，体验美好生活，畅谈发展变化；同时，运用新媒体，创建公共微信群，优化管理模式；创办学习党的十九大"微课堂"等。

2001 年，为了响应院校老干处、院机关工委的"难忘的一两件事"征稿活动，老同志庞廷祥、刘乃见、梁茂寰、韦素洁等积极投稿，写出了很多动人的故事，深情怀念，为后人留下生动的回忆。2012 年，在中国热带农业科学院"热作杯"书画摄影巡回展中，离退休党支部荣获优秀组织奖。2017 年 6 月，协助院机关党委和离退休人员工作处在湛江院区成功举办了离退休干部"热科梦·我的梦"主题宣讲巡回报告会。郝永禄和林钊沐研究员为湛江院区党员和青年科技人员上了一堂精彩的党课，获得了普遍赞誉。2017 年，在农业部组织的首届全国精品书画大赛的书法比赛中，程儒雄获得银奖。2020 年曾绿茵、吴涤非征文作品获得农业农村部离退休干部局的优秀奖。2022 年组织离退休人员参加农业农村部离退休干部局举办的"喜迎二十大 奋进新征程"书法摄影展，程儒雄同志书画作品有 2 项获奖。

（二）先进典型

湛江实验站离退休干部工作人员和离退休干部多次受到部省级表彰（表 2-15），并涌现出多个先进典型。

1. 张新民——精准扶贫做实事，硕果累累好收成

2016 年 4 月张新民退休后担任雷州市乌石镇塘东村第一书记，通过开展科技产业扶贫"三位一体"模式，精准扶贫和乡村振兴取得了有目共睹的成绩：塘东村 2016—2020 年脱贫 78 户 288 人，脱贫率达到 100%。目前已建立了 12 亩芒果新品种示范基地，2018 年 7 月，扶贫工作队组织参展的"热农 1 号"荣获 2018 年广东湛江东盟农产品交易博览会最受欢迎农产品奖。2017 年、2018 年《农民日报》分别以"不投一分钱，收成归自己""志智双扶促精准扶贫"为题作了专题报道。2018 年 6 月张新民荣获乌石镇党委授予优秀共产党员称号及精准扶贫先进个人称号。

2018 年张新民在部"建言堂"上作宣讲，2018 年张新民撰写征文《"两委"地位在精准扶贫中的作用思考与对策》，并获农业农村部离退休干部"庆祝改革开放 40 周年"征文活动三等奖。2019 年张新民在湛江院区、文昌椰子所"我和我的祖国"主题报告会作宣讲。2019 年 12 月张新民获农业农村部离退休干部先进个人，并作为部系统唯一推荐人选，获全国离退休干部先进个人荣誉称号。2021 年 6 月张新民荣获中国热带农业科学院扶贫工作先进个人荣誉称号。

2. 程儒雄——初心赤诚授业，润物无声助农

程儒雄同志 2010 年 9 月 1 日退休后因工作需要，被湛江实验站橡胶抗寒研究课题聘用，继续从事天然橡胶科研工作。因返聘期间业绩突出，国家天然橡胶产业体系湛江综合试验站多年评为优秀试验站。以第一作者撰写科技论文 2 篇，参与撰写 5 篇，报批专利 2 项。帮助橡胶抗寒团队收集保存橡胶抗寒种质资源 196 份，选育出"湛试 327-13"等橡胶树抗寒优良新品种 15 个、登记橡胶树新品种 6 个，参与的"橡胶抗寒高效育种体系的建立与应用"项目，2016 年以第一完成单位获得海南省科学技术奖二等奖。程儒雄的科技创新成果"橡胶树抗寒优良新品种湛试 327-13 选育与应用"于

2021 年 12 月荣获中国热带农业科学院科学技术奖二等奖。

程儒雄现任中国老年书画家协会会员，湛江市老年大学高级研修班老师。其书法作品于 2016 年获全国老年书法协会第二届书法大赛优胜奖；2017 年获全国老年书法协会首届全国精品书法大赛银奖；2018 年获全国老年书法协会第三届全国书法大赛王羲之风范奖。2018 年 6—7 月，其书法作品在广东省书画摄影作品联展上参展。2019 年 5 月其书法作品入选"中国老年书画研究会建会 35 周年精品展览"。2016—2023 年书法作品多次入选农业农村部书画摄影作品集。

2018 年 8 月，中国热带农业科学院按农业农村部离退休干部局教学资源整合与共享的总体部署，与农业农村部老年大学中关村校区实现了智能互联，创建了农业农村部老年大学热科院湛江课堂。为了传承国学精粹，2018 年 9 月中国热带农业科学院聘请程儒雄担任书法教师，作为书法班授课教师，程儒雄认真负责、主动热情、以身作则。在教学过程中，致力于将人文知识融入书法教育；将中华文化蕴含于书写艺术之中。学生之中，上至耄耋之年的老者，下至天真烂漫的稚子，程儒雄无不精心启蒙，耐心指导，批改习作，皆逐一作评。学员修习书法时间虽短，却已有所成。2019 年 1 月，程儒雄携学员参加了中国热带农业科学院湛江院区及海口院区迎春晚会的书法表演，获得大家的高度赞誉。2019 年 10 月书法班学员们的作品入选了南亚所廉政文化展，均获嘉奖。他还自愿加入南药种植加工农村科技特派员团队进行林下经济科研助推乡村振兴工作。2019 年程儒雄荣获农业农村部离退休干部先进个人荣誉称号。

表2-15　受部省级表彰离退休干部工作先进个人

年份	姓名	荣誉称号	授奖单位
2016	江汉青	农业部离退休干部工作先进工作者	农业部办公厅
2017	程儒雄	首届全国精品书画大赛书法比赛银奖	农业部
2017	陈影霞	农业部离退休干部宣传信息工作先进个人	农业部离退休干部局
2017	吴涤非	先进离退休人员帮扶志愿者	农业部离退休干部局
2019	程儒雄	离退休干部先进个人	农业农村部
2019	张新民	离退休干部先进个人	农业农村部
2019	张新民	离退休干部先进个人	中组部
2019	程儒雄	庆祝新中国成立 70 周年书画摄影作品优秀奖	农业农村部离退休干部局
2020	程儒雄	行书作品《国庆抒怀》获得优秀书法作品奖	农业农村部离退休干部局
2020	曾绿茵　吴涤非　程儒雄　李整民	征文作品获得农业农村部离退休干部局的优秀奖	农业农村部离退休干部局

第三章 发展趋势

一、养殖产业发展历史

（一）中国畜牧业发展历史

畜牧业是指利用畜禽等已经被人类驯化的动物，通过人工饲养、繁殖，使其将牧草和饲料等植物能转变为动物能，以取得禽肉、畜肉、蛋、奶、羊毛、羊绒等畜禽产品的生产部门。畜牧业是农业的重要组成部分。

1. 中国畜禽养殖的历史

我国的畜牧业起源历史悠久，古代中国人不仅期盼"五谷丰登"，还会追求"六畜兴旺"，这六畜之说出自《管子》，大体指"牛、马、羊、猪、鸡、狗"，更多时候是泛指。

中华大地是世界上最古老、最先进的农耕区域之一，而家畜、家禽的饲养，也是中国农业社会生产的重要组成部分，尤其是家畜，它们能提供大量的肉类、乳类、皮毛，还能提供畜力辅助生产。考古显示，新石器时期的中国人已开始饲养家畜、家禽了，在距今大约 6 000 年前的陕西西安半坡遗址、浙江余姚河姆渡遗址中，发现有猪、狗、羊、鸡、水牛的骨骼，其中又以猪、狗、水牛的骨骼最多。考古还显示，在距今4 000 ~ 5 000 年前，古代中国人驯养的家畜、家禽数量和种类出现过一次爆发式增长，畜牧业有了很大发展，最迟在距今大约 4 000 年前，中国人就已完成了"六畜"的驯化和饲养，展现出当时中国农业的繁荣和进步。

远在原始公社时代，中国文字没有创造之前，中国畜牧业就已经有了萌芽。相传距今 4 700—5 000 年前，伏羲氏发明了结网的方法，用网打猎和捕鱼，同时也开始驯养鸟兽，从此中国便开始有了初期的畜牧业。伏羲氏也就成为中国畜牧业的始祖。再后来圈养野兽的技术发明后，饲料问题也随之得以解决，畜牧业的雏形就此形成。

从公社逐渐解体到奴隶时代，夏商时期，有诸多文字记载，描述古代畜牧驯养的场景，譬如出土的卜辞中，就包括关于畜牧的文字，其中有"今夕其雨，获象……"，可以看出，三四千年前的黄河流域，还有象的存在。"卜辞"文字的记载来看，家畜用途十分广泛，除了服御、食用而外，还用作牺牲、祭祀，这期间，是中国古代畜牧业最繁盛的时期。

后来到奴隶时代，是农业盛行的时代，对于畜牧也很重视。在当时的年代已经出现了专业的兽医，兽医的出现，也就预示着畜牧业进入了规范化的发展，有了系统的饲养制度和管理方法，进入了稳定全面的发展阶段。

在春秋战国时期，冶金技术蓬勃发展，出现了很多的铁制农具，农业生产中的耕地开始由人耕转变为牛耕，牛耕逐渐取代了农耕成为农业生产的重要方式，而此时的牛，是人们驯养的牲畜，也是畜牧业造就的成果。既塑造了我们几千年的农业生产模式，也对畜牧业的发展历程积攒了举足轻重的历史经验。

随着后来的封建社会时代的发展，北方游牧民族的逐渐交融，游牧民族的生产方式逐渐地被农业生产取代，畜牧业得到了集百家之所长的趋势，形成了农牧业，逐渐发展到趋于完善稳定的态势，也有了更加系统化的管理制度。时至今日，随着科学技术的发展，推动使畜牧业发展上升了一个台阶，现在已经形成了具有先进生产基地、项目、规划、管理、制度的经济产业，是农民产业链中与农业相辅相成的生产方式，中国几千年的畜牧业发展，开始步入了繁荣、昌盛的历史时期。

古代中国人在兽医方面也有丰富经验、重大成就。历代都有相关的专门著作。战国时期兽医就很发达，《周礼》中就记载了治疗牲畜内外科疾病的方法以及诊疗程序，还提到护理问题；汉代以后兽医诊治技术不断完善和发展，出现了专门的兽医学著作；唐代李石编著的《司牧安骥集》，则是现存比较完整的一部相马、养马的兽医学著作。

距今大约 1 500 年前，南北朝时期的贾思勰著有中国最早综合农书《齐民要术》，其中就有兽医学专卷，记载了 40 多种兽医技术，包括选种与繁殖、适合牲畜天性的环境条件与饲养方法、阉割技术、疾病治疗、病畜隔离、防传染病等。

2. 主要禽畜饲养历史

饲养行业在我国的产生由来已久，我国最早饲养的家畜是狗，主要是因为狗不仅在捕猎的时候可以帮助人们追赶猎物，而且狗还可以保护主人。随着农业的不断发展，人们的生活水平不断提高，当人们有了较为稳定的收入及比较固定的住所后，人们在生产生活中就开始形成了饲养家畜的习俗，并逐渐发展成为一种行业。人们在最开始的时候多是饲养狗、马、羊、牛、猪、鸡等牲畜，后来，逐渐产生了六畜，六畜的饲养在悠远的农业社会中，曾在人们的生活中起到了重要的作用。

（1）养猪

考古显示，古代中国人很可能是世界上最早驯化饲养家猪的人群，至少已有 1 万年历史了。在距今大约 5 000 年前时，中国人饲养的猪与现代家猪的体态已非常接近，只是猪骨骼还比较小，多是小猪。这可能是饲料不足造成的，也可能是生活所需，不等猪长大就宰着吃了。

中国人养猪历来都是经验丰富，也培养出了优良品种。这些品种早熟、易肥、耐粗饲、肉质好，而且繁殖力强，随着它们走出中国，对世界养猪业产生了决定性影响。例如，古罗马利用引入中国华南猪种，育成了罗马猪；英国在 18 世纪初引入中国白猪和地方猪杂交，育成了大约克夏猪。

可以说，全世界家猪的品种基本都有来自中国的血统，达尔文就曾说："中国猪在改进欧洲品种中具有高度的价值"。只是在 1945 年之后，随着世界经济的发展和人民饮食习惯的改变，出现了发展瘦肉型猪的潮流，其中大多数是西方国家育种、改良的新品种。

此外，用牲畜粪（特别是猪的废弃物）肥田也是古代中国人的重要发明。战国时期中国人就已普遍积肥、施肥了；汉代以后，猪圈积肥一直是农家肥的主要来源，中国人还设计建造了多种形制的猪圈，特别是与厕所连在一起的连茅圈。有农谚："养猪不赚钱，回头看看田。"也是说这个意思。

（2）养牛

人类驯养牛的行为，最早很可能发生在大约 1 万年前的西亚两河流域（或是北非地区）。牛这种体形粗壮、孔武有力的动物一经驯化，既可为人类的生产活动提供了畜力的辅助，又可为人类提供了肉和奶的营养食物。

在牛被驯化的初期，全世界人类都是以役用为主，即用牛耕地、拉车；到了近现代，人类不断改良牛的品种，就是为了更多满足人类肉、乳的消费。而古代中国人饲养的牛主要目的也是役用，常见的是黄牛、水牛（更适应南方气候湿润地区），它们经过选育和杂交改良，更加适合中国的环境。

牛只吃草料，但是它却在人们的生产中作出许多贡献，成为人们生产劳动中必不可少的好帮手。早在春秋时期就有"铁犁牛耕"的记载了。后来，牛还普遍用于水车灌溉、粮食加工等；牛拉车，则是最好的载重交通工具、长期广泛使用；牛还能骑行代步，如"老子骑牛西出函谷关"。所以历朝历代的文人墨客都喜欢用绘画、诗文等来赞美牛。宋代名臣李纲就有一首诗《病牛》："耕犁千亩实千箱，力尽筋疲谁复伤？但得众生皆得饱，不辞羸病卧残阳。"这是古人对牛最典型的赞美之言。

因为牛是重要的农业生产工具，古代中国人其实不舍得杀牛、吃牛肉。历代朝廷也禁止民间私自杀牛、食肉。虽然牛作为生产力的象征常用于祭祀，但只有帝王、诸侯的高规格祭祀才能食用。汉代就有规定：只有天子祭祀时才能食用全牛。在我国有些地区，人们甚至为牛举行节日，以表示人们对牛的感谢。

（3）养马

古时期，马与人的关系最亲近，居"六畜"之首，但其被人类驯化的时间却最晚，是"野"性保持最多的家畜。马大致是在 6 000 多年前、在欧亚草原西部地区被驯化的。驯化的马是古代战争、日常生活用来驾车和代步的重要工具。

商周时期以来，养马特别受到中国人的重视。西周青铜器铭文中就记载，周王亲自参加繁殖马匹的"执驹"典礼活动。《诗经》中也有记载，春秋时期中国人对于马匹繁殖、饲养、管理已有较深认识。汉代至唐代，战争需要大批合格的军马，中国从西域地区输入了大批优良马种、进行大规模繁殖和杂交，从而改良了中原地区马的品种。

在我国古代马还象征着吉祥如意。龙马精神是中华民族自古以来所崇尚的奋斗不止、自强不息、进取向上的民族精神。祖先们认为，龙马就是仁马，它是黄河的精灵，是炎黄子孙的化身，代表了华夏民族的主体精神和最高道德。

古代中国人很可能在世界上最早对牲畜实施了阉割术，自商周时期就已出现，主要对象就是猪、马。阉割后的牲畜失去生殖机能、性情温驯，更便于管理和役用，也有利于肥育和提高肉质。商代甲骨文中已有关于阉割猪的记载；《周礼》中记载"颁马攻特"，其中的"特"指对马的阉割。到秦汉时期，马的阉割术更加成熟、盛行了。

（4）养羊

经基因学考证，家养的山羊、绵羊均来自西亚两河流域的"新月沃地"，驯化发生在大约 1 万年前。羊温驯便于管理，可作畜力使用；羊肉鲜美、羊奶可加工食用、羊皮可御寒，所以全世界的人们都非常喜欢羊。

最迟在距今大约 5 000 年前，中国人也已开始养羊。"五羊衔谷"的神话相传发生在我国进入文明社会不久，畜牧业已很发达的周朝。在我国首先是畜牧业发展，羊最早被驯化，从而解决了先民们饥饿和美餐问题。因此，羊对炎黄祖先的活动、生活最重要。从渔猎时代的野生动物作为食物的主要来源，到懂得收养有了猎物的累积，就开始进入畜牧时期。"畜"就是食物积"蓄"的开始，畜成为养生食物的主食。

中国古代更是把羊作为吉祥、大美、泰顺、祥瑞的象征。羊，在中国民俗中"吉祥"多被写作"吉羊"。羊，儒雅温和，温柔多情，自古便为与中国先民朝夕相处之伙伴，深受人们喜爱。古代中国甲骨文中"美"字，即呈头顶大角之羊形，是美好的象征。明清时期，民间传说曾把青阳、红阳、白阳，分别代表过去、现在、将来。民间喜用的"三阳开泰"是一句吉祥语，它表示大地回春、万象更新的意义，图案以三只羊（谐音"阳"）在温暖的阳光下吃草来象征。

在我国古代，人们将六畜中的马牛羊称为上三品。羊自古至今都是祭祀礼仪活动的重要祭品，也是宴饮的"常客"。在人们祭祀祖先的时候，羊通常是作为第一祭品被供奉给先祖，因此人们对羊向来十分尊崇，而且羊还有"跪乳之恩"，因此位列六畜的上三品是顺理成章的事。

（5）养驴

驴应是在 5 000 多年前、在北非地区被驯化，在秦代前后进入中国中原地区。驴与马同科，但体型更小巧，更易于管理和役用。由于古代战争造成了马匹的稀缺，驴很快填补了马的位置，也在一定程度上替代了牛，成为农业生产中的主要畜力。

中国养驴始于新疆南部，渐次东来，经甘肃、陕西逐渐发展到全国。根据有关历史文献记载，早在3 500年前的殷商时代，新疆一带已养驴、用驴，并不断输入内地，是我国肉驴的发源地。据顾炎武《日知录》记述："自秦以来上，传记天音言驴者，意其呈有而非人家所常畜也。"在秦朝前，内地人视驴为稀有珍贵动物，供观赏娱乐。

驴很结实，耐粗放，不易生病，并有性情温驯、刻苦耐劳、听从使役等优点。驴多用于拉碾、磨，也常在交通中用作拉车和骑行。到唐宋时期，驴的使用已非常普及，唐宋小说中就多有体现。

驴肉还是营养丰富的优质食材，自古至今受到中国人的欢迎。驴肉具有补血、益气补虚等保健功能，食驴肉之风也在广东、广西、陕西、北京、天津、河北、山东等地兴起，这表明开发饲养肉驴大有潜力。

（6）养鸡

鸡现在已成为世界上最重要的肉食、蛋品来源，在中国有上万年的饲养历史。

家鸡由7 000～10 000年前的亚洲丛林野鸡驯化而来，其驯化历史可以追溯到3 000年前。家鸡在体形、羽色、鸣声等方面与原鸡相似，细胞遗传学和形态学的研究证明原鸡是现代家鸡的直接祖先。原鸡属分为4种，分别为红色原鸡、绿领原鸡、黑尾原鸡和灰纹原鸡。

考古发现，中国人养鸡历史，至少可以追溯到距今近8 000年的旧石器时代。河南裴李岗遗址、河北磁山遗址等都找到了华夏先民圈养鸡的痕迹。我国在夏代时已观察到母鸡生蛋自孵鸡雏，同时还观察到正月是孵小鸡的最好季节。殷商时期，迷信盛行，此时的鸡多用于祭祀等。春秋时期后的鸡已经作为一种普遍的食物，鸡蛋也已经开始被食用。到了西周时期，已经出现了以饲养禽类为主要职业的记载，如《周礼·春官》中记载的"春官鸡人"。春秋战国时期，中国的家鸡养殖发展迅速，尤其在长江下游的吴越地区，还出现大型养鸡场——"鸡陂"。汉至魏晋时期，中国的养鸡业更加发达，养鸡技术和管理日益成熟，还出现了《相鸡经》《鸡谱》等总结养鸡经验的专书，对世界养鸡业的发展影响很大。

我国古代特别重视鸡，称它为"五德之禽"。据《韩诗外传》记载，它头上有冠，是文德；足后有距能斗，是武德；敌前敢拼，是勇德；有食物招呼同类，是仁德；守夜不失时，天明报晓，是信德。民间更将鸡视为吉祥物，认为它可以避邪，还可以吃掉各种毒虫，为人类除害。开年第一天民间以红纸剪鸡作窗花，而且把这天定为"鸡日"。在传统文化里，鸡因为与"吉"谐音，被人们赋予了吉祥的意义。自古以来，有鸡鸣犬吠的地方就有人家、有烟火，而雄鸡啼曙则作为吉祥之喻、光明之象、奋斗之声。

家鸡除了用于食用，还被用来"斗鸡"以娱乐人类。传说周宣王时我国已饲养斗鸡，如战国时列御寇的《列子》中，纪渻子为周宣王养斗鸡。《战国策》在论苏秦为赵国合纵向齐宣王游说时便有斗鸡的记载。

（7）养鸭

家鸭的祖先叫绿头鸭，原产于亚洲、欧洲和北美洲的广大地区。绿头鸭又称大麻鸭，全身毛色鲜艳，羽毛上镶嵌着绿斑。

中国养鸭的历史久远，在距今 2 500～3 000 年前，中国南北很多地方就已经养鸭了，而且鸭的形态很美，从而被古人塑造成各种各样的观赏品。在这方面，中国遥遥领先于欧洲，走在世界前列。秦汉时期，鸭已经成为中国人驯养的三大家禽之一，鸡鸭鹅 3 种家禽成了与人们生活息息相关的驯养家禽。在西汉时期，驯养鸭子已然成了一种习惯，一种副业。在当时，有人专门写了《相鸭经》一书。最早记录养鸭子的书是公元 6 世纪的《齐民要术》。为了能让鸭子孵蛋的效率更高，西汉时有人发明了用鸡孵鸭蛋的办法。这种孵化方法叫寄孵术，这种方法代代相传，直到今天还在用。

几千年来，中国培育出了无数优良的鸭子品种。春秋时期，就培育出了双头青、减脚鹅；东汉时期长江流域有斗鸭和肉鸭；隋唐时期，著名的鸭有金赞鸭、赤羽鸭、丹毛鸭、乌衣、白玉鸭等。目前中国最著名的鸭子主要有北京鸭、高邮鸭、绍兴鸭、建昌鸭、巢湖鸭、东莞鸭、荆江鸭等。

（8）养鹅

家鹅的饲养历史很长，可以考证的至少有两三千年。在欧洲，《荷马史诗》中就提到过早在古希腊时代鹅就被家养了，而在古罗马时代的神庙里，人们饲养家鹅，作为奉献给神的祭品。鹅在我国饲养历史悠久，可以追溯到春秋以前。中国最早有关养鹅生产的文字记载始见于西汉桓宽编著的《盐铁论》，其中有"今富者春鹅秋雏"的记载，至今已有 2 200 多年历史。

古代中国人认为家鹅是鸿雁驯化而来的舒雁、家雁，汉代初期出现的中国第一部辞书《尔雅》中就说："舒雁，鹅。"因此，鹅就成为重要的礼仪物品，婚礼更是要"以雁为礼"。最有名的是大书法家王羲之"好鹅"的故事，还有中国人都熟悉唐代诗人骆宾王的《咏鹅》："鹅鹅鹅，曲项向天歌。白毛浮绿水，红掌拨清波。"

我国鹅的品种按羽毛颜色分，有白鹅、灰鹅之分。白鹅有太湖鹅、浙东白鹅、四川白鹅等，灰鹅有狮头鹅、雁鹅、乌鬃鹅等。按体型大小分，有大型鹅、中型鹅、小型鹅。大型鹅有狮头鹅，中型鹅有浙东白鹅、四川白鹅、溆浦鹅，小型鹅有太湖鹅等。中国鹅最出名的是原产于潮汕的狮头鹅，它是中国最大的鹅，与法国图卢兹鹅并称世界鹅王。

3. 新中国畜牧业发展历程

畜牧业是关系国计民生的重要产业，是农业农村经济的支柱产业，是保障食物安全和居民生活的战略产业，是农业现代化的标志性产业。新中国成立后，中国畜牧业在探索中前进，曲折中发展，走出了一条具有中国特色的畜牧业发展道路。纵观中国畜牧业的发展历程，大体可划分为以下 6 个阶段。

（1）恢复起步阶段（1949—1957 年）

新中国成立之初，畜牧业生产力水平很低。在一系列支持政策和措施下，畜牧业生产逐步恢复。

1949 年，全国大牲畜存栏数 6 002 万头，肉类总产量为 220 万吨，人均肉类占有量只有 4.1 千克。新中国成立后，颁布了禁宰耕畜、奖励繁殖、防治兽疫等一系列政策措施，畜牧生产不断恢复和发展。1957 年，中国大牲畜、生猪存栏头数分别达 8 382 万头和 1.46 亿头，分别比 1949 年增长 39.65% 和 152.6%。猪、牛、羊肉总产量达 398.5 万吨，人均占有量为 6.16 千克，比 1949 年增长 50.24%。

（2）曲折徘徊阶段（1958—1977 年）

1958 年的"大跃进"运动和人民公社化运动，使畜牧业生产遭到极大破坏。1961 年，中国大牲畜存栏量为 6 949 万头，比 1957 年下降 17.1%；猪存栏量为 7 552 万头，比 1957 年下降 48.2%。从 1962 年开始，中国逐步纠正"左"的错误思想，实行国民经济调整，鼓励发展畜牧业。1966 年 5 月起受"文化大革命"影响，在农业方面搞"以粮为纲，战备夺粮"，刚刚复苏的中国畜牧业再次面临考验，但仍取得一定的发展。1977 年，中国大牲畜存栏数为 9 375 万头，猪 2.92 亿头，羊 1.61 亿只；猪牛羊肉和禽蛋产量分别达到 780.5 万吨和 207 万吨。

（3）飞速发展阶段（1978—1996 年）

1978 年，中共十一届三中全会召开，随着我国家庭联产承包责任制的推行和市场经济改革的逐步深化，畜牧业飞速发展，实现了畜产品供需基本平衡的历史性跨越。

1979 年起，我国鼓励家庭养畜，赋予农民生产经营自主权。特别是 1985 年，国家完全放开猪肉、蛋、禽和牛奶等畜产品价格，畜产品需求旺盛，养殖业利润丰厚。农民发展畜牧业的积极性空前高涨，大牲畜、生猪等传统养殖业发展迅猛，蛋鸡、肉鸡饲养规模化进程加快。1996 年，畜牧业产值达 7 083 亿元，占农业产值的比重达 26.9%；大牲畜年底存栏数达 16 649.5 万头，生猪年末存栏数达到 45 735.7 万头，肉类总产量达 4 584 万吨，位居世界第一。

（4）调整优化阶段（1997—2006 年）

到 20 世纪 90 年代后期，中国主要畜产品总量实现了供需平衡、丰年有余，但结构性、地区性的相对过剩、产品质量安全等问题仍然突出。1999 年出台《关于加快畜牧业发展的意见》，标志着中国畜牧业开始逐步由数量增长型向质量效益型转变。

此时主要表现为猪肉比重下降，牛羊肉和禽肉比重上升，蛋、奶及其他畜产品产量增长速度加快。2006 年猪肉占肉类总产量的比重为 64.6%，牛羊肉和禽肉比重分别为 15.1% 和 18.7%，奶产量 3 302.5 万吨，并首次进入世界前三名。

畜产品生产逐步向优势区域集中，初步形成了东北区、黄淮海区、长江中游区和西南区四大片区。东北地区以牛、奶、禽为主；黄淮海区、长江中游区以猪、禽为主；西南地区以牛、羊为主。

（5）转变提升阶段（2007—2018年）

2007年，国务院下发了《关于促进畜牧业持续健康发展的意见》，明确提出新时期要以构建现代化畜牧业、促进畜牧业持续健康发展为主要目标。

在政策扶持下，中国向现代畜牧业转变取得了实质性进展。一是畜产品区域布局进一步优化。基本形成以长江流域、中原和东北为中心的生猪产业带，以中原和东北为主的肉牛产业带，以中原、西北牧区、西南地区、内蒙古中东部及河北北部为主的肉羊产业带，以东部省份为主的禽肉产业带和以中原省份为主的禽蛋产业带，以东北、华北及京津沪等城市郊区为主的奶业产业带。二是畜牧业逐步向规模化、产业化、集约化方向发展。从猪牛羊肉总产量来看，全国猪牛羊肉总产量2018年为6 523万吨。在主要肉类品种中，猪肉产量1 134万吨。三是畜产品生产结构进一步优化。随着城乡居民消费结构不断升级，对牛羊肉消费需求持续增加，2018年牛肉和羊肉产量分别为644万吨和475万吨。2018年全国禽蛋产量达3 128万吨，全国牛奶产量3 075万吨。

农业发展重点逐步从种植业向畜牧业转移，畜牧业产值占农业总产值比例稳定上升，成为农业的支柱产业。2007年以来，畜牧业产值占农业总产值的比重维持在32%以上。在某些省份，畜牧业已经成为当地农业发展的核心和主导产业。北京、内蒙古、吉林、辽宁、西藏、青海、四川的畜牧业产值占农业总产值的比重均超过40%。

（6）高质量发展阶段（2019年至今）

2020年9月，国务院办公厅印发了《关于促进畜牧业高质量发展的意见》，指出要以实施乡村振兴战略为引领，以农业供给侧结构性改革为主线，转变发展方式，不断增强畜牧业质量效益和竞争力，形成产出高效、产品安全、资源节约、环境友好、调控有效的高质量发展新格局。2021年8月，农业农村部等部门发布《关于促进生猪产业持续健康发展的意见》，提出要用5～10年时间，基本形成产出高效、产品安全、资源节约、环境友好、调控有效的生猪产业高质量发展新格局，自给率保持在95%左右。

2019—2022年，我国畜牧业产值整体恢复增长态势。随着我国调整农业生产结构，畜牧业的现代化水平不断提高，我国畜牧业产值有望保持稳定提升。2022年我国畜牧业总产值为41 307.7亿元，全国牛存栏10 216万头，全国羊存栏32 627万只，生猪存栏量为45 256万头。

随着我国经济持续稳定增长，居民收入水平不断提升，消费能力不断增强，对畜产品的需求快速增长，推动我国畜牧业总产值持续上升，现阶段已经形成较为完善的产业链和较为充足的供应能力，成为与种植业并列的农业两大支柱产业之一。2022年全国猪牛羊禽肉产量9 227万吨。猪肉、牛肉、牛奶、羊肉、禽肉、禽蛋产量均不同程度增长。其中猪肉产量 5 541 万吨，牛肉产量 718 万吨，牛奶产量 3 932 万吨，羊肉产量 525 万吨，禽肉产量 2 443 万吨，禽蛋产量 3 456 万吨。

（二）中国渔业发展历史

渔业，也称水产业，是指人类利用水域中生物的物质转化功能，通过捕捞、养殖和加工，收获各种水生动物、藻类和植物以换取商业价值的产业和行业。渔业的产业链包括水产养殖或者海洋捕捞、加工、市场销售渠道，全世界大约有 5 亿人参与渔业生产经营活动。

1. 中国水产养殖的历史

人类的祖先逐水草而居，在树上摘果子，在山川旷野狩猎，也在水中捕鱼。《诗经·小雅》记载："南有嘉鱼，烝然罩罩。君子有酒，嘉宾式燕以乐。"生动展示出先人吃鱼畅饮的生活场景。

在人类赖以生存的地球上，70% 的面积被海洋覆盖，90% 的动物蛋白存在于海洋之中。千百年来，临海而居的人们，张网捕鱼，是一种习惯和本能，是靠海吃海的生存之道。史料记载，自西汉以来，南海诸岛及东南亚各国沿岸，就留下了我国沿海渔民出海捕鱼的踪迹。

鲤鱼是我国的第一种养殖鱼类。早在殷商时代，中国便开始池塘养殖鲤鱼。鲤鱼对生活条件不是很挑剔，在我国分布非常广泛，除西藏雅鲁藏布江水系外，各大水系湖泊均出产，容易捕获；公元前 460 年的春秋战国时期，养鱼学始祖范蠡著有《养鱼经》，它是我国也是世界上第一部养鱼著作，主要介绍了鲤鱼养殖的池塘条件、繁殖方法、养殖密度、捕鱼时间等。

公元 618—907 年的唐代，一方面由于生产力的发展，人们已经不满足于只养殖鲤鱼一个品种；另一方面唐代皇帝姓李，禁捕、禁食、禁卖鲤鱼，于是就开始寻找其他养殖对象。其中居住于长江、珠江边的渔民，将江中大量的天然野生鱼苗捞入池塘养殖，获得成功，并从中筛选出最适合池塘养殖的鱼类。青、草、鲢、鳙由于栖息习性不同，能充分利用整个生活空间的天然饵料和水域分层，互不干扰，很适合混养在一个池塘里，同时具有生长快、产量高等优势，因此成为我国传统养殖鱼类，被称为"四大家鱼"。直到今天，这四种鱼仍是我国乃至全世界淡水养殖的主体鱼，年产量占我国淡水养殖鱼类的一半以上。

四大家鱼均不能在人工养殖条件下自行繁殖，因此在人工繁殖技术出现之前，它们的苗种必须每年从江中捕捞，久而久之，鱼苗产区形成，主要集中在长江中下游及珠江流域某些江段。公元 960—1279 年的宋朝，池塘养鱼的地区范围进一步扩大，从长江、珠江等江河捕捞的青、草、鲢、鳙鱼苗运输到各地开展养殖，鱼苗的运输技术在这一时期也相当成熟了。唐、宋 500 多年间，鱼苗的张捕、运输和饲养已相当发达，饲养地区也相当辽阔。

公元 1368—1644 年的明朝，我国池塘养鱼有了很大进展，养鱼技术更加全面，开始了人工投饵和施肥，由粗放养殖转向精养，同时沿海咸淡水养鱼也已开始（鲻鱼）。明代黄省曾的《养鱼经》和徐光启的《农政全书》对养鱼的全过程，包括鱼池构造、放养密度、混养、轮养、投饵施肥、鱼病防治等均有详细的论述。公元 1644—1911 年的清朝，养鱼著作有屈大均的《广东新语》，对鱼苗的生产季节、鱼苗习性、过筛分级和运输等都有详细的记载。

随着社会进步和人类的需求，需要克服鱼苗供应不足的问题，需要实现家鱼（即草鱼、白鲢、花鲢、青鱼四大家鱼）的完全人工繁殖，也就是以池养的鱼作为亲鱼进行产卵、受精、孵化出鱼苗才能满足生产需求。从 20 世纪 30 年代开始，我国学者就开始利用江河中的家鱼进行人工授精和孵化试验，逐步获得成功。1958 年，钟麟等用流水刺激加上脑垂体催情，第一次实现了池养鲢鱼、鳙鱼的人工产卵、授精和孵化，结束了千百年来完全依赖自然江河捕捞鱼苗的历史。

2. 新中国渔业发展历程

（1）高速增长的中国渔业

新中国成立后，中国渔业从小到大、从弱到强，保障了市场供给需求，为稳预期、稳物价、稳渔业经济大盘提供了基本保障，也为践行大食物观，推动食物供给向多元化转变，把牢我国食物供给安全主动权提供了强有力的支撑。

1950 年 2 月，第一届全国渔业会议在北京召开。会议确定了渔业生产先恢复后发展和集中领导、分散经营的方针，逐渐开始恢复渔业生产。1949 年，全国水产品总产量 45 万吨，人均占有量为 0.8 千克；1978 年，全国水产品总产量 465 万吨，人均占有量为 4.8 千克。

1978—1984 年，中国渔业发展进入恢复发展期，水产工作重点向调整人手、集中力量、积极发展养殖、提高水产品质量方向转移。水产品产量逐步恢复，海水养殖、淡水养殖、海洋捕捞、淡水捕捞产量都出现了一定程度的增长。1982 年，国务院批转农牧渔业部《关于加速发展淡水渔业的报告》，要求要落实水面使用权，长期不变。随后全国主要渔区掀起水域滩涂承包热潮，广大群众发展水产养殖的积极性空前高涨。1985 年 3 月，中共中央、国务院发出《关于放宽政策、加速发展水产业的指示》，明确了渔业发展"以养殖为主，养殖、捕捞、加工并举，因地制宜，各有侧重"的方针。这是对我国渔业前几十年探索经验的总结，是指导未来发展的一个纲领性和里程碑式的文件。

1985—1994 年，中国渔业产业进入快速发展期，将发展水产工作作为调整农村产业结构、促进粮食转化的一个战略措施进行部署，确立了"以养为主"的发展方针。随着销售限制的开放，广大渔民的生产积极性被充分调动，养殖和捕捞产量都有较大幅度的增长。从1989年起，我国水产品产量跃居世界第一位，已经连续30年保持世界第一。

1995—2005年，中国渔业产业发展进入扩量发展期，渔业作为农业中的一个大产业，水域资源的治理和开发利用得到更多的重视。水产养殖成为促进农村经济发展的重要产业，潜力得到进一步挖掘；随着对渔业资源保护和可持续发展意识的增强，中国及时设立海洋伏季休渔制度、长江等重要内陆水域禁渔期制度，启动实施海洋渔业资源总量管理制度，实施人工鱼礁、增殖放流等一系列水生生物资源的养护措施，大力开展以长江为重点的水生生物保护行动，加快推进海洋牧场建设，渔业资源衰退的状况得到了有效遏制，沿岸渔民收入也得到明显提高。1995年，全国水产品总产量2 146万吨，人均占有量提高到18千克。

2006—2011年，中国渔业发展进入稳步发展期。2006年，国务院颁布《中国水生生物资源养护行动纲要》，标志着水生生物资源养护提升为国家行为，步入崭新历史阶段。农业部针对不同保护对象和保护区域，因地制宜，分类分区施策，建立水生生物自然保护区200余处，总面积超过10万平方公里；划定水产种质资源保护区535个，重要渔业水域生态环境和水生生物资源得到保护。水生生物资源养护成为国家战略，渔业资源养护力度空前加强，捕捞水产品产量占水产品总产量的比重进一步下降，水产养殖产量比重超过70%。

2012年以来，中国渔业产业发展进入转型发展期，渔业转方式调结构持续推进，坚持生态优先、养捕结合和控制生产的生产方针，着力加强海洋渔业资源和生态环境保护，不断提高海洋渔业可持续发展能力。2016年，农业部印发《关于加快推进渔业转方式调结构的指导意见》，提出以新发展理念为引领，转变发展方式，加快供给侧结构性改革，将渔业发展重心由注重数量增长转到提高质量和效益上来，更加突出质量效益，更加突出生态民生，开启了渔业全面转型升级的新征程。2019年初，农业农村部等10部委联合发布《关于加快推进水产养殖业绿色发展的若干意见》，加快推进水产养殖业绿色发展。2022年，全国水产品总产量为6 869万吨，人均占有量48.7千克，比全球人均占有量高出一倍。

（2）走向远洋的中国渔业

20世纪50年代初的国民经济恢复时期，我国开始组建国营海洋渔业捕捞公司，重点作业渔区在黄渤海和东海的近海区域，主要从事底拖网和围网捕捞作业。

1973年8月，我国第一批灯光围网船队进入黄海东部作业。1979年往后的十年间，我国钢质海洋捕捞渔船发展到近10万艘，海洋捕捞总产量达到1 000万吨。由于过量的捕捞，造成了我国沿海及其外海的渔业资源严重衰退和破坏。

1983 年，国务院批转农牧渔业部《关于发展海洋渔业若干问题的报告》，提出海洋渔业要突破外海，发展远洋渔业。1985 年，中国水产总公司派出我国历史上第一支远洋渔业船队，开始在西部非洲协议合作国家的海域作业。

1988 年，我国水产养殖产量首次超过捕捞产量。渔业产量中养殖与捕捞之比达到 77∶23。1989 年，我国远洋渔业企业和科技工作者，通过产学研相结合，成功开发了日本海渔场，又实现远洋鱿钓业零的突破。此后陆续扩展到西北太平洋、东南太平洋、西南大西洋和印度洋四大公海。

1995 年，国务院决定实施海洋伏季休渔制度，批准首次在东海、黄海实行伏季全面休渔，到 1999 年休渔范围扩大到渤海、黄海、东海、南海四个海区。

2001 年，国务院批准农业部编制的《我国远洋渔业发展总体规划》，提出在稳定过洋性渔业的同时，加快开发金枪鱼、鱿鱼等大洋性渔业资源；加强公海渔业资源调查和探捕，将单一拖网捕捞改为钓、围为主；着力推广精深加工、超低温冷冻技术，延伸产业链条。并制定南沙渔业开发优惠政策，加快了南沙渔业的发展。

从 2002 年起，我国开始实施海洋捕捞渔船"双控"制度，海洋捕捞渔船控制制度由"总量控制"转入"总量缩减"。

2013 年，把海洋渔业提升为战略产业；随后出台《国务院关于促进海洋渔业持续健康发展的若干意见》。2022 年，农业农村部印发了远洋渔业纲领性文件《关于促进"十四五"远洋渔业高质量发展的意见》，对"十四五"期间远洋渔业的发展作出了总体安排。

我国远洋渔业异军突起，从 20 世纪 80 年代初开始持续快速发展，仅用了 30 多年就走完了一些发达国家 100 多年走过的路程，使我国成为世界上重要的远洋渔业国家之一。渔船规模、装备水平、捕捞加工能力、管理水平、科研水平已跻身世界前列。作业海域涉及 42 个国家（地区）的管辖海域和太平洋、印度洋、大西洋公海以及南极海域。大洋性渔业投产船数和产值分别占远洋渔业总船数和总产值的 57%、71%，公海鱿鱼钓船队规模和产量居世界第一，南极磷虾资源开发取得重要进展。

（3）多姿多彩的中国渔业

千年传承的"稻渔共生系统"、兴化垛田、桑基鱼塘，以及正在兴起的稻鱼、稻虾、稻蟹等综合种养，集生态农业、循环农业、立体农业、精细农业为一体，显现出多功能农业的价值魅力。农业渔业部门以市场为导向，着力延伸渔业产业链，提升价值链，不断拓展渔业新功能，培育发展新动能。

2012 年末，农业部发布《关于促进休闲渔业持续健康发展的指导意见》，提出充分调动渔户、渔民专业合作社和龙头企业等主体的积极性，合理引导各种资源投入发展休闲渔业。2015 年中央一号文件首次提出推进农村一二三产业融合发展。同年，国务院办公厅印发《关于推进农村一二三产业融合发展的指导意见》。2016 年，全国渔业渔政工作会议提出，促进渔业"互联网+"发展，推进品牌建设，做好休闲渔业这篇大文章。

在市场力量的推动和政策的引导下，以休闲渔业为代表的二三产业快速发展，培育了一批休闲渔业示范区，重点构建滨海港湾休闲渔业、都市型休闲渔业、海洋牧场休闲渔业等，打造全国知名的休闲渔业品牌。涌现出一批像查干湖、鲤鱼溪、象山开渔节等最美渔村、渔文化节庆活动典范，一批像潜江小龙虾、盱眙小龙虾、阳澄湖大闸蟹等叫得响、过得硬、有影响力的渔业品牌，一批像舟山国际水产城、何氏水产等"互联网+渔业"深度融合、现代冷链物流典范。

2018年，首次发布《休闲渔业产业发展报告》。在中国农民丰收节期间，举办象山开渔节、云南哈尼梯田稻花鱼开渔节、盘锦蟹稻家欢乐节、千岛湖人欢鱼跃庆丰收等渔业特色活动，传播渔文化，助推渔区经济发展。2018年，休闲渔业产值902.25亿元。旅游人数超过1.3亿人次。如今的稻渔综合种养示范区，从东北黑土地到秀美江南，从塞上河套到西南梯田，每到收获时节，处处鱼米飘香，农家乐、渔家乐游人如织，尽显"鱼米之乡"好光景。

水族观赏已经成长为一个产业。截至目前，全球已建成开放的水族馆达到500余家，年接待游客接近5亿人次；其中中国水族馆数量超过200家，参观人次近2亿，约占全球总数的40%。水族馆作为水生野生动物保护的重要场所之一，是借助社会力量进行珍稀濒危物种保护的有益尝试。

据中国休闲垂钓协会统计，全国的钓友达几千万人，休闲垂钓赛事等渔事活动在全国蓬勃兴起。

（三）中国草业发展历史

草业是以草地资源为基础，从事资源保护利用、植物生产和动物生产及其产品加工经营，获取生态、经济和社会效益的基础性产业。

1. 中国草产业的历史

中国草产业经历了漫长的历史进程，从旧石器时期开始的原始草原狩猎业到秦代之后的传统草原游牧业再到鸦片战争之后的近代草原畜牧业，这个过程延续了几万年。从中华民族创世纪的原始草地放牧畜牧业时期（羲娲、神农、黄帝、殷商），到草地农业为基础的耕地农业萌芽期（武丁—西周），再到春秋战国耕地农业盛行的农耕时期。由"垦草"农耕肇始，到汉代将农业定义为"辟土殖谷曰农"，以小农经济的组织功能优势，配合儒家伦理精神支柱，耕地农业稳居主流，创建了辉煌数千年的农耕文明。

2. 新中国草业发展历程

随着新中国的成立，我国近代草原畜牧业开始发生了巨大变革。草业更新了观念，注入了新的活力，开始了现代草业的新时代。

我国现代草业科学的发展经历了不同时期，分别为萌芽时期、转折时期和提升时期。

（1）萌芽时期（1949—1978年）

我国现代草业界定于1949年，当时我国的草地农业和草地畜牧业备受重视，以草地科学和饲草学为主要内容的草地产业科研正在逐步发展。该阶段我国草业科技发展的重要里程碑：中国国家科学技术发展计划大会于1962年召开，是我国草原工程的新起点；全国畜牧业工作座谈会于1975年召开，草地建设与粮食安全的协同理念形成。草业开始注重草种引进、良种繁育、基地建设、草地改良等基础工作，这是我国现代草业科学发展的初级阶段。

（2）转折时期（1979—1999年）

该时期草业发展的重大标志：一是《中华人民共和国草原法》及一系列配套法规的制定和颁布，标志着中国草原管理利用有法可依；二是实行草畜双承包，摆脱了传统粗放的生产经营方式，解决了草原地区经济体制的重大问题；三是以钱学森为代表的专家学者提出了"立草为业"的新概念，这是草业从依附于畜牧业的传统理念走向独立产业和主导产业的开始。这个阶段的特点表现在草业彻底摆脱游牧经济的封闭式生产方式，初步形成生产加工经营一体化的发展格局，产业化进程加速，市场化特征突出，草业门类体系不断扩大完善，对技术创新需求日益加强，这是我国现代草业科学发展的一个重要时期。

（3）提升时期（2000年以来）

该时期的草业是在过去50年发展的基础上形成的，其重大标志：一是2002年《中华人民共和国草原法》的修改通过与推行，为实施草原禁牧休牧提供了强有力的法律支持；二是国务院印发了《关于加强草原保护与建设的若干意见》（国发〔2002〕19号），这是新中国成立以来中国第一个专门针对草原工作出台的政策性文件；三是实施了"退耕还草""退牧还草"，以及天然草原保护建设和草原生态奖补等一批重大草原生态工程项目，标志着草业的新定位；四是党的十八大提出"五位一体"的国策，草原生态文明受到空前重视；党的十九大报告明确提出"统筹山水林田湖草系统治理"，强调"草"是"山水林田湖草生命共同体"重要组成部分，进一步从党和国家事业的高度提出了"草"和"草原"以及"草牧业"的战略地位，党的二十大报告论述"推动绿色发展，促进人与自然和谐共生"时，强调提升生态系统多样性、稳定性、持续性，提出推行草原森林河流湖泊湿地休养生息；五是中央一号文件多次提出"草牧""草田轮作"等概念，要推动粮经饲统筹、农林牧渔结合、种养加一体、一二三产业融合发展等。这一时期的内涵由以经营草地畜牧业生产开始向生态、生产并重，以生态优先的新型草业转变，表现为现代科学技术的发展对现代草业的促进作用，特别是草原特色产业涌现，产业投入加大，草业的产业规模和集约化程度提高，草产品走向市场流通，草业管理和经营标准日趋完善，生态服务功能逐渐深化，这是新时期现代草业功能提升的重要阶段。

二、养殖产业发展现状

（一）中国畜牧业发展现状

1. 畜牧业发展主要成就

"十三五"期间，在党中央、国务院的坚强领导下，畜牧业克服资源要素趋紧、非洲猪瘟疫情传入、生产异常波动和新冠疫情冲击等不利因素影响，生产方式加快转变，绿色发展全面推进，现代化建设取得明显进展，综合生产能力、市场竞争力和可持续发展能力不断增强。

一是畜产品供应能力稳步提升。2020年全国肉类、禽蛋、奶类总产量分别为7 748万吨、3 468万吨和3 530万吨，肉类、禽蛋产量继续保持世界首位，奶类产量位居世界前列。饲料产量2.53亿吨，连续十年居全球第一。生猪生产较快恢复，牛肉、羊肉和禽蛋产量分别比2015年增长8.2%、10.6%、12.2%，乳品市场供应充足、种类丰富，保障了重要农产品供给和国家食品安全。

二是产业素质显著提高。2020年全国畜禽养殖规模化率达到67.5%，比2015年提高13.6个百分点；畜牧养殖机械化率达到35.8%，比2015年提高7.2个百分点。养殖主体格局发生深刻变化，小散养殖场（户）加速退出，规模养殖快速发展，呈现龙头企业引领、集团化发展、专业化分工的发展趋势，组织化程度和产业集中度显著提升。畜禽种业自主创新水平稳步提高，畜禽核心种源自给率超过75%，比2015年提高15个百分点。生猪屠宰行业整治深入推进，乳制品加工装备设施和生产管理基本达到世界先进水平，畜禽运输和畜产品冷链物流配送网络逐步建立，加工流通体系不断优化，畜牧业劳动生产率、科技进步贡献率和资源利用率明显提高。

三是畜产品质量安全保持较高水平。质量兴牧持续推进，源头治理、过程管控、产管结合等措施全面推行，畜产品质量安全保持稳定向好的态势。2020年，饲料、兽药等投入品抽检合格率达到98.1%，畜禽产品抽检合格率达到98.8%，连续多年保持在较高水平；全国生鲜乳违禁添加物连续12年保持"零检出"，婴幼儿配方奶粉抽检合格率达到99.8%以上，在国内食品行业中位居前列，规模奶牛场乳蛋白、乳脂肪等指标达到或超过发达国家水平。

四是绿色发展取得重大进展。畜牧业生产布局加速优化调整，畜禽养殖持续向环境容量大的地区转移，南方水网地区养殖密度过大问题得到有效纾解，畜禽养殖与资源环境相协调的绿色发展格局加快形成。畜禽养殖废弃物资源化利用取得重要进展，

2020 年全国畜禽粪污综合利用率达到 76%，圆满完成"十三五"任务目标。药物饲料添加剂退出和兽用抗菌药使用减量化行动成效明显，2020 年畜禽养殖抗菌药使用量比 2017 年下降 21.4%。

五是重大动物疫病得到有效防控。疫病防控由以免疫为主向综合防控转型，强制免疫、监测预警、应急处置和控制净化等制度不断健全，重大动物疫情应急实施方案逐步完善，动植物保护能力提升工程深入实施，动物疫病综合防控能力明显提升，非洲猪瘟、高致病性禽流感等重大动物疫情得到有效防控，全国动物疫情形势总体平稳。加强畜禽跨省调运监管，新建 266 个动物跨省运输指定通道，对 12.5 万辆生猪运输车辆实施网上备案，动物检疫监督能力不断提高。国际兽医事务话语权显著增强，成功申请猪繁殖与呼吸综合征、猪瘟等 6 家世界动物卫生组织（OIE）参考实验室，我国代表当选 OIE 亚太区域主席，2 名专家当选 OIE 专业委员会委员。

2. 畜牧业发展重大挑战

当今世界正经历百年未有之大变局，"十四五"时期畜牧业发展的内外部环境更加复杂，依靠国内资源增产扩能的难度日益增加，依靠进口调节国内余缺的不确定性加大，构建国内国际双循环的新发展格局面临诸多挑战。

一是稳产保供任务更加艰巨。未来一段时期，畜产品消费仍将持续增长，但玉米等饲料粮供需矛盾突出，大豆、苜蓿等严重依赖国外进口。受新冠肺炎、非洲猪瘟等重大疫情冲击，猪牛羊肉等重要畜产品在高水平上保持稳定供应难度加大。

二是发展不平衡问题更加突出。一些地方缺乏发展养殖业的积极性，"菜篮子"市长负责制落实不到位；加工流通体系培育不充分，产加销利益联结机制不健全；基层动物防疫机构队伍严重弱化，一些畜牧大县动物疫病防控能力与畜禽饲养量不平衡，生产安全保障能力不足；草食家畜发展滞后，牛羊肉价格连年上涨，畜产品多样化供给不充分。

三是资源环境约束更加趋紧。养殖设施建设及饲草料种植用地难问题突出，制约了畜牧业规模化、集约化发展；部分地区生态环境容量饱和，保护与发展的矛盾进一步凸显；种养主体分离，种养循环不畅，稳定成熟的种养结合机制尚未形成，粪污还田利用水平较低。

四是产业发展面临风险更加凸显。生产经营主体生物安全水平参差不齐，周边国家和地区动物疫病多发常发，内疫扩散和外疫传入的风险长期存在。"猪周期"有待破解，猪肉价格起伏频繁，市场风险加剧。贸易保护主义抬头，部分畜禽品种核心种源自给水平不高，"卡脖子"风险加大。

五是提升行业竞争力要求更加迫切。我国畜牧业劳动生产率、科技进步贡献率、资源利用率与发达国家相比仍有较大差距。国内生产成本整体偏高，行业竞争力较弱，畜产品进口连年增加，不断挤压国内生产空间。

3. 畜牧业发展机遇

"十四五"时期我国重农强农氛围进一步增强，推进畜牧业现代化面临难得的历史机遇。

一是市场需求扩面升级。"十四五"时期我国将加快形成以国内大循环为主体、国内国际双循环相互促进的新发展格局，城乡居民消费结构进入加速升级阶段，肉蛋奶等动物蛋白摄入量增加，对乳品、牛羊肉的需求快速增长，绿色优质畜产品市场空间不断拓展。

二是内生动力持续释放。畜牧业生产主体结构持续优化，畜禽养殖规模化、集约化、智能化发展趋势加速，新旧动能加快转换。随着生产加快向规模主体集中，资本、技术、人才等要素资源集聚效应将进一步凸显，产业发展、质量提升、效率提速潜力将进一步释放。

三是保障体系更加完善。党中央、国务院高度重视畜牧业发展，《国务院办公厅关于促进畜牧业高质量发展的意见》明确了一系列政策措施，为"十四五"畜牧兽医行业发展提供了遵循。农业农村部会同有关部门先后制定实施多项政策措施，在投资、金融、用地及环保等方面实现了重大突破，畜牧业发展激励机制和政策保障体系不断完善。

4. 畜牧企业发展现状

畜禽养殖行业的生产经营具有一定区域性，不同区域所经营的品种存在差异。在国内市场竞争格局，从各企业的业务布局来看，牧原股份、温氏股份、益生股份、仙坛股份等企业畜禽养殖业务占比较高，均超过90%，并配套经营畜禽养殖产业链中涉及的产品或服务，如饲料、农牧设备等。区域布局方面，畜禽养殖行业存在一定的区域特性，部分企业选择专注于本地市场以减少商品流通成本等，如罗牛山、民和股份；此外，也有企业将业务范围向全国乃至海外布局，如圣农发展、新希望等。在区域竞争格局，从上市公司区域分布来看，广东、湖南两省畜禽养殖行业上市公司较多，其中，广东省有海大集团、温氏股份等；湖南省上市公司有唐人神、新五丰等；此外，西部地区畜牧业、乳业较为发达，因此也带动了畜禽养殖行业的发展，出现了一些上市企业，如新疆上市公司有天康生物、西部牧业等。

2020年6月30日，胡润研究院首次发布十强农业企业榜单，榜单按照企业市值进行排名，均为养殖企业，具体如下。

（1）牧原食品股份有限公司

中国最大的自育自繁、工业化、一体化生产的生猪养殖企业，集饲料加工、生猪育种、种猪扩繁、商品猪饲养、屠宰加工等环节于一体，专注于生猪产业链垂直一体化布局。

（2）温氏食品集团股份有限公司

综合性农牧食品集团，以生猪养殖为主业，同时还有肉鸡养殖。此外，围绕着猪鸡主业，温氏大力发展水禽、乳业等相关辅业，并配套了动物保健、农牧设备、食品加工、金融投资等相关产业。

（3）新希望六和股份有限公司

已经建立饲料、养殖、屠宰、食品深加工的产业协同一体化经营布局，覆盖猪、禽两大产业链。除了农业板块外，新希望股份持有民生银行 4.18% 的股份，民生银行投资收益为 22 亿，占公司净利润 36%。

（4）广东海大集团股份有限公司

以饲料为核心业务，产品主要包括鸡、鸭、猪、鱼、虾等饲料，生猪、虾苗、鱼苗等养殖品种，以及畜禽和水产养殖过程中所需的生物制品、兽药、疫苗等产品。采用以"公司＋农户"合作代养为主，以"一体化自养"为辅的生猪养殖模式。

（5）江西正邦科技股份有限公司

拥有饲料、生猪养殖、兽药、农药四大业务板块。饲料业务成熟的动物营养技术和优质饲料产品、兽药业务成熟的动物疾病预防与治疗技术和优质兽药产品对正邦科技生猪养殖业务的快速扩张形成支撑。

（6）北京大北农科技集团股份有限公司

主要经营业务为生猪养殖与服务产业链经营、种业科技与服务产业链经营，其中，生猪养殖与服务产业链经营包括种猪育种、生猪育肥、生猪饲料、动物疫苗、动物药品、生猪养殖信息化等业务；种业科技与服务产业链经营包括杂交水稻、常规玉米、植物农药和肥料、带有生物技术性状的玉米、带有生物技术性状的大豆等种子产品的科研、繁育、生产、销售等业务。

（7）福建圣农发展股份有限公司

专注于白羽肉鸡生产三十余年，是集饲料加工、种鸡研发和养殖、种蛋孵化、肉鸡饲养和屠宰、熟食加工和销售等环节于一体的白羽鸡封闭全产业链企业。主要产品是分割的冰鲜或冷冻鸡肉及深加工肉制品。

（8）江苏立华牧业股份有限公司

以优质草鸡养殖为主导产业，以畜禽繁育、饲料生产、畜禽养殖为一体。主要业务为黄羽鸡养殖、生猪养殖、肉鹅养殖三大业务，其他配套业务为黄羽肉鸡屠宰加工及冰鲜、冰冻品销售。采用"公司＋合作社（基地）＋农户"的合作养殖模式。

（9）山东益生种畜禽股份有限公司

主营业务包括曾祖代肉种鸡的引进与饲养、祖代种鸡的引进与饲养、父母代种雏鸡的生产与销售、商品肉雏鸡的生产与销售、饲料的生产、种猪和商品猪的饲养和销售、奶牛的饲养与牛奶销售、有机肥的生产与销售、农牧设备的生产与销售，其中鸡类产品是核心业务。

（10）天邦食品股份有限公司

主要产品包括商品种猪、商品仔猪、商品肉猪、猪肉生鲜产品、猪肉加工产品、猪用疫苗、猪用饲料和水产饲料、生猪养殖技术服务等。采用租赁育肥模式，由社会资本建设较大规模育肥场，天邦股份支付一定的租金并派驻员工进场育肥。

（二）中国渔业发展现状

1. 渔业发展主要成就

2020 年，全球渔业和水产养殖总产量达 2.14 亿吨，达历史最高水平，在为全球人口提供粮食和营养方面发挥日益重要的作用，其中水产养殖产量达 0.88 亿吨，在全球渔业和水产养殖总产量中的比重达 40.89%；渔业和水产养殖总产量排名前五的国家依次为中国、印度尼西亚、秘鲁、俄罗斯、美国。总产量的增长极大促进了全球渔业经济的发展，渔业和水产养殖产品的国际贸易显著增长，2020 年，全球水生动物出口总额为 1 510 亿美元，在全球农产品贸易额（不包括林业）中所占的比重达 11%。全球水生动物出口总额排名前三的国家依次为中国、挪威、越南；进口金额排名前三的国家依次为美国、中国、日本。

近年来，中国渔业经济产出快速增长，已成为中国农业的重要组成部分和农村经济的重要增长点之一。渔业经济生产空间从沿海地区和长江、珠江流域等传统养殖区扩展到全国各地；养殖品种逐渐向多样化、优质化发展，海水养殖由传统的贝藻类为主，向虾类、贝类、鱼类、藻类和海珍品全面发展，淡水养殖打破以"青、草、鲢、鳙"四大家鱼为主的传统格局，鳗鲡、大黄鱼、石斑鱼、河蟹等一批名优特水产品也已形成规模；工厂化养殖、深水网箱养殖和生态养殖逐渐取代传统水产养殖模式，成为国内水产养殖的主要模式。

"十三五"期间，水产养殖业绿色发展扎实推进，水生生物资源养护力度持续加大，转方式调结构取得积极进展，质量效益竞争力明显提升，渔业发展为保障国家粮食安全、打赢脱贫攻坚战、全面建成小康社会作出了积极贡献。

一是产业发展质量稳步提升。水产品总产量稳定在 6 500 万吨左右，养捕比例由"十二五"末的 74∶26 提高到 80∶20，养殖水域滩涂规划制度基本建立，新兴养殖空间持续拓展，累计创建国家级水产健康养殖示范县 61 个、示范场 5 778 个。渔业融合发展成效显著，二三产业产值比重超过 50%，渔民人均纯收入增长 40%。特别是在新冠疫情冲击下依然保持了水产品稳定供应，为"菜篮子"产品稳价保供作出了突出贡献。

二是资源养护取得历史性突破。实施长江十年禁渔，全面完成长江流域禁捕水域 11.1 万艘渔船、23.1 万名渔民退捕任务，成为全球水域生态治理史上的创举。全面实施海洋渔业资源总量管理制度，首次实现内陆七大流域、四大海域休禁渔制度全覆盖。压减海洋捕捞渔船超过4万艘、150万千瓦，创建国家级海洋牧场示范区136个，增殖放流各类苗种超过1 500亿单位。

三是科技装备支撑显著增强。实施国家海洋渔业生物种质资源库、南极磷虾捕捞船、渔业资源调查船、渔港锚地、大型深远海养殖设施装备等渔业重大项目，为11万余艘渔船配备了安全和通导装备。渔业科技进步贡献率从58%提升到63%，获得国家科学技术进步奖9项，培育新品种61个，制定渔业国家和行业标准268项。

四是对外合作取得新进展。开展中菲南海渔业合作、周边国家联合增殖放流、澜湄水生生物保护及渔业合作。积极融入共建"一带一路"，与亚非拉美有关国家签署了20多个双边渔业合作协议，正式加入《南印度洋渔业协定》。推动远洋渔业转型升级，首次实施公海自主休渔。远洋渔业规范管理不断加强。

五是执法监管能力明显提升。启动《中华人民共和国渔业法》修订，长江水生生物保护、长江禁捕、海洋渔业资源总量管理、水产养殖业绿色发展等政策体系进一步健全。连续4年组织开展"中国渔政亮剑"执法行动，累计取缔涉渔"三无"船舶超过10万艘、"绝户网"358万张（顶），国家产地水产品兽药残留监测合格率保持在99%以上。创建平安渔业示范县96个、文明渔港59个。

2. 渔业发展面临挑战

当前，世纪疫情和百年变局交织，我国渔业发展面临一些制约和挑战。

一是刚性约束越来越强。资源环境刚性约束突出，渔业资源衰退、水域生态环境退化态势尚未根本扭转。传统养殖空间日益受限，生产成本持续上涨，渔业比较效益优势不断下降。全球贸易保护主义抬头，涉外渔业纠纷多发，美西方极力打压限制我国远洋渔业，外向型渔业发展难度加大。

二是供给侧结构性矛盾突出。高品质水产品供给比重偏低，符合国民消费习惯的预制加工水产品开发不足，不能很好满足水产品消费多样性需求。水产品贸易顺差大幅收窄甚至可能变为逆差，部分水产苗种需要进口。休闲渔业发展水平总体不高，二三产业比例偏低，渔业整体质量效益和竞争力有待进一步提升。

三是科技和设施装备水平不高。自主创新能力弱，水产养殖标准化、机械化、设施化程度低，老旧、木质渔船数量仍然较多，水产品冷藏保鲜和加工流通设施建设滞后，渔船避风率、渔港覆盖率和配套服务水平低。养殖尾水处理、渔船环保、渔港清洁等环保设施装备建设不足，渔业生产信息化、数字化、智能化水平低。

四是渔业治理体系不健全。渔业法律政策保障体系仍不健全，重要养殖水域保护、限额捕捞、渔船渔港管理等重点领域和关键环节的改革攻坚任务仍然艰巨。基层渔政执法监管能力薄弱，渔业安全生产保障能力不足。渔业从业人员总体文化水平不高，规范有效管理难度大。

3. 渔业发展机遇

"十四五"时期，我国经济长期向好的基本面没有改变，新型工业化、信息化、城镇化、农业现代化加快推进，乡村振兴战略全面实施，为渔业高质量发展提供新的历史机遇。

一是政策环境更加优化。党中央始终把解决好"三农"问题作为全党工作的重中之重，坚持农业农村优先发展，农业支持保护持续加力，更多资源要素向"三农"领域集聚，将为推进渔业高质量发展和现代化建设提供有力支撑。

二是战略作用更加突出。满足水产品供给是保障国家粮食安全的重要任务。同时，渔业兼具生态修复、对外合作等多重功能，在全面推进乡村振兴、实施海洋强国、建设生态文明等重大战略中的地位将进一步凸显，在共建"一带一路"和碳达峰、碳中和等重大任务中的服务支撑作用将进一步显现。

三是科技支撑更加有力。新一轮科技革命深入发展，新模式新技术新材料广泛应用，北斗、5G、物联网、大数据等信息技术加快在渔业领域转化应用，现代生物技术为渔业种质资源保护、新品种培育提供有力支撑。

四是消费需求更加多样。城乡居民对优质安全水产品和优美水域生态环境的需求日益增长，水产品由过去的区域性、季节性消费转为全民消费、常年消费，渔业文化、休闲体验等消费已经成为渔业经济新的增长点，将为渔业产业发展创造新的更为广阔的空间。

4. 渔业企业发展现状

改革开放以来，中国渔业经济快速发展，渔业逐渐成为中国经济发展的重要组成部分，对保障国家粮食安全和重要农产品有效供给、促进农民增收、服务生态文明建设和政治外交大局等具有重要作用。在渔业产业发展过程中，企业的组织形式、生产效率、创新能力，企业赋能与产业组织演进对渔业产业的发展和科技进步起到了重要的推动作用。中国渔业经济的高质量发展，与每一家渔业企业的努力息息相关。

随着渔业经济的蓬勃发展，中国渔业企业数量呈正增长趋势发展，数据显示（企查查），截至 2022 年 11 月 30 日，全国渔业行业（包括水产养殖与水产捕捞）登记状态为正常状态（存续、在业、迁入、迁出、设立）的企业有 599 504 家（约合 59.95 万家）。

从地域分布来看，中国渔业企业最多的省域是湖北省，湖北省渔业企业数在全国渔业企业总数中所占的比重约为 15.12%；其次为安徽省，安徽省渔业企业数所占的比重约为 11.25%；江苏省渔业企业数位列全国第三，所占比重约为 10.05%。

截至 2022 年 11 月 30 日，全国水产养殖行业登记状态为正常状态（存续、在业、迁入、迁出、设立）的企业有 250 643 家。中国水产养殖企业主要集中分布在安徽、湖北、江苏等省域，其中安徽分布的水产养殖企业数量最多，在全国水产养殖企业总数中所占的比重约为 11.49%。

截至 2022 年 11 月 30 日，全国水产捕捞行业登记状态为正常状态的企业有 6 968 家。中国水产捕捞企业主要分布在山东、江苏及浙江省域，这 3 个省域水产捕捞企业数量依次排名全国前三位，其在全国水产捕捞企业总数中所占的比重分别为 15.8%、10.38%、8.58%。

上市公司在行业发展中具有重要地位。2021 年，13 家中国渔业上市企业中，国联水产开发股份有限公司营业收入最高，其次为百洋产业投资集团股份有限公司，獐子岛集团股份有限公司收入排名第三。

湛江国联水产开发股份有限公司，是目前中国最大的水产品加工企业，产品遍及全球 40 多个国家和地区。主要产品可以分为：以预制菜品为主的精深加工类、初加工类、全球海产精选类。2021 年营业收入为 44.74 亿元。

百洋产业投资集团股份有限公司，是一家集科技研发、种苗选育、养殖和技术服务、水产及畜禽饲料、水产食品、生物保健品、环保工程等业务为一体的综合性企业集团。2021 年回升至营业收入为 29.05 亿元。

獐子岛集团股份有限公司，始创于 1958 年，历经六十多年的发展，现已成为以海洋水产业为主体，集海珍品育苗、养殖、加工、物流、贸易、冻鲜品冷藏物流、渔业装备于一体的大型综合性海洋食品企业。2021 年营业收入为 20.83 亿元。

（三）中国饲草业发展现状

1. 饲草业发展成就

党中央、国务院高度重视饲草产业发展。"十三五"以来，国家相继实施草原生态保护补助奖励、粮改饲、振兴奶业苜蓿发展行动等政策措施，草食畜牧业集约化发展步伐加快，优质饲草需求快速增加，推动饲草产业发展取得积极成效。

一是优质饲草供应能力稳步提升。2020 年全国利用耕地（含草田轮作、农闲田）种植优质饲草近 8 000 万亩，产量约 7 160 万吨（折合干重，下同），比 2015 年增长 2 400 万吨。其中，全株青贮玉米 3 800 万亩、产量 4 000 万吨，饲用燕麦和多花黑麦草 1 000 万亩、产量 820 万吨，其他一年生饲草 1 500 万亩、产量约 1 200 万吨，优质高产苜蓿 650 万亩、产量 340 万吨，其他多年生饲草 1 000 万亩、产量约 800 万吨。全株青贮玉米、优质苜蓿平均亩产分别达到 1 050 千克、514 千克，比 2015 年分别提高 19.6%、11.5%。同时，草原牧区积极推进人工饲草地建设，刈割利用水平稳步提升，年可供干草约 1 000 万吨。

二是产业素质明显提高。2020 年全国饲草种子田面积 138.4 万亩、种子产量 9.8 万吨，比 2015 年分别增长 4.4% 和 8.9%，饲草供种能力持续增强。80% 的全株青贮玉米由种养一体或订单收购方式生产，90% 的优质苜蓿基地由专业化饲草企业建设，生产组织化程度明显提升。饲草加工业快速发展，全国草产品加工企业和合作社数量达到 1 547 家，比 2015 年增长近 2 倍；优质商品草产量 996 万吨，增长 27%。饲草产品质量稳步提升，90% 的全株青贮玉米达到良好以上水平，苜蓿二级以上占 70%。

三是生产模式多元发展。各地立足气候条件和资源禀赋，探索形成了一批饲草产业发展典型模式。河西走廊、北方农牧交错带、河套灌区、黄河中下游及沿海盐碱滩涂区统筹畜牧业发展和生态建设，大力发展苜蓿等优质饲草，培育了一批饲草产业集群。东北、西北地区积极推广短生育期饲草，种植模式实现"一季改两季"。各地在全面推广全株青贮玉米的基础上，还因地制宜选择饲用燕麦、黑麦草、苜蓿、箭筈豌豆、小黑麦等饲草品种开展粮草轮作，推行豆科与禾本科饲草混播或套种，土地产出率大幅提高。

四是支撑保障作用有效发挥。优质饲草供应增加，有力支撑了牛羊规模养殖发展，促进了草食畜牧业提质增效。从 2015 年至 2020 年，奶牛规模养殖比重从 48.3% 提高到 67.2%，单产从 5.5 吨提高到 8.3 吨，每产出 1 吨牛奶的精饲料用量减少 12%；肉牛、肉羊规模养殖比重分别从 27.8%、36.7% 提升到 29.6%、43.1%。人工种草持续发展，推动牧区养殖由传统放牧向舍饲半舍饲加快转变，有效缓解了天然草原放牧压力，实现了生产生活生态协调发展。268 个牧区半牧区县牛羊肉产量五年间增长 22.1%，天然草原平均牲畜超载率从 17% 下降到 10.9%。

五是综合效益不断显现。各地实践证明，在耕地上发展饲草，实现了化草为粮，玉米籽粒和秸秆一起全株饲用，既保障了粮食播种面积，又提高了秸秆利用率，土地产出率提高 30% 左右。1 亩优质高产苜蓿提供的蛋白相当于 2 亩大豆，还能有效改善土壤通气透水性能、增加有机质、提升地力。在盐碱地、滩涂上种植耐盐碱饲草品种，不仅增加了饲草供应，而且改良了土质，形成了土地增量。在黄河流域、草原等生态保护重点区域发展人工种草，涵养了水源，减少了水土流失，遏制了草原退化、沙化、盐碱化趋势。

2. 饲草业发展困难挑战

我国饲草产业整体起步较晚，生产经营体系尚不完善，技术装备支撑能力不强，在规模化、机械化、专业化方面与发达国家相比还有不小差距，也缺乏健全配套的政策保障体系支持。对饲草在优化农业结构、保障粮食安全上的地位和作用，尚未达成广泛共识，部分地方顾虑多，进一步发展面临不少制约。

一是种植基础条件较差。发展规模化、机械化种草，要求土地平整度、水利设施配套等方面具备相应条件。目前，饲草种植多数为盐碱地、坡地等，配套灌溉、机械化耕作等基础条件的地块不多，加之建设投入少，大多数达不到高标准种草要求，产量不高，优质率低，种植效益不佳，制约饲草产能提升。

二是良种支撑能力不强。我国审定通过的 604 个草品种中，大部分为抗逆不丰产的品种，缺少适应干旱、半干旱或高寒、高纬度地区种植的丰产优质饲草品种。国产饲草种子世代不清、品种混杂、制种成本高等问题突出，良种扩繁滞后，质量水平不高，总量供给不足，苜蓿、黑麦草等优质饲草种子长期依赖进口。

三是机械化程度偏低。国内饲草机械设备关键技术研发不足，产品可靠性、适应性和配套性差的问题较为突出，大型饲草收获加工机械大多靠国外引进，适宜丘陵山地人工饲草生产的小型机械装备缺乏。机械装备与饲草品种、种植方式配套不紧密，饲草生产农机社会化服务程度低等都制约机械化生产水平的提升。

3. 饲草业发展机遇

"十四五"及今后一个时期，我国饲草产业发展将处于重要战略机遇期，具备诸多有利条件。

一是政策环境有利。《国务院办公厅关于促进畜牧业高质量发展的意见》对健全饲草料供应体系提出明确要求。乡村振兴全面推进，脱贫地区牛羊等特色产业不断发展壮大，将为饲草产业发展提供强大动力。发展多年生人工草地、草田轮作是固碳增汇的重要手段，在实现碳达峰碳中和过程中有望发挥积极作用。随着对饲草产业地位和作用的认识不断深化，产业发展环境持续改善，政策保障体系逐步健全，将为现代饲草产业发展提供有力支撑。

二是市场需求旺盛。当前我国城乡居民草食畜产品消费处在较低水平，2020 年，我国人均牛肉和奶类消费量分别为 6.3 千克、38.2 千克，只有世界平均水平的 69%、33%，未来还有不小增长空间。要确保牛羊肉和奶源自给率分别保持在 85% 左右和 70% 以上的目标，对优质饲草的需求总量将超过 1.2 亿吨，尚有近 5 000 万吨的缺口，饲草产业市场前景看好。

三是发展空间广阔。我国年降水量 400 毫米以下地区的耕地、盐碱地、水热条件较好的草原等土地资源存量大，通过开展土地平整、土壤改良和宜机化改造，改善灌溉排水等基础设施条件，可建成一批集中连片、产出稳定、品质优良的标准化人工饲草生产基地。利用农闲田、果园隙地、四边地等土地种草已具备较为成熟的技术和模式，开发利用潜力巨大。

4. 饲草业企业发展现状

长期以来，我国传统草业属于农业和畜牧业的附属产业，2000 年以前从事草业生产经营，注册登记的草业企业不足 60 家。2000 年始，在一系列有利政策和有利发展机会的推动下，组建牧草加工的草企业，将农牧民及各种牧草原材料转变为有组织结构、有工作分工、有先进技术并且管理到位的现代化企业行为逐渐发展起来，并在生产加工过程中投入技术推广、市场营销手段和充足资金，有足够抵御市场风险的能力。据统计，截至 2022 年 7 月，我国已进行工商登记的存续草业企业 5 200 余家，经营范围通常包括各类牧草产品（包括草粉、草块、草颗粒）的种植、加工、销售，种子生产和销售，机械设备制造销售与租赁，生态环境修复与治理、园林绿化设计与建设和生态旅游等。

在此阶段，草产业发展经历了 4 个重要事件，这 4 个节点发生的代表性事件和国家应对行动表明，草产业随着社会经济同步前进，进入一个全新的发展阶段，对我国草业企业数量、产值和经营业务产生深远的影响。

（1）沙尘暴事件

2000 年沙尘暴事件后，国家启动了国家西部大开发战略和退耕还林还草，天然草原植被恢复、草原围栏、草种基地建设等一系列工程项目，草产业开始摆脱传统方式，向生态工程需求转换。全国草产业发展势头良好，2008 年全国工商登记的存续草业企业 581 家，当年登记的生产加工企业 141 家，中国畜牧业协会草业分会生产加工各类牧草产品包括草捆、草块、草颗粒和草粉等 98.2 万吨，是 2001 年生产量的 17.2 倍，各类草种子销售量达到 1.9 万吨，是 2001 年的 2.67 倍；全国草坪产品销售额达 16.4 亿元；草原生态旅游业逐步成为草业新的产业支柱之一，草原药用植物基地近千个，种植种类达 200 余种，年生产量 3.5 亿千克。

（2）三聚氰胺事件

2008 年"三聚氰胺事件"事件推动了草产业的反思和振兴。2012 年全国正式启动振兴奶业发展行动，此后每年新增 50 万亩高质优产的苜蓿生产基地，以苜蓿商品草生产加工为中心、以龙头企业为骨干、以农民协作为基础、以专业化生产为基本形式、以保障原料奶优质安全生产为目的，通过优质苜蓿草产品的标准化生产、规范化管理、制度化推广，促进我国草产业以及草业企业完成脱胎换骨和转型升级。2012 年，全国在北方 10 个省区扶持了 129 家企业和农民合作社，承担了 50 万亩的高产优质苜蓿示范片区建设任务，高产优质苜蓿示范片区的建设，不仅落实了中央振兴奶业苜蓿发展行动，而且极大地推动了农民合作社和牧草加工企业的生产加工优质草产品的能力，是我国牧草加工企业发展进程中标志性行动，具有深远影响。2012 全国存续草业企业达 922 家，当年生产加工企业 306 家，生产各类牧草产品 228.1 万吨，各类草种销售 1.66 万吨；草坪产品销售额 22.1 亿元，上规模的综合性草坪业公司有 20 ～ 30 家，大多数集中于北京、上海、大连、青岛和深圳等少数大城市。

（3）草业座谈会

2014 年中南海草业座谈会提出了"草牧业"，赋予草产业新内涵和功能，扩展了草业发展空间。苜蓿草、燕麦草和玉米青贮成为草产业的市场主打品牌。2014 年全国存续草业企业 1 420 家，已登记统计的草产品加工企业共 375 家，生产加工各类牧草产品 273.94 万吨，各类草种销售 2.15 万吨，草坪产品销售额 26.2 亿元。同时草业企业从事生态修复工程，运营模式也在不断探索完善中。

（4）"两山论"

党的十九大以后，为了落实"两山论"和"山水林田湖草生命共同体理念"，中央实行了重大的机构调整行动，将草原管理的职能由原农业部调整至国家林业和草原局，由此带来了一系列重大变革。2018年全国存续草业企业3 286家，当年生产加工企业737家，生产加工各类牧草产品573.58万吨，全国牧草种子产量8.4万吨；到2017年年底，全国草坪产品销售额达42.9亿元，为2001年草坪产品销售额的4.8倍；多家公司或企业进入生态修复行列，通过生态工程或绿地修复参与国家生态修复的建设工程。

5. 饲料企业发展现状

饲料行业是连接着种植业和养殖业的中间行业。饲料原料主要是各类大宗农产品，主要以玉米、大豆（豆粕）为主。我国饲料工业起步于20世纪70年代，1991年起成为仅次于美国的世界第二大饲料生产国。近年来，随着饲料生产技术不断提升，行业准入门槛降低，饲料企业数量大幅飙升。

2013年以来，国家加大对农牧行业监管力度，对饲料行业进行排查整改，大批饲料企业因环境不达标和安全隐患问题被下令整改和关停，在此之后，饲料企业数量大幅下降。近几年，在"双碳"目标及"行业转型"发展驱动下，饲料工业进入整合提升阶段，行业开始以数量为主逐步转向以质量为主的高质量发展阶段。

2022年以来，我国持续淘汰落后产能，全国年产10万吨以上的规模饲料生产厂商947家，全国年产50万吨以上的饲料生产厂商13家，全国年产百万吨以上规模饲料企业集团36家，行业规模化转型加速，企业集中度进一步提升。随着行业规模化转型不断加快，我国饲料工业产值持续增长。2022年，全国饲料工业总产值13 168.5亿元，饲料行业营业收入12 617.3亿元，行业收入稳步提升。

近十年来，我国饲料产量总体保持稳定增长态势，行业规模稳居世界第一。2018—2022年，我国饲料产量由2.28亿吨增加至3.02亿吨，5年增加了0.74亿吨，年复合增长率为5.81%。其中，2022年全国配合饲料产量28 021.万吨，占饲料总产量的92.71%；全国浓缩饲料产量1 426.2万吨，占饲料总产量的4.72%；添加剂预混合饲料产量为652.2万吨，占比为2.16%。

总体来看，我国饲料以配合饲料为主，且配合饲料产品规模不断扩大。从饲料添加剂产量看，2022年全国饲料添加剂总产量1 468.8万吨。其中，单一饲料添加剂产量1 368.7万吨，占饲料添加剂总产量的93.18%；混合型饲料添加剂产量100.1万吨，占总产量的6.82%。氨基酸添加剂产品产量449.2万吨，维生素产品产量150.0万吨。

根据饲喂对象的不同，我国饲料品种主要包括猪饲料、蛋禽饲料、肉禽饲料、反刍动物饲料、水产饲料和宠物饲料等。2022年，全国猪饲料、蛋禽饲料、肉禽饲料、反刍动物饲料、水产饲料和宠物饲料产量分别为 13 597.5 万吨、3 210.9 万吨、8 925.4 万吨、1 616.8 万吨、2 525.7 万吨和 123.7 万吨，占总产量比重分别为 44.99%、10.62%、29.53%、5.35%、8.36% 和 0.41%。其中，2022 年猪饲料和禽类饲料合计占比达到 85.15%，形成以猪饲料和禽类饲料为主的饲料供给模式。

从饲料产量区域分布看，我国饲料主要集中在东部沿海地区及广西、河南、四川、湖北、湖南等地。2022 年我国饲料产量千万吨以上地区有山东、广东、广西、辽宁、河南、江苏、河北、四川、湖北、湖南、福建、安徽和江西等地。其中，2022 年山东饲料产量 4 484.80 万吨，占全国饲料总产量的 14.84%；广东饲料产量 3 527.24 万吨，占全国饲料总产量的 11.67%；广西饲料产量 2 024.31 万吨，占比为 6.70%。前三名地区合计生产饲料占全国产量的近 1/3。

三、养殖产业发展规划

（一）《"十四五"全国畜牧兽医行业发展规划》

2021 年 12 月，农业农村部制定印发《"十四五"全国畜牧兽医行业发展规划》（以下简称《畜牧业规划》），系统总结"十三五"以来畜牧兽医工作成效，全面分析判断未来五年发展趋势，对"十四五"时期全国畜牧兽医行业发展作出系统安排。

《畜牧业规划》明确指导思想：加快构建现代养殖体系、动物防疫体系和加工流通体系，不断提高畜产品供给水平、质量安全与动物疫病风险防控水平、畜牧业绿色循环发展水平，提高质量效益和竞争力，实现产出高效、产品安全、资源节约、环境友好、调控有效的高质量发展，为全面推进乡村振兴、加快农业农村现代化提供产业支撑。

《畜牧业规划》提出发展目标：到 2025 年，全国畜牧业现代化建设取得重大进展，奶牛、生猪、家禽养殖率先基本实现现代化。在产品保障目标上，猪肉自给率保持在 95% 左右，牛羊肉自给率保持在 85% 左右，奶源自给率达到 70% 以上，禽肉和禽蛋保持基本自给。在产业安全目标上，实现动物疫病综合防控能力大幅提高，兽医社会化服务发展取得突破，饲料、兽药监管能力持续增强。在绿色发展目标上，畜禽粪污综合利用率达到 80% 以上，形成种养结合、农牧循环的绿色循环发展新方式。在现代化建设目标上，实现畜禽核心种源自给率达到 78%，畜禽养殖规模化率达到 78% 以上，养殖、屠宰、加工、冷链物流全产业链生产经营集约化、标准化、自动化、智能化水平迈上新台阶。

《畜牧业规划》在重点产业建设方面，创新提出构建"2+4"现代畜牧业产业体系，着力打造生猪、家禽两个万亿级产业和奶畜、肉牛肉羊、特色畜禽、饲草 4 个千亿级产业，并明确了每个产业的发展指标和产业布局。

《畜牧业规划》提出九大重点任务，并细化了具体工作。①提升畜禽养殖集约化水平。发展适度规模经营，推行全面标准化生产方式，提升设施装备水平，促进牧区生产方式转型升级。②加强动物疫病防控。提升防疫主体责任意识，落实重大动物疫病防控措施，防治人畜共患病，强化疫情监测预警，加强动物检疫监督，加强兽医实验室建设与管理。③保障养殖投入品供应高效安全。做强现代饲料工业，构建现代饲草产业体系，推动兽药产业转型升级，推进兽用抗菌药减量使用。④加快畜禽种业自主创新。加强畜禽种质资源保护和利用，强化畜禽育种创新，加快良种繁育与推广，加强种畜禽重点疫病净化。⑤提升畜产品加工行业整体水平。优化屠宰加工产能布局，推进屠宰行业转型升级，加强畜禽产品质量安全保障，提升畜产品精深加工能力。⑥构建现代畜产品市场流通体系。促进畜产品冷链物流发展，强化动物运输环节防疫管理，提升市场专业化水平。⑦推进畜禽养殖废弃物资源化利用。畅通种养结合路径，建立全链条管理体系，规范病死畜禽无害化处理。⑧增强兽医体系服务能力。完善兽医工作机制，加强兽医队伍建设，创新兽医社会化服务。⑨提高行业信息化管理水平。加快畜牧兽医监测监管一体化，推动智慧畜牧业建设。

《畜牧业规划》还列举了拟开展的十项重大专项工作和重大工程，并系统梳理了近年来国家出台的有关支持畜牧业发展的重大政策，提出进一步巩固拓展的要求。

（二）《"十四五"全国渔业发展规划》

2021年12月，农业农村部制定印发《"十四五"全国渔业发展规划》（以下简称《渔业规划》），系统总结"十三五"渔业发展成就，研判面临的挑战和机遇，对"十四五"全国渔业发展作出总体安排。

《渔业规划》指出，"十四五"期间，将坚持"稳产保供、创新增效、绿色低碳、规范安全、富裕渔民"的工作思路，坚持数量质量并重、创新驱动、绿色发展、扩大内需、开放共赢、统筹发展和安全的基本原则，推进渔业高质量发展，统筹推动渔业现代化建设。具体提出渔业产业发展、绿色生态、科技创新、治理能力四个方面12项指标，力争到2035年基本实现渔业现代化。

《渔业规划》提出"三提升、三促进"的"十四五"渔业发展重点任务，并以专栏形式规划了具体重大工程。一是夯实渔业生产基础，提升水产品稳产保供水平。坚持把保障水产品供给作为渔业发展第一要务，稳定水产养殖面积，推进绿色健康养殖，促进水产种业振兴，优化捕捞水产品供给。二是推进产业融合发展，提升渔业产业现代化水平。提升水产品加工流通，培育壮大多种业态，加强水产品市场拓展，推进产业集聚发展。三是强化渔业改革创新，提升行业治理水平。强化渔业科技，推进渔船渔港管理改革，提高渔业生产组织化程度，加强渔政执法。四是持续加强以长江为重点的水生生物保护，促进渔业资源可持续利用。扎实推进长江"十年禁渔"，加强水生生物资源养护，提升水生野生动物保护水平。五是强化渔业风险防控，促进渔业安全发展。保障水生生物安全，严控水产品质量安全，强化渔船生产安全，提升渔业涉外安全。六是推进开放发展，促进合作共赢。推动拓展渔业国际合作，持续提升国际履约能力，鼓励水产养殖业"走出去"。

（三）《"十四五"全国饲草产业发展规划》

2022年2月，农业农村部发布了《"十四五"全国饲草产业发展规划》（以下简称《饲草业规划》），这是饲草产业发展的第一个专项规划。针对畜牧产业高质量发展，明确5年发展目标，统筹区域布局，提出重点解决任务，完善保障措施，系统全面地做出安排。

《饲草业规划》明确饲草产业指导思想：以拓面增量、提质增效为主攻方向，优布局、壮主体、育良种、强支撑，加快建立规模化种植、标准化生产、产业化经营的现代饲草产业体系，推动高质量发展，为草食畜牧业提档升级、保障国家粮食安全提供有力支撑。

《饲草业规划》提出发展目标：到2025年，饲草生产、加工、流通协调发展的格局初步形成，优质饲草缺口明显缩小。全国优质饲草产量达到9 800万吨，牛羊饲草需求保障率达80%以上，饲草种子总体自给率达70%以上，饲料（草）生产与加工机械化率达65%以上。

《饲草业规划》提出饲草产业区域布局：①东北地区积极发展人工种草，推行种养结合、就近利用模式，优先满足区域内饲草需求，鼓励有条件的地区发展商品草生产；②华北地区调整玉米利用方式，推行种养一体化发展模式，提升区域内优质饲草自给能力；③西北地区积极推进粮改饲，实现草畜配套；④南方地区利用撂荒地、冬闲田、果园隙地、橡胶林下地等土地资源，推行特色化、差异化饲草发展模式。⑤青藏高原地区统筹推进人工种草和天然草原利用。

《饲草业规划》制定饲草产业重点任务：①推进重要饲草生产集聚发展，发展优质苜蓿种植，扩大全株青贮玉米生产，增加饲用燕麦供给，因地制宜推进饲草混播利用，强化牧区饲草保障；②大力培育规模化集约化新型经营主体，培育壮大龙头企业，发展种草养畜合作社和家庭牧场，扶持专业化生产性服务组织；③深入推进良繁体系建设，加快培育优良品种，推进良种扩繁，完善种质资源保护体系；④加快构建现代化加工流通体系，加快提升机械化水平，开发多样化产品，推动产销有效对接。

四、养殖科技发展趋势

（一）畜牧科技发展趋势

远在文字没有创造之前，我国畜牧业就已萌芽。汉朝时期就出现了许多与畜牧业有关的先进科技，如皮革制造、饲料储存等。

随着新中国的建立和改革开放，畜牧科技迎来了新的机遇，其他种类的畜禽被纷纷引入国内，对促进我国畜牧品种的改良、品质的提高、饲养技术的发展起到了很大作用。畜牧业对科技的需求日益凸显，1996 年，我国的畜牧业已经得到了高速的发展，畜产品开始出现相对过剩的局面，随着市场的逐步开放，国际市场竞争的压力越来越大，迫使我国必须加快畜牧业结构、模式的改革，畜牧业发展重点转移到了提高畜产品质量，转变发展模式，优化养殖布局，改善生态环境等方面，畜牧对相关科学技术需求逐步增加，在 20 世纪的畜牧业发展中，配合饲料、畜禽良种的推广起到了非常关键的作用；2015 年以来，我国畜牧业要求在保护生态环境的基础上实现保质量、提效益的发展。国家在 2015 年实施粮改饲政策，第一次在农业结构调整中突出了优质饲草的重要地位，突出了种养结合和农牧循环的有效模式，畜牧对相关科学技术需求进一步增加，我国先后启动了一批畜牧重大科技项目，在畜禽和牧草品种选种选育、饲料生产及安全、主要畜禽营养及饲养管理、产品标准和检验方法、草原建设和生态保护等方面做了大量的研究，获得了一批重大科技成果，依靠科学技术的不断创新和推广应用，畜牧业生产效率、农牧民素质、产品附加值和综合生产能力不断得到提升。近年来，除了依靠存栏和饲养数量的增加外，畜产品数量的提高，在很大程度上来自畜牧技术的创新、推广与普及，目前，科技进步对畜牧业发展贡献率已超过 50%，为我国畜牧业发展提供了有力支撑。

近年来我国畜牧业在遗传育种、动物营养和疫病防控等方面取得了长足进步，但是依然存在畜禽核心种源对外依存度高、生物安全防控形势严峻、产业竞争力不强等问题。针对于此，科学技术部不断加大对畜牧业科技创新的支持力度，"十三五"期间，设立了国家重点研发计划畜禽重大疫病防控与高效安全养殖综合技术研发重点专项，提升了畜禽重大疫病防控的科技创新水平。"十四五"期间，首次单独设立了畜禽新品种培育与现代牧场科技创新重点专项，力求解决畜牧业生产中的关键技术难题。同时，党中央将高质量发展作为全面建设社会主义现代化国家的首要任务，为畜牧业转型发展提出了要求、指明了方向。新时代的畜牧业现代化已经发生了深刻变化，主要表现在从畜牧大国向畜牧强国迈进的现代化，以保障粮食安全为前提、大食物观为引领的现代化，由传统粗放式向绿色高质量发展转变的现代化，实现乡村全面振兴、共同富裕必经之路的现代化，高水平科技自立自强的现代化。

将科学技术应用和服务于畜牧业是推动畜牧业高质量发展的重要手段。当前，畜牧业发展面临更严峻挑战，稳产保供任务更艰巨，发展不平衡问题趋紧，产业面临的风险凸显，这些都需要科技创新来解决。要紧紧围绕高质量发展这一首要任务，发挥好科技作用，全力攻克关键核心技术，集成推广一批科技成果和技术模式，加快推进畜牧业转型升级。在科技支撑畜牧业高质量发展的过程中，需要更加注重以下科学技术的创新发展。

一是夯实基础，突破畜禽种业建设。畜禽种业是国家战略性、基础性核心产业，是畜牧业高质量发展的关键所在。因此，需要通过现代育种技术的应用保持品种先进性，加强畜禽传统资源保护与创新，不断挖掘本土畜禽良种的优势性能，聚拢关键力量实现技术突破，培育自主畜禽品种，快速扩繁，优势品种遗传改良。即从资源挖掘到优势品种、优势基因的聚合，再到新品种的选育、战略品种的创制、良种的扩繁推广等方面，助力畜牧业高质量发展原始创新。

二是强化畜牧饲料的开发和生产技术。构建动物精准营养技术体系，完善中国特色饲料原料数据库，为动物健康高效养殖提供支撑。实施饲料科技工程，大力推进低蛋白日粮技术，配合使用养分增效技术，大幅提高现有饲粮结构下玉米、豆粕等原料能量和蛋白质利用率，提升饲粮转化效率。通过饲料资源开发与加工、饲粮配制技术创新、利用现代生物技术研发多元生物饲料，并依托农副产品与部分工业废料开发代用饲料抑或富含多种维生素的微生物饲料。研发非常规饲料资源开发利用关键技术，建立我国新型饲料资源开发与产业化示范技术体系，充分利用现代生物技术定向改造非常规蛋白饲料资源，提高我国本土饲料资源的开发利用水平。

三是创新畜牧疫病防控技术。从疫苗免疫方案、抗体水平监测、疾病病原诊断等多方面开展动物疫病综合防控技术研究。

四是发展畜牧绿色养殖。着眼提质增效，突出绿色发展，推进牲畜粪污处理设施建设和推进畜禽粪污处理设施建设和畜禽粪污治理资源化利用；强化创新驱动，加快新技术新模式示范推广，加强技术集成创新，因地制宜地推广适用技术模式等，进而促进种养结合的畜牧业高质量发展。

（二）水产科技发展趋势

我国是世界上淡水养鱼发展最早的国家之一，其历史可追溯到 3 000 多年前的殷商时期。在长期的生产实践中，人们积累并创造了丰富的养鱼经验和完整的养鱼技术。

新中国水产科技事业，面向渔业生产的需求，在养殖、捕捞、资源调查等领域开展了一些卓有成效的研究工作，取得了以家鱼人工繁殖技术、海带人工育苗养殖技术等为代表的具有里程碑意义的重大原始创新成果。其发展概况如下。

一是对催产剂的作用机制和鱼类的繁殖生理等进行了较深入研究，在国际上首先大规模将催产剂应用于鱼类人工繁殖，并首先合成了促黄体激素释放激素类似物（LRH-A），从而提高了鱼类催产效果和鱼类人工繁殖的生产效率。

二是通过引种驯化、遗传育种、生物工程技术等方法，开发了大量的水产养殖新对象。特别是自 20 世纪 90 年代起，名特优水产品养殖的兴起，促进了水产养殖对象的扩大。主要有中华鲟、史氏鲟、杂交鲟、俄罗斯鲟、虹鳟、银鱼、鳗鲡、荷元鲤、建鲤、三元杂交鲤、芙蓉鲤、异育银鲫、彭泽鲫、淇河鲫、胭脂鱼、露斯塔野鲮、大口鲶、革胡子鲶、长吻鮠、斑点叉尾鮰、黄鳝、鲈鱼、大口黑鲈、条纹石鳍、尼罗罗非鱼、奥利亚罗非鱼、河鲀、大黄鱼、真鲷、牙鲆、石斑鱼、中华乌塘鳢等。

三是以鱼类繁殖专家钟麟为首的研究人员于 1958 年 5 月突破了鲢、鳙在池塘中人工繁殖的技术难关，孵化出鱼苗。生殖生理学家朱洗等研究人员对家鱼人工繁殖的理论和方法进行了深入的研究，于 1958 年秋季使鲢、鳙在池塘中人工繁殖成功并孵化出鱼苗，进一步丰富了家鱼人工繁殖的理论和技术。随后，我国水产研究工作者又利用相同的原理和方法解决了草鱼、青鱼、团头鲂、胡子鲶、中华鲟、长吻鮠、鲈鱼、牙鲆、大黄鱼等几十种水产养殖鱼类和珍稀鱼类的人工繁殖难题，建立完善了亲鱼培育、催情产卵、受精、孵化等一整套技术体系，结束了养殖鱼苗依赖天然捕捞丰歉难保的历史，成为渔业从"狩猎型"向"农耕型"过渡的关键标志，也为后来其他水产养殖动物的人工繁殖技术研究奠定了基础。

四是对我国的几种主要养殖鱼类的营养生理需求进行了研究，探索它们对蛋白质、各种必需氨基酸、脂肪、碳水化合物、维生素及各种矿物质的需求，为生产鱼类配合饲料提供理论依据。近年来，已开始将配合饲料与我国传统的综合养鱼方法结合起来，加速了鱼类生长，提高了饵料利用率和经济效益。

五是以名特优苗种生产为中心的设施渔业蓬勃发展。自 20 世纪 80 年代起，我国名特优水产品增养殖业的兴起，对苗种的需要量迅速增加。而名特水产苗种对不良环境的适应能力差，要求生态条件好。目前育苗温室设施包括以下几个系统：催产系统、育苗池系统、水处理系统、饲料与活饵料供应系统、供热保温系统、增氧充气系统、供电系统以及环境监测控制系统等。

六是对我国主要养殖鱼类的常见病、多发病的防治方法进行了长期的研究，取得了可喜的成绩，基本上控制了鱼病的发生。近年来，病害防治的重点又着眼于改善养殖对象的生态条件，推广生态防病，实行健康养殖，从养殖方法上防止病害的发生，取得了较大的进展。

七是通过总结养殖经验，对各类水域的高产高效理论、方法和养殖制度进行深入研究，探索出不同水域系列的水产养殖高产高效技术体系。并在较短的时间内在全国大面积推广应用，取得了明显的社会效益、经济效益和生态效益。创新养殖模式与养殖技术，20 世纪 90 年代的网箱、工厂化养殖技术，以及进入 21 世纪以来，深水抗风浪网箱养殖、生态健康养殖技术的推广，推动了我国水产养殖业向生态、安全、高效方向发展。

当前，我国水产养殖一方面过于追求高产量，不重视品种培育、品质提升，急需打好水产种业"翻身仗"；另一方面过度养殖、肥水养殖和相关药物过度使用等现象普遍，养殖病害问题愈发严重，生态保护与养殖增收矛盾日渐突出，急需探索新型健康养殖方式。为推进绿色生态水产养殖，"十三五"期间，科技部设立了国家重点研发专项，围绕水产生物种质创新、健康养殖和资源养护等关键技术环节都部署了项目，为推进我国水产绿色发展提供了有力技术保障。2021年农业农村部印发了《水产绿色健康养殖技术推广"五大行动"的通知》，决定在"十四五"期间组织实施生态健康养殖模式示范推广、养殖尾水治理模式推广、水产养殖用药减量、配合饲料替代幼杂鱼和水产种业质量提升等水产绿色健康养殖技术推广"五大行动"。由此可见，在未来发展中，我国水产科技工作应以提升自主创新能力和促进产业发展为核心，重点加强水产资源保护与利用、水产生态环境、水产生物技术、水产遗传育种、水产病害防治、水产养殖技术、水产加工与产物资源利用、水产品质量安全、水产工程与装备等领域的研究，强化相应学科建设，系统建立现代水产产业技术体系，加快关键技术突破、系统集成和成果转化，为促进水产发展方式转变提供强有力的科技支撑。

（三）草业科技发展趋势

新中国成立以后，随着经济发展、社会和科技进步，草原与草业的基础性研究开始逐渐受到人们所重视。

20世纪50—60年代，随着国土资源调查与清理，草原资源和草原类型学成为当时草业研究的主流，这个时期主要以学习和引进苏联的草原经营学思想为主。

20世纪70—90年代，随着国家经济建设和畜牧业生产发展需要，草原培育改良科学及其利用技术研究成为研究的热点；由于全球人口、资源等生态问题的日益突出，草原生态系统研究成为热点，包括草原生态系统的结构、功能、生产力、生物多样性、生态系统健康及评价，以及草地农业系统的探索。这一时期我国连续进行了草地畜牧业科技攻关、草地畜牧业持续发展技术等研究，选育了部分优良牧草品种，形成了优化草畜配置模式，理顺生产、加工和销售渠道，促使草地畜牧业向产业化迈进。

21世纪以来，随着国际社会对全球气候变化、温室气体、节能减排、生态文明建设和可持续发展等问题的进一步关注，草业领域逐渐接轨并融入其中，上述与之相关的研究成为新的热点。近年来，以供给侧为指导思想的草业产业化研究方兴未艾，草牧业的提出将推动整个草业科技进入一个全新发展阶段。

当前，我国草业正处于世界新一轮科技革命和产业变革的关键历史机遇期，我国生态建设的大量需求，进一步要求加强草种业科技创新与产业发展。提升草种产业发展科技支撑能力已成为当务之急，需加强草种质资源收集保护与评价，提高优异种质资源挖掘与利用效率，增强草种业科技创新能力建设，创新基于分子设计理念的草种育种技术，形成完善的草种业技术链与创新链体系，提高国产良种转化率及良种覆盖率等；另外，未来的草业科技应该紧密结合国家发展战略需求，抓住生态文明建设和现代农业转型升级的重要机遇，推进种养结合、农牧循环，坚持立草为业，强化草牧草资源的开发与利用，着力建设现代饲草料产业体系，利用科技创新技术统筹开发利用天然牧草、人工种草、退耕还草、农作物秸秆等"三草一秆"资源。

五、国内科研机构状况

（一）国内畜牧科研机构

全国各省（自治区、直辖市）主要涉及畜牧科学研究的 35 家科研机构的状况如表 3-1 所示。目前，国内以畜牧科学研究为主的科研机构主要开展畜禽遗传育种与繁育、畜禽遗传资源的保护和开发利用、动物营养与饲料、畜牧疫病防控技术、畜牧绿色养殖等领域的研究。

表3-1　国内草业科研机构

序号	名称	相关研究方向
1	中国农业科学院北京畜牧兽医研究所	主要开展动物遗传与育种方向、动物生物技术与繁殖、动物营养与饲料、草业科学、动物医学和畜产品质量安全等方面的研究
2	中国农业科学院兰州畜牧与兽药研究所	主要开展动物资源与遗传育种、草业科学、动物营养与饲养、兽药学、中兽医学、临床兽医学等领域的科学研究
3	河北省畜牧兽医研究所	主要开展动物遗传育种与繁育、动物营养与饲料、临床兽医学、预防兽医学、草原建设与保护、畜牧业经济等方面的科学研究
4	山西省农业科学院畜牧兽医研究所	主要开展畜禽育种、生物工程技术、动物营养、环境资源及疫病防控、监测、防治等研究
5	辽宁省畜牧科学研究院	主要开展相关畜禽育种、繁殖、动物营养和饲草饲料等领域的应用研究，以及畜禽遗传资源的保护和开发利用
6	吉林省农业科学院畜牧科学分院	主要开展畜禽育种与生产技术、动物生物工程、动物营养与饲料、草业科学和兽医学等研究
7	黑龙江省农业科学院畜牧研究所	主要开展畜禽资源及优良品种的引进、保护、育种和推广等工作，承担畜禽饲料营养、疫病防控、繁殖、饲养管理、环境调控、种养结合、畜禽粪便综合利用等新技术、新模式研究和推广工作
8	黑龙江省农业科学院畜牧兽医分院	主要承担畜禽品种资源保护、遗传育种与繁殖、畜牧资源与环境、畜产品安全、动物营养、草原生态、饲草作物育种及胚胎工程技术等畜牧领域基础科学与重点公益科技课题研究工作；承担人兽共患传染病流行病学、病原生物学特性、致病机理等兽医基础性理论研究工作；承担畜禽病发生、发展和转归病理学变化，疾病疫病病因、机理、组织细胞形态结构病变等畜禽疾病病理学研究工作
9	江苏省农业科学院畜牧研究所	主要从事优质畜禽育种、种质资源保存与挖掘利用、健康养殖、繁殖调控新技术、养殖污染控制与资源化、智能化养殖、牧草育种与草饲料调制以及草畜结合等科技创新工作

续表

序号	名称	相关研究方向
10	浙江省农业科学院畜牧兽医研究所	主要从事畜禽优良品种选育及规模化饲养技术、动物生物工程技术、动物营养与饲料资源开发利用技术、畜禽传染病和寄生虫病诊断和防治新技术等研究，着重解决浙江省畜牧业的关键技术问题
11	安徽省农业科学院畜牧兽医研究所	主要开展畜禽及牧草资源的发掘、保护与育种利用研究，畜禽营养需要、非常规饲料资源开发利用及标准化健康养殖研究，畜禽疫病检测、诊断与综合防控技术研究与应用，为全省畜牧业健康持续发展提供全方位的技术服务
12	福建省农业科学院畜牧兽医研究所	主要从事动物营养、动物遗传育种、牧草和畜禽疫病防控的研究及其科技服务工作
13	江西省农业科学院畜牧兽医研究所	主要针对畜牧（水产）生产关键、共性技术问题，开展畜禽遗传育种、动物营养与饲料资源开发利用、牧草种质资源挖掘、保护与创新利用、水产养殖和动物疫病防控等研究与示范推广工作
14	山东省农业科学院畜牧兽医研究所	形成了猪遗传育种与饲养管理、奶牛遗传育种与繁育、肉牛遗传育种与饲养、羊遗传育种与饲养管理、家兔与宠物繁育饲养、营养饲料与环境、畜禽重大疫病防控、草食家畜疫病防控、公共卫生、畜产品加工十大研究学科
15	河南省农业科学院畜牧兽医研究所	主要开展畜禽新品种选育、畜禽疫病诊断、畜禽传染病防控、饲料营养等方面的研究
16	湖北省农业科学院畜牧兽医研究所	主要研究方向为畜禽及牧草优势种质资源挖掘与创新利用、畜禽遗传育种与新品种（系）选育、畜禽疫病综合防控技术研究与新型生物制品创制、畜禽清洁养殖工艺与新技术研发、动物营养调控与新型饲料资源开发、家畜基因编辑与胚胎工程研究
17	湖南省畜牧兽医研究所	主要承担全省畜禽遗传育种、动物营养、兽医兽药、畜禽新品种、养殖新技术、畜禽产品加工等方面的科学研究、技术推广及产品开发等工作
18	广东省农业科学院动物科学研究所（水产研究所）	主要开展畜禽育种、猪育种、猪营养、畜禽营养、生态养殖与环境控制、草食动物品种资源开发利用和营养等研究
19	海南省农业科学院畜牧兽医研究所	主要承担地方畜禽等种质资源的收集、保存、鉴定评价；畜禽新品种、新配套系选育；动物营养与饲料科学、健康养殖技术和动物繁殖技术研究；动物疫病与人畜共患病研究，重大动物疫病疫情监测、预警研究，兽药（含兽用生物制品）研究；畜禽良种、良法及新兽药的推广应用，技术培训与技术服务；国家、部、省级畜禽科学和卫生研究平台建设与管理，为海南畜牧业和无规定动物疫病区建设提供科技服务
20	四川省畜牧科学研究院	主要在遗传育种、生物技术、饲料营养、疫病防控、健康养殖、生产系统等领域开展畜牧兽医新技术、新产品研究

序号	名称	相关研究方向
21	贵州省农业科学院畜牧兽医研究所	主要开展畜禽种质资源创新与新品种选育、良种繁育、动物营养与饲料加工、动物疫病防控和畜产品质量与安全等学科的应用基础研究与技术示范推广
22	云南省畜牧兽医科学院	主要开展与畜牧业发展和动物疫病防控相关的基础研究和应用基础研究，进行技术创新、技术集成、试验示范
23	甘肃省农业科院畜草与绿色农业研究所	主要从事畜禽品种改良、牛羊健康养殖、牧草育种栽培、饲草饲料开发利用、藜麦育种栽培及综合开发利用等工作
24	青海省畜牧兽医科学院畜牧研究所	重点以具有青藏高原特色的牦牛、藏羊、柴达木绒山羊、高原瘦肉型猪等特有家畜为研究对象，主要开展品种选育，改良；动物营养代谢，饲草料供给；畜产品加工以及高原肉牛羊育肥等领域的关键技术研究
25	内蒙古农牧业科学院畜牧研究所	以内蒙古丰富的家畜品种资源为研究开发对象，以遗传育种、品种培育、高新技术为重点，开展基础研究、应用研究和产业开发研究
26	中国农业科学院　广西壮族自治区水牛研究所	围绕水牛遗传育种与繁殖、水牛营养、水牛乳制品研发和水牛产业开发等领域开展研究
27	广西壮族自治区畜牧研究所	从事畜禽良种繁育和饲料牧草两大体系的研究与推广，其中畜禽良种繁育主要开展外种猪选育提高、本地猪杂交改良和新品种选育，良种牛（黄牛）的引进选育改良及胚胎移植技术推广应用和广西地方优质鸡的繁育改良、推广及特种养殖方面的研究
28	西藏自治区畜牧兽医研究所	主要开展畜禽品种资源的保种选育与优化饲养、畜禽重大疫病综合防控、优良牧草品种选育与草产业开发、草地生态环境保护与建设等领域研究
29	宁夏农林科学院动物科学研究所	主要开展畜禽品种保护与选育技术研究，培育优新品种（系）、草畜高效转化利用技术研究；引育优质牧草品种、饲草料营养价值评定及加工调制利用技术研究、高效养殖综合配套技术和动物疫病防治技术等研究
30	新疆畜牧科学院畜牧研究所	主要承担家畜的遗传育种与繁殖、品种资源、饲养管理、畜产品加工、畜牧环境工程、畜牧业机械研究，承担畜牧科技成果转化示范、技术推广、生产技术咨询与服务工作
31	新疆畜牧科学院饲料研究所	主要承担家畜营养与饲料、饲料添加剂、饲草料加工、新饲料资源、低碳畜牧业技术、饲草料机械研究，开展饲草料营养评价及检测工作，开展家畜营养与饲料科研成果转化、示范、推广与技术服务工作
32	北京市农林科学院畜牧兽医研究所	主要开展动物种质资源收集、保护与创新利用，动物繁殖育种和养殖技术，动物营养和饲料，动物疫病防治和生物制品等研究

序号	名称	相关研究方向
33	天津市农业科学院畜牧兽医研究所	主要开展畜禽疫病防控、家禽生态健康养殖，牛、羊和猪遗传育种与繁殖和营养调控与饲料加工等相关机理研究
34	上海市农业科学院畜牧兽医研究所	主要从事畜禽遗传育种与种质资源创新利用、畜禽疫病诊断与防制、生物制品研发、动物环境与福利、动物饲料营养等方面的研究工作
35	重庆市畜牧科学院	主要开展动物遗传种与繁殖技术研究、动物营养与饲料科学研究、兽医与兽药科学研究、畜产品贮藏与加工技术研究、畜牧养殖环境与工程技术研究、牧草育种与草地生态研究

（二）国内水产科研机构

20 世纪 50—60 年代，我国水产科技体系建设起步。在农林部中央水产实验所（黄海水产研究所前身）的基础上，陆续按海区、流域和专业布局，建立了一些省部属的水产科研机构，加上水产院校和中国科学院相关科研机构，形成了我国水产科研体系的雏形。国内各省（自治区、直辖市）主要涉及水产科学研究的 34 家科研机构的状况如表 3-2 所示。目前，国内以水产科学研究为主的科研机构主要开展水产生物种质创新、健康养殖和资源养护三大领域的研究。

表3-2 国内水产科研机构

序号	名称	相关研究方向
1	中国科学院水生生物研究所	主要在水生态环境保护、水生生物资源保护利用、水生生物多样性形成与适应性演化机制、鱼类基础生物学和遗传育种理论、淡水渔业模式和微藻生物技术等领域开展研究
2	中国水产科学研究院	主要开展渔业资源保护与利用、渔业生态环境、水产生物技术、水产遗传育种、水产病害防治、水产养殖、水产加工与产物资源利用、水产品质量与安全、渔业装备与工程、渔业信息与经济 10 个学科领域的研究
3	河北省海洋与水产科学研究院	主要开展渔业资源调查与评估、渔业资源修复技术研发与效果评估工作，渔业环境监测与渔业污染事故损害评估、水生态环境保护与修复技术研发，水产养殖容量研究与健康养殖技术研发，水生生物基础生物学和遗传育种研究，水产养殖新品种引进与改良，水产养殖重大病害、水域生态灾害预警及防控技术研究和开展水生生物高值化利用技术等研究
4	山西省水产科学研究所	主要从事水产品的养殖、繁殖、增殖、鱼病防治等技术研究和养殖工程的设计工作

续表

序号	名称	相关研究方向
5	辽宁省海洋水产科学研究院	主要开展水产种质资源保护、生物育种技术、水生野生动物保护、海洋生物资源可持续利用等基础研究工作，水产良种培育及增养殖、渔业资源修复与养护、病害防治与免疫、渔用饲料、水产品加工和质量安全等技术研究工作，海洋生态环境评价与保护、渔业生态环境监测与评价、渔业生态环境污染防控与处置、海域和海岛利用和管理、海洋资源、海洋生态修复与养护、海洋与渔业经济发展、海洋与渔业区划等技术研究工作
6	辽宁省淡水水产科学研究院	主要开展大宗淡水鱼新品种引进和改良、地方土著经济鱼类开发利用、观赏鱼新品种及繁养殖技术开发、水产疫病快速诊断和防控、渔业环境监测和资源养护等工作
7	吉林省水产科学研究院	主要开展国内外名优鱼类品种引进、繁育，池塘健康养殖新技术，鱼类种质资源和生物多样性保护，鱼类遗传育种和生物技术，水生动物疫病防治，鱼类营养，大水面增养殖开发利用等研究
8	中国水产科学研究院黑龙江水产研究所	主要从事淡水渔业种质与遗传、资源调查与养护、生态环境调查与修复、养殖动物新品种培育、养殖与防疫技术、水产品质量与安全监测、渔业生产突发问题应急攻关等研究
9	江苏省淡水水产研究所	主要开展水产种质、育种、养殖、渔业资源环境、水产病害防治、加工渔机与饲料、渔业信息技术等研究
10	江苏省海洋水产研究所	主要开展海洋渔业资源、海洋生态与环境、养殖技术、海洋生物技术、海洋滩涂生物等研究
11	浙江省农业科学院水生生物研究所	重点开展重要水产养殖生物规模化繁殖及良种培育、优良养殖种类引种、疾病检测及防控、水产养殖模式优化、水生生物资源调查与评估、洁水保水渔业、水生态系统修复与利用等方面的研究
12	浙江省海洋水产研究所	以海洋渔业资源与生态、海水增养殖、海洋与渔业环境、水产品加工与质量安全研究和服务为重点，同时开展海水养殖病害防治、海洋捕捞、远洋渔业、船舶工程设计等相关领域的科研与技术服务等社会公益性工作
13	安徽省农业科学院水产研究所	重点开展水产种质资源挖掘、水产良种选育、水产动物疫病防控、池塘健康养殖、稻渔综合种养、水产动物营养与饲料、大水面生态渔业、水域生态环境监测等学科和领域的技术研究
14	福建省水产研究所	主要研究领域涉及海洋生物技术、海水养殖新品种繁育和养殖技术、水产养殖病害监测和防治、海洋渔业资源调查与开发管理、渔业环境调查与监测、渔业工程与装备、海洋工程勘察与可行性调查研究、海洋功能区划与海域使用论证、水产品综合加工和水产品质量安全等学科
15	江西省水产科学研究所	主要开展水产科学技术的研究开发、成果转化，渔业资源、渔业生态环境的调查、监测等工作

续表

序号	名称	相关研究方向
16	山东省淡水渔业研究院	主要职责是承担淡水水生生物育种、增养殖、疫病防控，水产动物营养与饲料，水产品加工，湿地、盐碱地渔业生态利用，渔业经济与发展战略等领域的研究和成果转化工作；承担水生动物种质资源挖掘、保护与利用工作；承担淡水渔业水域资源调查、生态环境监测与评估具体工作；承担水产品质量安全检测与风险评估具体工作
17	河南省水产科学研究院	重点开展渔业生态环境、水生动物种质资源、水产品质量安全等方面的研究；开展遗传育种、集约化健康养殖与设施渔业、水产养殖对象营养学、渔业病害的病原病理与流行病学研究
18	湖北省水产科学研究所	主要开展名特水产品及经济鱼类品种资源的开发技术研究与推广；鱼类病害防治技术研究与预测预报网络建设；淡水水产品的加工及综合利用技术研究；新型高效渔用饲料的开发利用技术；渔业环境及资源的保护工作；水产品质量认证工作等
19	湖南省水产科学研究所	主要开展鱼类育种、鱼病防治、水产饲料、特种水产养殖、淡水珍珠养殖、大水面增养殖及水产品加工的研究与应用，特别是鱼类良种繁育、鱼类杂交育种、特种水产养殖及淡水珍珠养殖技术
20	广东省农业科学院动物科学研究所（水产研究所）	主要从事畜禽遗传育种、动物营养与饲料科学、水产科学、草食动物与草业科学、生态养殖与环境 控制研究与开发、系统微生物与合成生物学研究
21	海南省海洋与渔业科学院海水渔业研究所	主要开展海水养殖、海水水产良种育种、养殖环境容量、渔业资源增殖、设施渔业、渔业环境保护与修复、水生动物营养与饲料等研究
22	海南省海洋与渔业科学院淡水渔业研究所	主要开展淡水养殖技术研究、淡水养殖模式开发、本土特色淡水生物品种保护与开发、淡水水产良种引种保种育种、养殖环境容量研究、海南岛内陆水域生态和生物资源调查、休闲渔业、水产品加工和综合开发利用技术研究
23	海南省海洋与渔业科学院水产病害与防治研究所	开展渔业重大病害病原分子生物学、流行病学、免疫学研究及主要病原菌的致病机理、变异耐药特性研究，监测水产养殖主要病害的发生、传播与流行规律；实施水生动物疫病防控技术、常用渔药评估、筛选及安全用药研究；渔业养殖疫病测报、渔业养殖病害防治技术等
24	四川省农业科学院水产研究所	主要从事名、特、优、新品种的生物学特性、移养驯化、品种选育、养殖技术、病害防治及营养与饲料研究与开发，渔业环境与水生生态多样性评价等
25	贵州省农业科学院水产研究所	主要开展渔业自然资源调查研究与开发利用，渔业水质检测；负责鱼类及其他优质水产新品种引进与选育，鱼苗鱼种培育及水产养殖病害防治；开展池塘养鱼、流水养鱼、生态渔业、设施渔业、稻田综合种养、大水面生态渔业、水产品加工与贮藏等配套技术研究，鱼药及饲料研制，新品种、新产品的示范推广

序号	名称	相关研究方向
26	陕西省水产研究所	主要开展健康养殖模式、良种选育与推广、病害防控、渔业资源调查与评估、渔业生态环境保护与修复、水生生物资源养护与增殖等研究工作，以及水产品质量安全检测与风险评估、无公害水产品产地认定和产品认证、水生野生动物救护、渔业水域污染事故调查与评价、渔政执法培训等公益工作
27	甘肃省水产研究所	主要开展冷水鱼新品种新技术的开发、引进、推广，冷水鱼良种繁育，商品鱼生产加工、销售和饲料及病害防治技术开发等
28	广西海洋科学院（广西红树林研究中心）	主要开展海岸湿地生态系统、海洋环境工程研究和海洋生物技术研究；海洋渔业产品的高值化开发和综合利用；海藻作为肥料、饲料及添加剂等研究开发；海水养殖动物疫病防疫体系及防治技术；北部湾主要海水养殖品种的遗传基础研究；研究开发大宗养殖品种的优良品种遗传选育及培育生长快、品质优、抗逆能力强的海水鱼、虾、贝、藻类养殖的新品种，并开发新的适于北部湾海区养殖的种质资源
29	广西水产科学研究院	从事海水、淡水品种引进、选育及繁育、养殖技术研究与推广；水产高新技术开发；渔用饲料与渔用药物的研制与经营；渔业自然资源调查与渔业环境监测，水产技术咨询与培训等
30	西藏自治区水产科学研究所	以西藏本土鱼类为主要研究对象，面向雅鲁藏布江全流域及重要湖泊开展养殖育种、鱼病防治、资源调查等工作，从事包括鱼类增养殖、遗传育种、渔业资源和渔业环境保护、鱼病预防等方面的基础应用性研究工作
31	北京市农林科学院水产科学研究所	主要开展水生生物种质资源收集、保护与创新利用研究；水生生物繁殖育种和养殖技术研究；水生生物营养和病害防治、渔业生态、水产品加工、渔业智能装备等研究
32	天津市水产研究所	主要开展渔业资源与生态环境、水产养殖技术与工程、渔业种质资源开发利用及海洋渔业经济与信息技术等调查研究工作，水生生物遗传育种、引种、种质鉴定及种质资源保护工作，渔业共性和关键技术研究与普及工作，渔业经济发展战略研究及渔业信息体系建设，水生生物多样性监测评估、渔业资源养护、渔业生态环境修复工作
33	上海市水产研究所	主要开展名优新品种的引种繁育研究、水产主要品种的遗传种育、渔业生态环境修复与保护、水产病害防治技术和水产检测检验技术、水产养殖设施技术、水产健康养殖技术、无公害水产养殖技术和水产品精深加工技术等研究
34	重庆市水产科学研究所	主要开展水产科学，水产养殖及病害防治，水产品质量安全，渔业资源调查、研究和评估，长江中上游濒危水生动物物种科学、保护、开发利用，水产科研技术推广与交流合作，农产品质量安全检验检测等研究

（三）国内草业科研机构

国内各省（自治区、直辖市）主要涉及草业科学研究的 17 家科研机构的状况如

表3-3所示。目前，国内以草业科学研究为主的科研机构主要开展草种质资源收集、评价、保存与利用，优异草种质资源挖掘与利用，草新品种培育、制种与栽培，饲草料资源开发利用，生态草牧业等领域的研究。

表3-3　国内草业科研机构

序号	名称	相关研究方向
1	中国科学院	聚焦天然草地改良，以及主栽牧草种子繁育、栽培、产品加工等草牧业关键技术瓶颈，牧草抗逆遗传机理解析等，致力于突破我国草种质创新的科技瓶颈，为打造生态草牧业发展模式提供科技支撑
2	中国农业科学院草原研究所	重点聚焦草种质资源收集、评价、保存与利用，草新品种培育、制种与栽培研究，草产品加工与质量安全，草地灾害预警与防控，草地机械与装备研创，草地生态保护利用、管理与政策研究，草牧业突发问题应急任务7项主要职责任务
3	中国农业科学院北京畜牧兽医研究所	在草业科学方向，面向我国草牧业发展和生态环境建设的重大需求，瞄准国际牧草种质资源与遗传育种领域研究前沿，重点开展苜蓿等重要饲草种质资源保存、遗传改良、新品种培育、牧草抗逆生理生态学机理、牧草加工及其品质调控机制与技术等研究
4	吉林省农业科学院畜牧科学分院草地研究所	主要开展牧草种质资源、牧草育种、牧草栽培、草地生态与草场改良和牧草加工等研究
5	黑龙江省农业科学院草业研究所	主要承担草学与草地生态资源监测、建植改良、生物防控研究，牧草及饲料作物育种技术研究，种质资源收集、引进、保存、监测、评价、创新等研究
6	江西省农业科学院畜牧兽医研究所	主要开展牧草种质资源挖掘、保护与创新利用等研究与示范推广工作
7	广东省农业科学院动物科学研究所（水产研究所）	主要开展亚热带地区牧草种质资源发掘与创新利用、饲草料资源开发利用和亚热带地区牧草高效栽培与加工技术等研究
8	四川省草原科学研究院	主要从事草类植物遗传育种与利用、草地生态环境保护与资源开发利用、中藏药研究与开发、牦牛藏绵羊等高原动物遗传资源挖掘利用、家兔等草食家畜遗传育种与饲养管理等工作，为草地生态环境保护与建设、草地畜牧业可持续发展、盆周山区经济发展和农牧民增收提供科技支撑
9	贵州省农业科学院草业研究所	致力于牧草及饲料作物开发、草品种选育及配套技术集成、草地资源开发与高效养殖利用、生态治理、园林绿化、牧草种子加工及种子质量检测、国外草新品种、新技术引进与示范推广等方面研究
10	甘肃省农业科院畜草与绿色农业研究所	主要开展牧草育种栽培、饲草饲料开发利用、藜麦育种栽培及综合开发利用等研究

序号	名称	相关研究方向
11	青海省畜牧兽医科学院草原研究所	主要开展牧草育种与栽培（牧草品种资源保护、高原牧草新品种选育与丰产栽培技术研究）、高寒草地生态恢复与管理（高寒草地生态恢复人工草地建设、放牧生态系统的优化控制）、冬虫夏草等中藏药资源利用（冬虫夏草的资源开发和利用）、高寒草地保护（高寒草地的保护和毒杂草的防除）、牧草加工与草坪（牧草的加工、贮藏，草坪的建植与管理）等领域研究
12	内蒙古自治区农牧业科学院草原研究所	主要从事牧（饲）草生物技术、牧草遗传育种、牧草生理与栽培、草产品加工与草地保护与管理五个学科方向的研究
13	广西壮族自治区畜牧研究所	主要从事畜禽良种繁育和饲料牧草两大体系的研究与推广，其中饲料牧草主要开展优良牧草新品种选育、人工草地研究、本地牧草资源开发和岩溶地区草地生态研究
14	西藏自治区农牧科学院草业科学研究所	重点聚焦草种质资源收集、评价、保存与利用，草新品种培育、制种与栽培研究，草地生态保护利用与管理，饲草料产品加工与质量安全，草食家畜营养调控与安全生产5项主要职责任务
15	宁夏农林科学院林业与草地生态研究所	主要开展区域生态系统退化机理和修复机制研究、沙化土地综合治理及沙产业开发研究与试验示范、开展林草生态修复与水土流失区生态综合治理技术研究与示范、沙旱生植物培植、利用及规范化种植研究与示范和区域生态产业模式的研究与示范
16	新疆畜牧科学院草业研究所	主要承担草原畜牧业技术系统工程、草地资源保护与利用、草地生态恢复、牧草遗传育种、牧草种质资源、饲草料栽培与植物保护、草地建植技术、牧草机械研究，开展草业科研成果转化、示范与推广及畜牧业工程咨询服务
17	重庆市畜牧科学院	主要开展牧草育种与草地生态研究等

第四章 发展战略

一、院科技体制改革战略

（一）新时代党和国家事业发展战略

党的十八大以来，党中央统筹中华民族伟大复兴战略全局和世界百年未有之大变局，创立了习近平新时代中国特色社会主义思想，明确坚持和发展中国特色社会主义的基本方略，提出并贯彻新发展理念，着力推进高质量发展，推动构建新发展格局，实施供给侧结构性改革，制定一系列具有全局性意义的区域重大战略，我国经济实力实现历史性跃升。

党的二十大提出，发展是党执政兴国的第一要务。我们要坚持以推动高质量发展为主题，加快建设现代化经济体系，着力提高全要素生产率，着力提升产业链供应链韧性和安全水平，着力推进城乡融合和区域协调发展，推动经济实现质的有效提升和量的合理增长。一是要全面推进乡村振兴，坚持农业农村优先发展，巩固拓展脱贫攻坚成果。加快建设农业强国，扎实推动乡村产业、人才、文化、生态、组织振兴，全方位夯实粮食安全根基。深入实施种业振兴行动，强化农业科技和装备支撑，健全种粮农民收益保障机制和主产区利益补偿机制，确保中国人的饭碗牢牢端在自己手中。树立大食物观，发展设施农业，构建多元化食物供给体系。二是要促进区域协调发展，深入实施区域协调发展战略、区域重大战略、主体功能区战略、新型城镇化战略，优化重大生产力布局，构建优势互补、高质量发展的区域经济布局和国土空间体系。发展海洋经济，保护海洋生态环境，加快建设海洋强国。三是要推进高水平对外开放。依托我国超大规模市场优势，以国内大循环吸引全球资源要素，增强国内国际两个市场两种资源联动效应，提升贸易投资合作质量和水平。加快建设海南自由贸易港，推进粤港澳大湾区建设，共建"一带一路"，扩大面向全球的高标准自由贸易区网络，形成更大范围、更宽领域、更深层次对外开放格局。

教育、科技、人才是全面建设社会主义现代化国家的基础性、战略性支撑。必须坚持科技是第一生产力、人才是第一资源、创新是第一动力，深入实施科教兴国战略、人才强国战略、创新驱动发展战略，开辟发展新领域新赛道，不断塑造发展新动能新优势。一是要完善科技创新体系。强化国家战略科技力量，优化配置创新资源，优化国家科研机构、高水平研究型大学、科技领军企业定位和布局，提升国家创新体系整体效能。深化科技体制改革，深化科技评价改革，加大多元化科技投入，加强知识产权法治保障，形成支持全面创新的基础制度。培育创新文化，弘扬科学家精神，涵养优良学风，营造创新氛围。扩大国际科技交流合作，加强国际化科研环境建设，形成具有全球竞争力的开放创新生态。二是要加快实施创新驱动发展战略。坚持面向世界科技前沿、面向经济主战场、面向国家重大需求、面向人民生命健康，加快实现高水平科技自立自强。以国家战略需求为导向，集聚力量进行原创性引领性科技攻关，坚决打赢关键核心技术攻坚战。加快实施一批具有战略性全局性前瞻性的国家重大科技项目，增强自主创新能力。加强基础研究，突出原创，鼓励自由探索。提升科技投入效能，深化财政科技经费分配使用机制改革，激发创新活力。加强企业主导的产学研深度融合，强化目标导向，提高科技成果转化和产业化水平。强化企业科技创新主体地位，发挥科技型骨干企业引领支撑作用，营造有利于科技型中小微企业成长的良好环境，推动创新链产业链资金链人才链深度融合。三是要深入实施人才强国战略。坚持党管人才原则，坚持尊重劳动、尊重知识、尊重人才、尊重创造，实施更加积极、更加开放、更加有效的人才政策，引导广大人才爱党报国、敬业奉献、服务人民。完善人才战略布局，坚持各方面人才一起抓，建设规模宏大、结构合理、素质优良的人才队伍。加快建设世界重要人才中心和创新高地，促进人才区域合理布局和协调发展，着力形成人才国际竞争的比较优势。加快建设国家战略人才力量，努力培养造就更多大师、战略科学家、一流科技领军人才和创新团队、青年科技人才、卓越工程师、大国工匠、高技能人才。加强人才国际交流，用好用活各类人才。深化人才发展体制机制改革，真心爱才、悉心育才、倾心引才、精心用才，求贤若渴，不拘一格，把各方面优秀人才集聚到党和人民事业中来。

（二）新时代党和国家科技体制改革

1. 国家科技体制改革方向

党的十八届三中全会以来，党中央统揽全局，出台了《国家创新驱动发展战略纲要》《深化科技体制改革实施方案》等重要文件，形成了科技改革发展系统布局，科技领域基础性制度基本确立，一些重要领域和关键环节改革取得实质性进展，啃下了不少硬骨头。但是，同新形势新要求相比，我国科技体制仍存在一些明显短板，一些深层次体制机制障碍还没有根本破除。

2021年11月，中央全面深化改革委员会通过《科技体制改革三年攻坚方案（2021—2023年）》，围绕科技体制的难点问题进一步深化改革。开展科技体制改革攻坚，目的是从体制机制上增强科技创新和应急应变能力，突出目标导向、问题导向，抓重点、补短板、强弱项，锚定目标、精准发力、早见成效，加快建立保障高水平科技自立自强的制度体系，提升科技创新体系化能力。科技体制改革三年攻坚主要内容：一是要强化国家战略科技力量，发挥党和国家作为重大科技创新领导者、组织者的作用，构建关键核心技术攻关的高效组织体系，建立使命驱动、任务导向的国家实验室体系，布局建设基础学科研究中心，改革创新重大科技项目立项和组织管理方式，加强体系化竞争力量；二是要优化科技力量结构，发挥企业在科技创新中的主体作用，推动形成科技、产业、金融良性循环，加速推进科技成果转化应用；三是要完善科技人才培养、使用、评价、服务、支持、激励等体制机制，加快建设国家战略人才力量，在履行国家使命中成就人才、激发主体活力；四是要以更大勇气加快转变政府科技管理职能，坚持抓战略、抓改革、抓规划、抓服务的定位，强化规划政策引导，加强对重大科研项目的领导和指导，为企业提供更加精准的指导和服务；五是要根据任务需要和工作实际向科研单位和科研人员充分授权，建立责任制，立下"军令状"，做到有责任、有管理、有监管，用不好授权、履责不到位的要问责，保证下放的权限接得住、用得好。

2021年9月，农业农村部等13部门联合印发《国家热带农业科学中心建设规划（2021—2035年）》，提出立足海南、面向全球、聚焦关键、带动整体，强化国家热带农业战略科技力量，支撑海南自由贸易港建设，力争用10～15年把海南打造成世界一流的热带农业科学中心。主要围绕4个方面任务进行系统部署。一是推进热带农业科技创新和高层次人才培养。聚焦生物育种、热带农业、深蓝渔业、动物卫生与营养等领域组织引领热带农业科技创新，构建"开放性引进"与"体系化培养"相结合的热带农业科研人才培养格局。二是强化科技成果转化。立足产业发展需求，搭建科技企业孵化、知识产权交易、科技成果展示等公共服务平台，推动热带农业产业升级和结构调整。三是深化国际交流合作。主动融入和布局农业科技全球创新网络，组织实施热带农业"一带一路"创新行动计划，加快推进热带农业科技"走出去"步伐。四是开展科技管理体制机制创新和先行先试。充分发挥海南自由贸易港政策优势，汇聚国内外热带农业科教优势资源，探索建立符合农业科研规律的科技创新管理制度。该规划还明确要通过整合资源、改善提升、新增建设等方式，将在海南系统布局建设"四大平台，三大基地"，形成"三亚为重点、联动海口、协同文昌、覆盖全岛"并辐射全球的空间布局，为提升热带农业科学原始创新能力、支撑热带农业产业发展和乡村振兴提供高质量科技供给，力争把海南早日建成世界热带农业人才中心和创新高地。

2. 农业农村部科技体制改革方向

2021年12月，农业农村部办公厅印发《关于深化农业科研机构创新与服务绩效评价改革的指导意见》的通知，进一步推动全国农业科研机构坚持面向世界科技前沿、面向经济主战场、面向国家重大需求、面向人民生命健康，聚焦主责主业，构建以技术研发创新度、产业需求关联度、产业发展贡献度为导向的分类评价制度，加快高水平农业科技自立自强，为全面推进乡村振兴、加快农业农村现代化提供强有力支撑。

一是聚焦主责主业开展科技创新与服务。针对当前各级农业科研机构创新资源分散、低水平重复、同质化发展等问题，中央、省、地（市）农业科研机构应进一步明确主体定位与核心使命，聚焦主责主业，建立分工协作、优势互补的协同创新格局，不断提升国家农业科技创新体系整体效能。中央级农业科研机构应立足国家农业战略科技力量定位，重点开展基础前沿研究、关键核心技术攻关、重大科技平台建设等，在解决事关"三农"发展全局和长远利益的重大科技问题中发挥主导作用。省级农业科研机构是省域农业农村经济社会发展的重要科技力量，重点开展区域性、产业共性技术研发与集成创新。提供地方优势特色产业全链条技术解决方案，有力支撑地方稳粮保供、稳产增收和高质量发展。地（市）级农业科研机构是国内外先进适用农业科技成果在本地落地应用的承接者、试验者和推广者，重点开展技术试验、配套熟化和示范推广，提供科技培训与指导，服务地方农业农村发展。

二是健全符合主体定位与核心使命的制度体系。各级农业科研机构要制定健全本单位章程，明确宗旨目标、功能定位、业务范围、运行管理机制等，实行"一院（所）一章程"，优化法人治理结构，完善现代科研院所制度体系。根据基础前沿研究、应用研究技术开发、基础性长期性科技工作、转移转化与推广服务等不同科技活动类型的特点，建立目标明确、开放协作、稳定高效的资源分配与项目管理制度体系。在承担现代农业产业技术体系（或创新团队）工作以及重大科技任务中，着力发现培养农业领域战略科学家、科技领军人才及创新团队、青年科技人才和卓越工程师，建立各类人才有序衔接、梯次配备、分布合理、富有活力的人才发展制度体系。树立应用和价值导向，建立以技术产品竞争力和市场占有率为主要衡量指标的成果转移转化制度体系。完善职称评审制度，优化考核管理机制，建立体现实际贡献的多元评价与激励制度体系。

三是激发各类科技人员创新创业创造活力。健全完善以创新价值、能力、贡献为导向的人才分类评价机制和充分体现知识、技术等创新要素价值的收益分配制度，落实农业科技人才支持激励政策，积极为人才松绑减负，营造潜心科研的创新环境。加大对基础研究与应用基础研究人员的稳定支持力度，建立自由探索和颠覆性技术创新活动免责机制。加大对应用技术研发人员的激励力度，强化技术开发和成果评价的市场导向，确保科技人员转化收益分配比例不低于50%。针对性、定向性选派或鼓励科技人员离岗创业和到企业兼职兼薪。加大对从事基础性长期性科技工作人员的保障力度，科学设置评价指标，在职称评审、评奖评优中预留一定比例指标，适当提高经费补助标准，保障合理薪酬待遇。建立转移转化与推广服务人员常态化培训体系，在职称评审、评先评优、绩效激励等方面予以倾斜。

四是明确基础研究与应用基础研究评价重点。基础研究与应用基础研究是农业科技创新的源头，是破解我国现代农业发展"卡脖子"关键技术和产业发展重大科学问题的重要途径。主要评价农业领域重大理论创新、科学发现、方法创新等"从 0 到 1"的原创性成果产出，以及聚焦国家战略需求和区域现代农业发展需要的理论创新、关键科学问题突破、重要研究范式构建、研究方法创新和重要技术创新体系创建等创新成果。评价要重点关注研究工作对关键技术研发和农业产业发展的指导作用，充分考虑不同学科间研究周期、研究难度、论文影响因子等客观差异，从研究水平和对产业发展的影响进行客观评价。

五是明确应用研究与技术开发评价重点。应用研究与技术开发是农业应用基础研究与科技成果应用转化的衔接纽带，是实现科技成果有效供给的重要环节。主要评价应用研究和技术开发目标与国家农业发展战略需求及区域农业产业发展需要的符合度、针对性；应用技术研发平台、中试基地车间等设施条件建设的完备性和分布情况；科技研发人才队伍的规模和比例；科技成果的成熟度和核心知识产权布局情况；用人机制、产学研用协同组织模式的创新性和适宜性。

六是明确基础性长期性科技工作评价重点。基础性长期性科技工作是对农业生产要素及其动态变化进行科学观察、观测、调查、监测和记录，并阐明内在联系及发展规律的科学活动。从事农业生产环境要素动态观测工作，主要评价观测数据的积累数量、质量及对科技创新支撑作用、服务政府农业生产决策贡献度等；从事生物种质资源保护与利用工作，主要评价生物种质资源普查、收集、保存、鉴定、评价的数量质量及对社会共享利用的范围及程度等；从事农业农村微观经济调查工作，主要评价农业经济数据调查的方式方法、样本规模和代表性、数据质量，以及对服务各级政府农业农村经济决策的贡献度等；从事农产品质量安全检测等工作，主要评价监测评估的覆盖面及数据质量、检测技术和标准的科学性适用性等。

七是明确转移转化与推广服务评价重点。科技成果转移转化与推广服务是实现科技与经济融合、将科技成果转化为现实生产力的有效途径。主要评价加强科技成果转化与推广服务工作制度和专业人才队伍建设情况；科企融合发展平台与机制建设情况；支撑县域农业农村现代化开展的集成创新、试验示范等情况；新品种、新技术、新产品、新装备、新模式等科技成果面向市场转移转化的合同金额、服务范围和社会价值；组织开展各类涉农人员培训教育情况，组织或参与科技帮扶、防灾减灾、科普情况。

八是优化研究领域布局。各级农业科研机构应根据绩效评价结果，进一步聚焦主体定位和核心使命，优化研究领域布局，推动优势资源向重点学科、短板学科和亟须发展的新兴学科集聚。要根据产业发展、市场需求和自身定位，加强生物育种、智慧农业、智能装备、现代加工、新型材料等新兴交叉学科布局，加强种质创新、品质评价、种养管理、加工储运等全链条技术研发和集成应用，加强以粮经饲统筹、农林牧渔结合、种养加一体为方向的轮作农业、立体农业、循环农业的研究应用，加强"一农"向"三农"转变的研究应用，因地制宜研发集成并熟化提升农村生活垃圾、生活污水处理以及农村厕所革命技术与模式。加快抢占农业科技制高点，提升农业生产机械化、标准化、智能化水平，促进产业链延伸、多产业协同。

九是提升科技资源配置效能。农业科研机构主管部门应加强与有关部门沟通，协同建立与分类评价相配套的分类激励机制，将绩效评价结果与科研项目、人才培育、平台建设等挂钩联动，充分发挥绩效评价的正向激励作用。对基础研究和应用基础研究工作评价结果优秀的，重点提供长期稳定的财政支持，在国家重点实验室和农业农村部学科群实验室等平台建设方面给予倾斜，改善科研条件，提高人员待遇。对应用研究和技术开发工作评价结果优秀的，重点在国家、省部级工程技术研究中心布局、中试基地车间建设、科企对接融合等方面给予倾斜支持。对基础性长期性科技工作评价结果优秀的，重点保障运转经费和人员经费，在职称评审、人员待遇等方面给予倾斜支持。对转移转化与推广服务工作评价结果优秀的，重点保障人员配备，在职称评审、评奖评优等方面给予倾斜支持。

十是构建良好创新生态。弘扬科学家精神，切实加强科研诚信和作风学风建设，着力打造良好的农业科技创新创业创造生态。农业科研机构要始终坚持和加强党的全面领导，推动引导科技人员将创新兴趣与国家需求相结合、将专业精神与爱国奉献相结合。要将科研诚信贯穿于农业基础前沿研究、关键核心技术攻关、重大新产品创制及基础性长期性农业科技工作等创新活动全过程全链条，落实到教学培训、示范推广、科研管理、成果评价等各环节，延伸至年度考核、职称晋升、评奖评优等各方面。要传承和发扬"北大荒精神""祁阳站精神"等农业科研领域优良传统，引导广大农业科技工作者下沉重心，一心为民、躬耕田野，把科技论文写在祖国大地上，把创新成果应用到生产实践中。

2022年1月，农业农村部印发《关于促进部属事业单位高质量发展的意见》的通知，为进一步发挥部属事业单位作用，切实解决部属事业单位在改革发展中遇到的困难和问题，激发活力、提升能力，促进高质量发展，提出要以习近平新时代中国特色社会主义思想为指导，全面贯彻落实党的十九大和十九届历次全会精神，落实中央关于深化改革和新时代人才工作决策部署，坚持和加强党对事业单位的全面领导，按照保供固安全、振兴畅循环的工作定位，坚持遵循规律、问题导向、系统设计、分类施策、改革创新、放权赋能，进一步深化体制机制改革，加强人才队伍建设，强化条件能力保障，提升聚焦主责主业履职能力，促进部属事业单位高质量发展，为全面推进乡村振兴、加快农业农村现代化提供有力支撑。

主要措施：①建立部属事业单位任务清单制度。明确重点工作、责任要求、进度安排、预期目标，实行全过程台账式管理。②制定业务归口管理权责事项目录。事业单位要立足职能，围绕部党组中心工作和重点任务，正确处理职责履行、事业发展和创收分配的关系。③放活科研事业单位机构编制管理。"三院"下属研究所内设机构实行总量控制，在限额内动态调整不需报备。④畅通专技岗位与管理岗位人员交流任职渠道。⑤强化年轻干部人才队伍建设。"三院"将 50% 以上的基本科研业务费，用于支持 40 岁以下具有发展潜力的青年科技人才和博士后，40 岁以下科技创新团队骨干占比达到 50% 以上。⑥创新职称评审机制。向"三院"下放职称评审权限，实行评审结果备案。⑦扩大岗位聘用自主权。"三院"专技二级岗位聘用工作及聘用人员实行事后备案，由"三院"建立健全聘用管理办法，自行组织开展评审聘用。⑧实施英才岗位和特设岗位制度。新增 300 个专技二级岗位和 700 个专技三级、四级岗位，用于引进农业关键核心技术领域领军人才，引进急需紧缺高层次人才，培养具有发展潜力和未来竞争优势的青年骨干人才。⑨加强干部人才培训锻炼。⑩优化收入分配管理机制。积极协调争取建立绩效工资水平动态调整机制，充分发挥薪酬激励作用。⑪实施及时奖励制度。⑫支持开展战略政策研究。⑬推动农业科技创新工程开源拓面。围绕建设"世界一流农业科研院所、一流学科"战略目标，聚焦国家重大战略和产业重大需求，做优做强农业科技创新工程。积极协调中央财政将中国水产科学研究院、中国热带农业科学院纳入支持范围。⑭推进重大设施平台建设。围绕农业科技创新、现代种业提升、动植物保护及数字农业农村等方面，协调争取 5 年内安排 50 亿元支持建设一批重大条件支撑平台。⑮强化部门预算项目支撑。⑯加大财政资金及各级各类经费支持力度。⑰提高科研项目绩效和奖励经费提取比例。⑱推进科研经费管理效能化便利化。⑲加强党对事业单位的领导。实行行政领导人负责制的事业单位，党组织按照参与决策、推动发展、监督保障的要求，充分发挥战斗堡垒作用。⑳落实工作责任。在部党组的统一领导下，各司局按照职责分工加强协同联动，共同推进支持事业单位高质量发展各项措施落实落细落地。

（三）院科技体制改革总体思路

1. 指导思想

根据农业农村部《关于促进部属事业单位高质量发展的意见》（农党组发〔2022〕2 号）、《关于深化农业科研机构创新与服务绩效评价改革的指导意见》（农办科〔2021〕36 号）、《国家热带农业科学中心建设规划（2021—2035 年）》（农计财发〔2021〕24 号），以习近平新时代中国特色社会主义思想为指导，以强化国家农业战略科技力量为出发点，以创建世界一流的国家热带农业科学中心为目标，坚持"四个面向"，根据部党组对科技创新体系变革的统一要求，瞄准国家重大战略需求，顶层设计全院学科群体系，调整中国热带农业科学院研究机构布局，优化科技资源配置，提高科技投入效率，为实现高水平热带农业科技自立自强、热区全面推进乡村振兴、加快实现农业农村现代化提供有力科技支撑。

2. 基本原则

（1）立足使命、聚焦重点、加强顶层设计

紧密围绕"四个面向"和农业农村部党组中心工作，明确中国热带农业科学院中长期使命和发展定位，优化学科体系和研究机构布局，增强自主创新能力，统筹机构编制调整、人员安置分流，构建梯次分明、分工协作、适度竞争的热带农业科技创新体系。

（2）错位互补、协同发展、突出主责主业

优化热带农业学科群体系和科研机构设置，明晰单位间职责定位，调整研究力量结构，解决交叉重复问题，增强热带农业原始创新能力，构建特色鲜明、权责明晰、优势互补的科技创新力量布局。

（3）效能优先、拓展空间、优化资源配置

将研究力量向经济发达地区布局，争取更好的创新资源和配套条件，增强单位的聚集效应和发展动能。在主产区布局综合实验站，更好地链接地方和产业发展需求，促进科技成果转化落地。

3. 发展目标

在新型举国体制指引下，遵照习近平总书记关于热带农业的重要指示，中国热带农业科学院牢记"为国家战略而生、为国家使命而战"的初心使命，明确"建设世界一流的国家热带农业科学中心"的发展目标，确定"高标准打造国家热带农业科学中心、高水平支撑热带特色高效农业发展和热区乡村全面振兴、高质量服务海南自贸港和南繁事业跨越式发展、高站位开展'一带一路'科技合作和南南合作"的中长期使命与任务，力争将中国热带农业科学院建设成为国家热带农业科学中心的主力部队、热带特色高效农业和热区乡村振兴的技术源头，世界热带农业的科技引擎和南繁硅谷建设的战略支点，引领全球热带农业科技创新、引领全球热带农业科技合作、引领全球热带农业高质量发展，为保障我国战略物资和重要农产品供给安全、减少全球贫困和饥饿、加快构建人类命运共同体提供强有力的科技支撑。

4. 主要措施

（1）大力完善热带农业科技创新布局

一是坚持"四个面向"，优化研究机构布局。新时代赋予科研机构全新使命，必须紧紧围绕热带农业强国建设目标，强化机构改革布局，走出一条具有自己特色和优势的高水平现代院所建设之路。聚焦主责主业，遵循"加强一批、重组一批、新建一批"的改革思路，对全院研究机构设置进行系统优化调整。培植壮大优势突出和战略必争的产业与学科领域；重组整合学科方向重叠、领域布局重复、职能任务交叉的相关研究机构；立足抢占热带农业基础科学和前沿技术领域制高点，培育一批前沿学科，催生引领性、革命性、颠覆性重大突破性成果，攻克制约热带农业发展的"卡脖子"问题。同时，统筹资源配置，拓展发展空间，将研究力量逐步向经济发达地区布局，争取更好的创新资源和配套条件，增强单位的聚集效应和发展动能；在主产区布局综合实验站，链接地方与产业发展需求，更好地服务区域发展。

二是构建"重点产业 × 学科群"的创新体系布局。面向全球热带农业发展需求，立足中国热带农业科学院职责使命和热带优势特色产业，聚焦天然橡胶、甘蔗、木薯、香（大）蕉、热带木本油料、热带果树、热带花卉与蔬菜、热带香料饮料、热带草业与养殖动物和特色热带经济作物十大重点产业，建设热带作物科学、热带农业资源与环境科学、热带植物保护与生物安全科学、热带草业与养殖动物科学、热带农业工程科学和热带农业经济与乡村振兴六大学科群。按照"十大重点产业 × 六大学科群"顶层设计"学科群—学科领域—研究方向"学科体系，强化科技创新工作的统筹部署，集聚人、财、物等创新资源，加快创新链产业链人才链深度融合，通过集中优势力量办大事，强传统优势、攻关键核心、拓基础前沿、补短板弱项。

三是坚持实施有组织的科研，启动实施科技攻关行动与面向 2030 重大任务清单。新一轮科技革命和产业变革突飞猛进，科学研究范式正在发生深刻变革，学科交叉融合不断发展，科学技术和经济社会发展加速渗透融合。我们要聚焦"国之大者"，围绕中长期使命任务和创新体系布局，凝练科研攻关任务，开展有规划、有组织、高质量的科研。聚焦国家战略物资安全供给，实施特种天然橡胶保供、甘蔗宜机化生产、食用油保供三大科技攻关行动；聚焦全球热区粮食作物产能提升，实施木薯增产与粮饲化、香（大）蕉枯萎病控制与高效生产两大科技攻关行动；聚焦热区乡村振兴和热带农业可持续发展，实施优质安全与营养健康农产品供给、热区耕地保护与质量提升、热带农机装备迭代升级、热带农业基础与前沿交叉研究等 N 项科技攻关行动。通过集中优势力量和创新资源，加速提升热带农业创新效能。

（2）多措并举扩大科技创新资源增量

一是围绕稳定经费做增量。推进设立中国热带农业科学院国家热带农业科学中心科技创新工程，争取扩大基本科研业务费专项资金总盘子，扩大国家现代农业产业技术体系建设规模；做好自有履职类等重大科研项目策划，大幅提升院级稳定性经费保障水平，营造科研方向稳定、人才队伍稳定、经费支持稳定的"三稳"科研环境。

二是围绕竞争性经费做增量。推动国家基金委将热带作物领域相关学科单列，争取国家加大对热带农业基础研究的支持力度；科学谋划热带农业领域重大科技项目，争取更多项目纳入国家和省部级重要项目规划；启动国际大科学计划"热带农业创新行动"，建设海外科技创新中心和国际联合实验室，多方式多渠道争取竞争性经费增量，持续提升热带农业科技创新资源保障能力。

三是围绕科技平台做增量。高质量建好热带作物生物育种全国重点实验室等现有国家级科技平台；积极策划申报国家热带木本油料技术创新中心、国家特种天然橡胶技术创新中心、海南热带国家植物园等国家级平台，加速布局热带作物基因组学、合成生物学、未来食品制造等前沿基础与新兴交叉学科平台；申请重大科技创新平台建设专项和运行经费，大幅提升平台支撑能力。

（3）大力推进构筑热带农业科技创新"人才引擎"

一是实施高层次人才精准引培计划，聚集一批领军人才和优秀创新群体。充分发挥海南自贸港政策优势，聚焦院科技攻关行动与面向2030重大任务清单，以热带作物生物育种全国重点实验室建设为重点，研究制定精准需求引才计划，靶向引才。优化院人才引培政策，发挥好"英才岗位"聚才作用，深度对接国家、省部海外高层次人才引进计划，大力引进国际一流的科技领军人才和创新团队。力争在院士增选、国家高层次人才特殊支持计划、海外优青、神农英才计划等国家级人才计划项目中实现新突破，对紧缺的战略科学家、大师级人才实行"一人一策"精准引进。

二是持续实施"热科优青"计划，打造热带农业科技创新"突击队"。把培育国家战略人才力量的政策重心放在青年科技人才上，支持青年人才挑大梁、当主角，以实施好"热科优青"计划为重点，优化青年人才选拔、培养和使用机制，创建青年人才脱颖而出的舞台。引导科研团队有序培养接班人，把青年人才放在一线施重肥、压重担，搭建战略性人才力量的新赛道。建立发现、培养、任用、管理、评价、激励、保障等体系化、链条式人才培育机制，筑牢青年科技人才队伍的"塔基"，积极申报"南海育才"等人才项目，促进一批85后、90后快速成长为领军人才，加快解决全院青年骨干断层问题。

三是打造具有全球竞争力的科技创新团队。围绕创新体系布局，根据科技攻关行动需要，汇聚全球热带农业优秀科技人才和创新资源，打造80～100支由牵头专家全面负责、有全球竞争力的创新团队，鼓励与院外优势科教单位和优秀团队加强合作，跨单位、跨团队、跨学科组建团队。创新团队中40岁及以下人员比例不低于总人数的50%。创新团队通过持续开展攻关，培育重大突破性新品种，突破热带农业基础理论和关键核心技术，产出重大原创性、引领性、战略性成果，推动我国热带农业创新达到世界领先水平，引领全球热带农业高质量发展。

（4）强化热带农业科技战略谋划能力

一是建设热带农业科技高端智库。成立热带农业科技发展战略咨询委员会，为热带农业规划与政策提供咨询论证，提出前瞻性、科学性和可行性的建议；提升战略谋划研究能力，打造专门团队开展国家重大政策方针、热带农业可持续发展及院所发展宏观战略研究；建立为政府工作建言献策的多元化渠道和机制，为热带农业科技和中国热带农业科学院跨越发展提供智力支持。

二是打造全球热带农业发展高端论坛。围绕全球热带农业与科技高质量发展、"一带一路"科技合作和南南合作，定期举办全球热带农业创新大会，邀请相关国家政要、科学家和企业家共商全球热带农业与科学发展大计，充分发挥中国热带农业科技全球引领作用，形成热带农业合作的长久机制，为全球热带农业健康持续发展提供有力支撑。

三是构建结构合理的学术治理体系。开展有组织科研是国家级科研机构整建制、成体系服务国家和区域战略需求的重要形式。进一步优化院学术委员会组织架构，围绕重点产业与学科群设立专业委员会，建立高效学术事务处理机制，建立"张弛有道、多元治理"的学术治理体系，确保科研总体方向正确、执行效率高效以及决策的民主化科学化。

（5）营造"近者悦，远者来"的良好创新生态

一是坚持党对科技人才工作的全面领导。深入贯彻党的二十大精神，把党的政治建设摆在首位，抓重大、抓尖端、抓基础，为加快打造国家热带农业科学中心提供坚强政治保障。深入开展学习贯彻习近平新时代中国特色社会主义思想主题教育，为科技与人才工作注入源源不断的思想动能。加强基层党组织建设，建立"集中力量办大事"的党组织保障机制，在重点工作部署、重大任务实施中充分发挥党支部战斗堡垒作用和党员先锋模范作用。

二是推进体制机制改革驱动创新发展。开展科技评价改革，建立以科技创新质量、贡献、绩效为导向的分类评价体系；坚持"破四唯"和"立新标"，加快建立以创新价值、能力、贡献为导向的科技人才评价体系，下放常规通道副高级职称评审权限到副局级研究所；建立以人为中心的科技创新激励机制，把人、财、物更多向科技创新一线倾斜；做好科技管理改革"加减法"，持续实施科技"揭榜挂帅"机制；探索建立具有市场竞争力的人才收入分配管理体系。

三是大力弘扬科学家精神。没有挺得起腰的科学家精神，很难有站得住脚的科学成果。加强优秀热带农业科技工作者的精神宣传，充分发挥中国热带农业科学院"全国科学家精神教育基地"的作用，讲好热带农业科学家故事；弘扬诚信文化，加强科研诚信和科技伦理建设；挖掘中国热带农业科学院历史文化精髓，为"无私奉献、艰苦奋斗、团结协作、勇于创新"的中国热带农业科学院精神赋予新的时代内涵，统一思想共识，汲取奋进力量，为热带农业科技事业提供源源不断的精神动力。

二、院养殖科技研究进展

（一）院草业科技研究进展

中国热带农业科学院于 20 世纪 60 年代在草业科技方面开展研究，主要围绕世界

热带牧草研究新领域与国家及地方需求，开展热带牧草种质资源收集保存、引种试种及评价、新品种选育、丰产栽培关键及配套技术、良种繁育及推广、热带亚热带地区人工草地（牧草饲料）建植与天然草地改良、热带牧草综合加工利用、热带牧草病虫害防治技术研究，不断引进相关的种质资源、技术与智力，在世界热带牧草研究领域长期保持研究上的领先地位。

至 2023 年已收集国内外热带牧草种质资源 15 320 份，包括国内资源 13 020 份、国外资源 2 300 份；开展植物学特征观测 1 498 份，农艺性状的评价 2 253 份，抗性评价 1 931 份；发现并公开发表植物新种 5 个，选育并通过国审热带牧草品种 31 个，其中热研 4 号王草、热研 20 号柱花草入选"中国农业发展十年成就展"。发表论文 372 篇，首次探明了柱花草耐低磷和铝毒的机理（*New Phytologist*，2014）；获国家发明专利 5 项，发布农业行业标准 3 项，出版《中国热带饲用植物资源》《海南饲用植物志》《海南饲用及兽医中草药植物》等专著 9 部、大型科普读物 2 套；获国家科技进步奖一等奖（二级证书）1 项，省部级科技进步奖一等奖 5 项、二等奖 4 项、三等奖 17 项，农业农村部神农中华农业科技奖优秀创新团队奖 1 项、海南省科技成果转化奖一等奖 1 项、农业农村部神农中华农业科技奖优秀创新团队奖 1 项、农业农村部神农中华农业科技奖科普奖 1 项。建立了国家热带饲草种质资源圃、农业农村部热带牧草种质资源圃、国家牧草保存中期库、国家草品种区域试验站、海南省热带草业工程技术研究中心，构建了完整的热带牧草资源与育种技术平台。

（二）院畜牧科技研究进展

中国热带农业科学院在畜牧科技方面的研究主要围绕世界热带畜牧研究新领域与国家及地方需求，在热带畜禽遗传资源与育种、热带畜禽营养与饲料科学、热带畜禽健康养殖与疾病防控 3 个领域开展了卓有成效的研究。

在热带畜禽遗传资源与育种领域，先后开展了海南黑山羊核心种群的提纯复壮、黑山羊繁殖调控、热应激的调控机理研究，还开展了五指山猪核心群的选育、五指山猪实验动物化研究、儋州黑鸡的培育研究等工作。

在畜禽营养与饲料科学领域，完成了 30 余种热带牧草营养及饲用价值评定，开展了木薯加工副产物、甘蔗尾叶、香蕉茎秆等热带经济作物副产物以及田间废弃物饲料化利用技术研究，还开展了药用植物提取物对畜禽免疫功能调控的研究，日粮营养水平对黑山羊、五指山猪繁殖性能、氧化应激的影响及调控研究。

在畜禽健康养殖与疾病防控领域，从畜禽饲料生态化、养殖环境生态化、疾病防控生态化、养殖场净化 4 个方面开展畜禽健康安全养殖模式研究，就畜禽养殖场生态养殖的规划布局及圈舍设计技术、生态养殖绿色无公害饲草料供给保障及研发技术、畜禽养殖场废弃物无害处理和循环利用技术、畜禽养殖疫病防控生态化技术开展科技攻关及产业化示范推广，探索针对不同畜禽生态养殖模式，提出畜禽生产的关键环节控制参数，制定针对热区畜禽特殊环境条件和营养供给缺陷的免疫程序及综合防控措施。

2021—2023年，承担包括国家自然科学基金、农业农村部物种资源保护、农业行业科技专项、国家科技基础条件平台、科技部成果转化、海南省重点、海南省自然科学基金等项目20余项，培养研究生5名，发表论文60余篇，其中SCI收录论文20余篇。"儋州鸡"通过国家畜禽遗传资源委员会鉴定，被列入《国家畜禽遗传资源品种目录》。"五指山猪实验动物化研究"获2014年海南省科技进步奖二等奖。申报专利20余项，获授权发明专利2项，实用新型专利9项。出版科普丛书3册，开展技术培训，培训养殖户和科技人员500余人次，开展科技下乡服务30余人次。现建有存栏300只的海南黑山羊种羊场一个，存栏300头五指山猪良种繁育场一个，年产3 000吨的小型饲料加工厂一个，畜禽代谢试验舍一个，以及热带畜牧综合实验室一个。

（三）院海洋生物科技研究进展

中国热带农业科学院在海洋生物科技方面主要聚焦海洋资源开发与可持续利用，重点开展热带区域特色海洋生物资源的收集、评价与可持续利用、水产动物健康养殖、疫病防控、岛礁农业技术研究，建设热带海洋生物资源创新利用平台，为我国建设"蓝色粮仓"、维护南海生物资源权益提供科技支撑。

截至2022年底，已从海南岛、西沙群岛等南海海域收集保藏海洋微生物菌株9 000余株，其中潜在新属种800余株，已发表细菌（含放线菌）新属种35个，获得抗菌、产酶、固氮、氨氮降解等功能菌株876株，初步建立南海微生物菌种库、基因库和化合库，是对我国九大国家级微生物菌种保藏管理中心的有力补充。截至2022年底，建立了南海大型海藻标本库，包括标本保存库、分子保存库、藻类种质活体保存库。标本保存库保存大藻标本487份；分子保存库冷冻保存大型海藻组织504份，获得55种大型海藻M条形码；藻类种质活体保存方面，在海南省昌江县、三亚市、琼海市建立了海藻养殖基地保存麒麟菜、长茎葡萄蕨藻、马尾藻等活体种质20种。

开展了热带水产动物疫病发生机制与免疫防控研究，鉴定了水产动物重要病原菌杀鱼爱德华氏菌5个新型毒力因子并解析了其作用机制，明确了杀鱼爱德华氏菌sRNA、CpxR和OmpR等调控因子在细菌致病中的作用并初步揭示了其调控机制；研发了针对石斑鱼病毒病和罗非鱼链球菌病的口服、浸泡疫苗；研制了方斑东风螺、红螯螯虾的系列健康养殖饲料；成功改进了珠母贝养殖与插核技术，在南海西沙海域开展了养殖与育珠示范。

三、发展重组动科所方案

根据《关于促进部属事业单位高质量发展的意见》（农党组发〔2022〕2号）、《关于深化农业科研机构创新与服务绩效评价改革的指导意见》（农办科〔2021〕36号）、《国家热带农业科学中心建设规划（2021—2035年）》（农计财发〔2021〕24号）、《中国热带农业科学院国家热带农业科学中心科技创新工程基本建设思路》（热科院科〔2023〕11号），按照中国热带农业科学院推进改革发展重点工作部署，制定重组动物科学研究所总体方案。

（一）重组背景

1.重组因素

从我国畜牧业和渔业产业层面、政策层面、科技层面并结合中国热带农业科学院学科布局分析，开展组建动物科学研究所十分必要。

（1）产业层面

畜牧业和渔业作为养殖农业的主体，我国大农业的重要组成部分，是关系国计民生的重要产业，是农业农村经济的支柱产业，是保障食物安全和居民生活的战略产业，是农业现代化的标志性产业。2020年全国畜牧业总产值4.03万亿元，渔业总产值1.28万亿元，分别占农林牧渔业总产值13.78万亿元的30.91%、9.27%（分别位居第二、第三）。热带地区气候与生态环境优良，是发展饲草与畜禽高效生态养殖的理想区域；南海辽阔的海域和丰富的生物资源不仅为水产产业的发展提供得天独厚的自然条件，同时也为畜禽和水产动物健康养殖供应丰饶多样的生物活性因子。畜牧业和渔业的快速发展有效促进了我国热带地区脱贫攻坚和农民增收，已成为我国热区乡村振兴的支柱型产业。

（2）政策层面

国家十分重视畜牧业、渔业顶层设计。《国务院办公厅关于促进畜牧业高质量发展的意见》《"十四五"全国畜牧兽医行业发展规划》《"十四五"全国渔业发展规划》《林草产业发展规划（2021—2025年）》等，都对"十四五"时期全国养殖农业发展作出系统安排。历年的中央一号文件都十分重视畜牧业、渔业发展，是仅次于粮食的国之大者。2022年中央一号文件提出要全力抓好粮食生产和重要农产品供给，强调要扩大畜牧生产，稳定水产养殖，保障"菜篮子"产品供给。2023年中央一号文件提出要树立大食物观，加快构建粮经饲统筹、农林牧渔结合、植物动物微生物并举的多元化食物供给体系，建设优质节水高产稳产饲草料生产基地。大力发展青贮饲料，加快推进秸秆养畜。发展林下种养。深入推进草原畜牧业转型升级。科学划定限养区，发展大水面生态渔业。培育壮大食用菌和藻类产业。

（3）科技层面

近年来，养殖农业发展面临的资源环境约束趋紧、疫病防控形势严峻、环保压力持续加大等问题对畜牧业和渔业的发展造成了巨大影响，同时食品安全和生态环境保护对畜牧业和渔业的可持续发展提出了更高的要求。大力提升养殖农业科技创新能力是保障其核心竞争力的关键。农业农村部及热区各地都在加大养殖农业科研机构力量，强化科技创新对禽、特色水产等养殖农业的支撑，开展种质资源保护和创新利用、动物疫病综合防控、绿色健康规模化养殖、废弃物清洁化利用、种养生态循环等关键技术创新和健康饲料、新型中兽药、工程疫苗等绿色高效农业投入品研发力度，全面构建高效、安全、低碳、循环、智能的养殖农业绿色发展技术体系，科技赋能乡村振兴战略高质量实施。

（4）院学科布局

中国热带农业科学院作为我国唯一从事热带农业科学研究的国家级科研机构，也是国家热带农业科学中心建设依托单位，高质量建设好国家热带农业科学中心是院当前和今后的重要使命。为深入贯彻党的二十大精神和习近平总书记在庆祝海南建省办经济特区30周年大会上的重要讲话精神，落实《国家热带农业科学中心建设规划（2021—2035年）》，中国热带农业科学院2023年启动实施了院国家热带农业科学中心科技创新工程，明确把热带草业与养殖动物产业与学科建设列入院重点研究十大对象和六大学科集群。当前，中国热带农业科学院在热带草业与养殖动物领域研究力量分散在品资所、生物所、湛江实验站等多个下属科研机构，缺乏从事热带草业与养殖动物科学及其相关学科研究的独立科研机构。设立动物科学研究所，不仅是对热带农业科技创新体系的优化与完善，也是对我国大农业科技创新体系的发展与补充，可更好地围绕畜牧业、渔业"国之大者"展现"热科院作为"，成为引领我国热区养殖动物的科技引擎。

2. 重组意义

从我国新时代党和国家事业发展战略部署、党和国家科技体制改革部署分析，开展组建动物科学研究所具有十分重要的意义。

落实我国乡村振兴战略任务的具体行动。加快发展现代热带养殖农业，是乡村振兴战略的重要组成部分，是践行党的二十大提出的大食物观及农业强国的具体行动。中国热带农业科学院重组动物科学研究所，正是按照国家关于实施乡村振兴战略对农业养殖业发展的相关政策要求，整合优势科技资源，紧密围绕热带饲草及养殖动物资源创新利用、良种选育、营养饲料、生态养殖、疫病防控等全产业链科技战略需求重点任务开展科学研究，提升自主创新能力，为保障我国热区绿色健康"菜篮子"产品供给提供战略科技支撑。

创新驱动我国热区养殖农业发展的迫切需要。我国热带地区特色养殖动物资源丰富、养殖环境优良，是区域农业发展的优势产业。但整体来看，针对热带特色养殖动物的科技研发投入相对较少，特别是对一些热带地方特色种质资源缺乏系统性、完整性研究；应对和处置重大疫病的技术储备不足；对资源节约型和环境友好型的养殖模式研究不够深入等。中国热带农业科学院重组动物科学研究所，将有利于引领和带动我国热带地区养殖动物领域科技创新能力的整体提升，为海南省自由贸易港建设以及其他热带地区特色养殖农业优势品牌的打造提供有力支撑。

建设我国热带养殖动物人才队伍的重要举措。热带饲草及养殖动物研究是热带农业科技创新体系的重要部分。从全院范围内整合热带草业与养殖动物的创新资源，推进改革发展重组动物科学研究所，将有利于加快建设热带养殖动物国家战略人才力量，促进人才区域合理布局和协调发展，着力形成人才国际竞争的比较优势，建设结构合理、素质优良的人才队伍，努力培养造就更多热带养殖农业战略科学家、一流科技领军人才和创新团队、青年科技人才，提升我国热带养殖农业研究领域整体水平，科技支撑热区养殖农业的高质量发展。

支撑国家热带农业科学中心建设的坚实基础。《国家热带农业科学中心建设规划（2021—2035 年）》涵盖生物种业、热带农业、深蓝渔业、动物卫生与营养四大创新领域。中国热带农业科学院作为国家热带农业科学中心的主要依托单位，重组动物科学研究所，将有利于联合中国动物卫生与流行病学中心等科教单位，进一步夯实热带畜禽健康与营养、热带虫媒病监测与防控、动物疫病与公共卫生安全、跨境动物疫病监视预警等领域的科研基础，为国家热带农业科学中心建设提供坚强力量，为保障我国在热带饲草与养殖动物可持续发展发挥国家战略科技力量和区域创新主导作用。

加快热带养殖农业走向世界热区的强力保证。随着我国"一带一路"倡议推进，迫切需要科研机构把握热带农业科技发展前沿和产业发展需求，坚持"走出去"和"引进来"并重，广泛深度开展国际和国内科技合作，建设若干热带饲草与养殖动物科技平台及试验示范基地，加强技术交流与磋商，积极参与国际标准制修订，不断提升热带农业养殖业科技自主创新能力和国际话语权，服务国家"一带一路"倡议和农业科技外交，引领全球热带农业高质量发展，助力打造全球热带农业中心作出中国贡献。

3. 重组基础

中国热带农业科学院热带草业与养殖动物创新领域目前拥有在编在岗科研和管理人员 90 人（湛江实验站 37 人、品资所 36 人、生物所 15 人），特聘院士专家 4 人。湛江实验站现设有科研机构 5 个，自建有国家天然橡胶产业技术体系湛江综合试验站、广东省现代农业产业技术研发中心、湛江市工程技术研究中心等平台，与品资所、生物所共建有海南省海洋生物资源功能性成分研究与利用重点实验室、海南省热带草业工程技术研究中心、海南省西部兽医检测实验室、海南黑山羊省级保种场、海南五指山猪保种场等试验平台；在儋州、文昌共建有热带牧草、畜牧和海洋生物科研试验基地。

湛江实验站现建有科研创新团队 4 个，分别为热带草畜一体化科研团队、热带饲料作物资源利用科研团队、橡胶林下经济科研团队和热带水生生物疫病防控科研团队。与品资所、生物所共建院科研创新团队 3 个，其中热带牧草种质创新与利用创新团队为农业农村部创新团队，热带畜牧研究与示范创新团队和热带海洋生物资源创新团队为院级创新团队，为组建动物科学研究所打下了坚实的基础。

（二）重组思路

1. 性质定位

单位名称：中国热带农业科学院动物科学研究所（拟）。

单位性质：隶属农业农村部国家级公益二类事业单位。

发展定位：打造具有影响力的全国热带养殖动物战略科技力量和区域热带养殖动物创新主导科技力量。

2. 职责使命

坚持面向世界科技前沿、面向经济主战场、面向国家重大需求、面向人民生命健康，按照"开放、包容、创新、引领"的办所方针，聚集国内外科技创新团队，重点开展热带饲料与养殖动物应用基础和共性关键技术研究及应用，着力解决热区多元化食物供给体系的方向性、全局性重大科技问题，持续促进热带草业与养殖动物科学全链条技术实验、集成创新、示范推广和科技服务。

3. 发展目标

按照部和院赋予湛江实验站重组动物科学研究所的主责主业和发展定位，聚焦院热带饲草与养殖动物产业体系和热带农业动物科学学科集群，强化国家热带农业科学中心主力，引领区域热带养殖农业科技创新，服务区域科技成果有效转移转化，助力区域乡村饲养产业全面振兴、推动国际畜牧水产科技交流合作，力争到"十四五"末，基本形成"一中心、三基地"，即创建一流的热带养殖动物科学创新中心，打造国家热带养殖动物科学创新研发高地、热带养殖动物科技试验示范阵地和热带养殖动物成果转移转化洼地，为保障我国热区多元化食物和绿色健康养殖产品供给体系提供战略科技支撑。

（三）重组路径

1. 发展布局

实施"113 发展战略工程"，按照"一个创新中心、一个转化平台、三个试验基地"

进行动物科学研究所统筹布局、稳步推进，构建以三亚为引擎、湛江为保障、儋州与文昌为拓展的发展新格局。

（1）一个创新中心

热带养殖动物科学创新中心（三亚），开展热带畜禽、水产和饲草相关的基础前沿研究与关键技术攻关，参与全球动植物种质资源引进中转基地建设热带特色畜禽、水产基因库和资源库，形成国家热带养殖动物科学创新研发高地。

（2）一个转化平台

热带养殖动物科技成果转化平台（湛江），巩固现有湛江的科研和资源基础上，打造热带饲料与养殖动物科技成果转移转化平台，为重组动物科学研究所提供发展保障，形成国家热带养殖动物成果转移转化洼地。

（3）三个试验基地

热带饲料作物及草畜一体化试验基地（湛江）、热带畜禽养殖及热带饲草试验基地（儋州）、热带动物疾病防控及水产试验基地（文昌），形成国家热带养殖动物科技试验示范阵地。

2. 重点对象

面向国家重大需求和经济主战场，聚焦热带饲草与养殖动物产业体系，实施纵向"产业支撑行动计划"。重点对象包括：①热带特色畜禽（雷州山羊、五指山猪、儋州鸡等）；②热带水生生物（罗非鱼、石斑鱼、青蟹等）；③热带饲料作物（王草、柱花草、花生、玉米等）；④热带林下经济（五指毛桃、砂仁、斑兰叶等）。

3. 重点学科

面向世界科技前沿和人民生命健康，构建热带农业动物科学，实施横向"学科集群建设行动计划"。重点学科包括：①畜牧与兽医学（动物遗传育种与繁育、动物饲养与饲料学、预防兽医学）；②水产学（水产养殖）；③草学（草地科学、草地生态学）。

4. 重点方向

在热带饲草与养殖动物研究对象和学科集群下，凝练重点攻关方向，设置5个研究方向。

（1）热带养殖动物资源利用研究

针对当前热带畜禽、热带海洋生物资源保护和创新利用不足、自主及优良品种缺乏等突出问题。开展雷州山羊、五指山猪等全国热带地区畜禽资源的收集保存、分类鉴定和评价，建立品种资源数据库；主要畜禽品种遗传资源的起源分类、进化、规律、特性和信息学的研究；建立快速的良种扩繁技术和高效的遗传种质监测体系，培育优质高产新品种（系）。开展石斑鱼、罗非鱼、海藻以及微生物等资源的调查、保存和评价，完善相关资源库建设；微生物和藻类资源在水产动物健康养殖中的创新利用；热带海洋特色动物资源和微生物资源活性物质的提取与功能评价。

（2）热带养殖动物营养与饲料研究

瞄准当前热带畜禽和水产动物代谢调控等前沿科学问题，以及优质饲料蛋白源紧缺、优质安全畜禽水产品等市场需求问题，开展雷州山羊、雷琼黄牛等热带畜禽和水产动物营养需求、营养代谢与调控研究；热带饲草种质资源收集、保存、评价，以及新品种培育与高效栽培、抗逆生理、加工及其品质调控等关键生产技术研发；粮饲兼用作物、蛋白饲料作物、农业副产物等热带新型饲料资源研究；基于热带中药材和益生菌等原料的替代抗生素饲料添加剂研发及健康饲料工程化技术研究，以及饲料中违禁药物、毒素等无染物同步检测技术研发；保障热区畜禽产品和水产品质量安全。

（3）热带养殖动物养殖与生态研究

针对热区传统农业养殖粗放、经营劳动强度大、效率效益低、草畜用地紧张、粪污生态环境污染等矛盾，开展王草与雷州山羊等热带草畜一体化循环低碳养殖、工厂化集约养殖、饲喂自动化、环境控制智能化等养殖模式和技术研究；热带畜禽养殖环境控制、养殖污染物／排放物的生物处理与清洁化利用技术研究；热带"林—草（药）—畜（禽）—肥（沼）"一体化热区山地生态农业种养；水生生物立体生态养殖技术研究，建立基于藻菌互助的污水处理技术体系。

（4）热带养殖动物疫病与防控研究

瞄准热带畜禽和水产动物疫病发生机制前沿热点科学问题和新型防控技术，开展雷州山羊、石斑鱼、罗非鱼等疫病特别是外来疫病的监测和诊断研究，热带畜禽和水产动物重要病原致病机制以及病原与宿主互作研究，雷州山羊、石斑鱼、罗非鱼等抗感染免疫及抗环境胁迫机制研究，基于新型疫苗和生物制剂的疫病免疫防控和生态防控技术研究；保障热区畜禽和水产动物养殖产业的持续、稳定、健康发展。

（5）橡胶等热带林下种养技术研究

针对抗低温及特种功能专用橡胶树品种缺乏，热带林经济效益低下，林下种植特色经济作物、养殖地方特色畜禽品种混杂、产量低，高效林下种养技术缺乏和推广难等问题，重点开展抗低温及特种功能专用橡胶树品种选育研究；橡胶树等热带林下特色岭南中药（五指毛桃、砂仁等）、天然香料（斑兰叶等）种质资源收集评价、新品种选育、良种良法、高效间作技术模式示范和综合利用研究；林下地方特色家禽家畜健康养殖、疫病防控、储藏加工等技术模式集成创新和应用；促进天然橡胶等热带林下产业高质量发展，助力热区乡村振兴。

5. 重点平台

（1）资源圃库

合作运行国家热带牧草中期备份库、国家热带饲草种质资源圃，建设国家动植物基因库、南海微生物种质资源库、热带林下特色岭南中药圃。

（2）重点实验室

合作运行海南省海洋生物资源功能性成分研究与利用重点实验室，建设海南省畜禽营养与饲料重点实验室。

（3）成果转化平台

合作运行海南省热带草业工程技术研究中心，建设广东省热带草畜一体化循环农业工程技术研究中心、广东省橡胶林下经济工程技术研究中心。

（4）检验检测中心

合作运行海南省西部兽医检测实验室，建设海南省热带动物疫病病原学监测中心、畜禽疫病检测和饲料质量安全检测中心。

（5）其他平台

合作运行海南黑山羊省级保种场、海南五指山猪保种场、海南儋州鸡良种繁育场。

6. 重点团队

积极参与组建国家热带农业科学中心科技创新团队，抓好院十大产业体系—热带草学与养殖动物创新领域和院六大学科集群—热带农业动物科学建设，重点培育科技创新团队5支：雷州山羊保种及新品种（系）培育科技创新团队、热带水生生物疫病发生与防控科技创新团队、热带草畜一体化循环养殖关键技术科技创新团队、热带粮饲兼用作物资源挖掘与利用创新团队。参与建设国家热带农业科学中心科技创新团队2个：特种胶专用橡胶树新品种培育科技创新团队、热带林下种养技术集成创新与示范科技创新团队。加快推进中国热带农业科学院相关科研团队融合管理，协同组建更高水平国家热带农业科学中心科研团队，努力发挥团队的优势，以强带弱，分工协作，形成合力，形成资源、优势互补，统一部署，集中力量攻克同一科学问题的科研链，争取把热带养殖动物做出特色，做成招牌，提升增强湛江实验站科研实力。

（1）雷州山羊保种及新品种（系）培育科技创新团队

团队现有5人，其中博士1人、硕士4人；正高1人、中级1人、初级及以下3人；50岁以上1人、35～50岁1人、35岁以下3人。下一步拟引进高层次人才1～2人，博士1～2人，硕士3～6人。团队重点开展基于全基因组测序和转录组测序技术挖掘鉴定基于大群体表型信息雷州山羊性状功能基因；利用全基因组选择技术建立雷州山羊基因组选择及大数据育种技术体系；开展适应华南地区养殖的快大、高繁的雷州山羊新品系培育。

（2）热带水生生物疫病发生与防控科技创新团队

团队现有7人，其中博士2人（含院高层次人才D类1人）、硕士5人；正高1人、中级1人、初级及以下5人；36～50岁2人、35岁以下5人。下一步拟引进高层次人才1人，博士1～2人，硕士3～5人。团队重点开展热带养殖鱼类（罗非鱼、石斑鱼）主要病原关键毒力因子鉴定及与宿主免疫因子的互作机制研究开展疫苗、益生菌及功能菌等多维度免疫防控技术研究，研制以疫苗、益生菌和功能菌等为主的替抗饲料添加剂产品；开展水质净化处理与生态防控技术研究，改善水质降低病害发生。

（3）热带草畜一体化循环养殖关键技术科技创新团队

团队现有10人，其中博士2人（含院高层次人才E类1人）、硕士7人、本科1人；正高2人、副高1人、中级1人、初级及以下6人；50岁以上1人、36～50岁3人、35岁以下6人。下一步拟引进高层次人才1人，博士1人，硕士2～3人。团队重点开展热带牧草与草食家畜遗传性状解析与新品种选育；热带人工牧草、秸秆青贮乳酸菌筛选、青贮微生物互作及发酵调控机理、优质热带饲草青贮调制加工技术研究，研制以热带本土饲草原料为主的牛羊发酵型全混合日粮；饲草料加工贮存及粪便无害化处理等技术研究，构建热区草畜一体化循环低碳养殖新模式。

（4）热带粮饲兼用作物资源挖掘与利用科技创新团队

团队现有6人，其中硕士5人、本科1人；正高2人、中级2人、初级及以下2人；50岁以上2人、36～50岁1人、35岁以下3人。下一步拟引进高层次人才1～2人，博士2～3人，硕士4～5人。团队收集保存具有高蛋白特性的热带粮饲兼用植物资源，评价筛选有较好应用前景和开发潜力的花生、玉米、木豆等热带粮饲兼用饲料作物资源；开展高产高蛋白热带粮饲兼用作物新品种培育；开展热带粮饲兼用作物植物蛋白源复合发酵等技术研究，开发高蛋白健康畜禽及水产饲料产品。

（5）热带林下种养技术集成创新与示范科技创新团队

团队现有7人，其中博士1人、硕士3人；正高2人、副高1人、中级1人、初级及以下2人；50岁以上2人、36～50岁2人、35岁以下3人。下一步拟引进高层次人才1人，博士1～2人。重点开展抗低温及特种功能专用橡胶树品种选育；橡胶等热带林下高效种植特色岭南中药、特色天然香料种质资源收集保存、评价利用、新品种选育、高效间作技术模式集成创新和综合利用；热带林下健康养植狮头鹅等特色家禽、家畜等农业动物技术模式集成创新与示范。

7. 机制创新

坚持"创新立所、联合建所、管理兴所、人才强所、开放办所"的治所理念，有效提升研究所创新能力和综合竞争力。

（1）实施"创新立所"

推进"科技＋资源＋平台"三结合，推进研究所改革重组，建立有利于科技创新的现代科研院所治理体系，加快突破共性技术、集成关键技术、熟化配套技术，提高社会经济效益。

（2）实施"协同建所"

积极与品资所、生物所和国内外院校、科研院所、社会力量联合，加强产学研合作，强化同立项、同攻关、同转化、同收益、同发展，为产业发展提供多种综合性科研服务。

（3）实施"管理兴所"

建立研究所章程，健全科学管理机制，包括民主决策机制、目标管理机制、产学研协同机制、多样化转化机制、分类考评机制、绩效奖励机制等，不断增强研究所可持续发展能力。

（4）实施"人才强所"

实施全员聘用制，人尽其才，事得其人，人岗相适；实施固定＋流动聘用制，柔性聘用品资所、生物所现有相关团队人员；实施岗位绩效分配机制，让做出重大贡献的人才名利双收。

（四）重组保障

1. 组织保障

在中国热带农业科学院常务会和院党组的指导下，由分管科技院领导主抓，院科技处、人事处牵头负责，其他部门和三亚研究院协同参与，湛江实验站具体落实。启动推进湛江实验站改革重组动物科学研究工作。下一步将重点结合全院研究机构改革总体方案批复，加快湛江实验站重组和更名动物科学研究方案落地实施。

2. 人才保障

（1）人员编制

以湛江实验站现有人员编制数 73 人（其中财政编 45 人）为基础，改革重组后动物科学研究所人员编制数拟定为 150 人（其中财政编 100 人）。

（2）研究机构

改革重组后动物科学研究所设研究室 5 个，原则上从全院范围内整合热带饲草、热带畜禽、热带水产创新领域科技人员组建研究力量，同时面向全球公开招聘相关研究领域科技人员。

（3）人才团队

通过院国家热带农业科学中心科技创新团队建设专项，重点支持动物科学研究所在热带畜禽、热带饲草、热带水产领域打造科技创新团队 4 个，开展紧缺人才和高层次人才引进和培养。

3. 经费保障

（1）专项经费保障

2023—2025 年，院统筹协调专项经费支持动物科学研究所打造科研创新团队，由动物科学研究所牵头对创新团队人员管理。

（2）其他经费保障

2023—2025 年，院保障动物科学研究所办公、实验室和基地建设；大力支持向农业农村部、国家发改委申请动物科学研究所相关建设性经费和修购项目经费；积极向科技部、农业农村部等国家部委，海南省科技厅、农业农村厅等省政府部门申请科研项目经费支持。

4. 条件保障

将全院现有与动物科学研究相关联的资产重新配置，统筹用于支持动物科学研究所发展。

（1）实验用房

在三亚结合国家热带农业科学中心综合实验室建设热带畜禽品种培育实验室、热带饲料作物资源利用实验室、热带水生生物疫病防控实验室等平台；在湛江建设综合实验室、草畜一体化、林下经济田间实验室；在文昌建设热带动物疫病病原学监测中心。

（2）综合用房

从三亚院区调整用房作为组建热带养殖动物科学创新中心办公用房使用；在湛江改造科技成果转移转化用房。

（3）试验用地

在湛江建设现有湛江综合试验基地；在儋州共建儋州热带畜禽养殖和热带牧草试验基地；在文昌共建热带动物疾病与防控试验基地。

附　录

附录1　中国热带农业科学院湛江实验站历任领导
（截至2023年）

姓名	职务	任职时间
郑立生	筹备办主任	1979.05—
梁振华	筹备办主任	1979.09—
任惠臣	主任（兼）	1981.02—1982.02
孟繁文	副主任	1982.01—1984.08
陈序奉	主任	1984.09—1987.09
王超汉	主任	1987.10—1990.12
	总支书记	1987.12—1991.04
梁炳鸿	主任	1991.01—1993.08
	总支书记	1991.05—1994.03
陈世信	副主任	1992.12—1997.11
	总支副书记	1994.04—1999.10
吴涤非	主任	1993.09—1997.12
	总支书记	1994.04—1999.10
张海林	主任	1999.11—2003.09
	站长	2004.11—2008.05
程儒雄	副主任（主持工作）	1997.12—1999.10
	总支书记	2001.05—2006.07
罗萍	站长	2008.05—2011.09
陈永辉	总支书记	2006.08—2010.03
	副站长	2008.05—2010.03
周清	副站长	2008.05—2010.03
窦美安	总支副书记（主持工作）	2010.03—2011.05
	副站长（兼）	2010.03—2015.03
	总支副书记	2012.08—2015.03
	副站长	2015.03—2017.10

续表

姓名	职务	任职时间
范武波	总支书记、副站长（主持工作）	2011.06—2011.09
	总支书记、副站长（兼）	2011.10—2015.03
刘洋	站长助理	2010.03—2015.03
刘实忠	副站长（主持工作）	2011.10—2012.03
	站长	2012.04—2015.02
	总支副书记（兼）	2012.04—2015.02
谢江辉	站长（兼）	2015.03—2015.10
江汉青	总支书记	2015.03—2017.10
徐元革	站长（兼）	2015.10—2016.05
李端奇	站长	2016.05—2017.10
黄小华	副站长	2015.03—2016.08
徐明岗	站长（兼）	2017.11—2020.12
杜丽清	总支书记（兼）	2017.11—2018.07
	站长（兼）	2021.01—2021.12
江汉青	副站长/副所长（兼）	2017.11—2021.12
李端奇	副站长/副所长（兼）	2017.11—2020.01
詹儒林	副所长/副站长（兼）	2017.11—2018.01
李普旺	副所长/副站长（兼）	2018.02—2021.12
陈佳瑛	副所长/副站长（兼）	2018.12—2021.12
欧阳欢	站长	2022.01—
	总支书记	2022.03—
周汉林	副站长	2022.01—
胡永华	副站长	2022.01—

附录 2　中国热带农业科学院湛江实验站历届党总支班子组成（截至 2023 年）

成立时间	届数	人数	书记	总支委员
1987.02—1987.11	第一届	5	陈序奉	张文茂、魏美庆、庄挠、王元周
1987.12—1991.04	第二届	5	王超汉	张文茂、魏美庆、庄挠、王元周
1991.05—1994.03	第三届	5	梁炳鸿	张文茂、曾绿茵、庄挠、王元周
1994.04 热科院任命	第三届	7	吴涤非	陈世信、张文茂、曾绿茵、庄挠、陈茂盛（增补）、王松本（增补）
1996.10—2001.04	第四届	7	吴涤非、陈世信（副书记）	张文茂、曾绿茵、陈剑豪、龙耀明、王松本
1999.11 热科院任命	第五届	7	程儒雄（副书记）主持工作	张海林、黄川、谢喆强、曾绿茵
2001.05—2006.07	第五届	7	程儒雄	张海林、黄川、谢喆强、曾绿茵
2006.08—2009.04	第六届	5	陈永辉	张海林、黄川、曾绿茵、王俊清
2009.05—2010.02	第七届	7	陈永辉、罗萍（副书记）	周清、黄川、黄小华、梁东华、黄尚华、刘洋（增补）
2010.03 热科院任命	第七届	7	窦美安（副书记）主持工作	周清、黄川、黄小华、梁东华、黄尚华、刘洋（增补）
2011.06 热科院任命	第八届	7	范武波	刘洋、黄小华、黄川、贺军军
2012.04—2016.04	第八届	7	范武波、刘实忠（副书记）、窦美安（副书记）	黄川、黄小华、梁东华、黄尚华、刘洋
2016.05—2018.07	第九届	5	江汉青、李端奇（副书记）	黄小华、贺军军、刘洋
2022.03 热科院任命	第十届	5	欧阳欢	胡永华、马德勇、邱勇辉、韩建成
2022.07—	第十届	5	欧阳欢	胡永华、马德勇、邱勇辉、韩建成